全国高校土木工程专业应用型本科规划推荐教材

建筑抗震设计

Seismic Design of Structures

杨润林　编著
闫维明　主审

中国建筑工业出版社

图书在版编目（CIP）数据

建筑抗震设计/杨润林编著. —北京：中国建筑工业
出版社，2015.6
全国高校土木工程专业应用型本科规划推荐教材
ISBN 978-7-112-17917-6

Ⅰ.①建… Ⅱ.①杨… Ⅲ.①建筑结构-防震设
计-高等学校-教材 Ⅳ.①TU352.104

中国版本图书馆 CIP 数据核字（2015）第 050950 号

本书在参考《建筑抗震设计规范》GB 50011—2010 的基础上，作者结合其近十年来的授课经验撰写而成。全书分为七篇 18 章，主要内容为：地震与工程抗震（地震与地面运动，结构抗震设计原则，结构抗震概念设计）；场地·地基与基础抗震；结构抗震计算（结构振动原理，抗震计算原理）；结构抗震设计（混凝土结构抗震设计，钢结构抗震设计，砌体结构抗震设计，厂房抗震设计，桥梁抗震设计）；结构振动控制（结构振动控制简介，结构基础隔振设计，结构消能减震设计）；地震反应数值计算（结构非线性动力反应分析，结构地震反应数值分析）；专题（地下工程结构抗震设计，冻土地区中的工程抗震问题）。

本书可供高校师生、科研单位的研究和企业的工程技术人员参考使用。

* * *

责任编辑：郭 栋 辛海丽
责任设计：张 虹
责任校对：李美娜 陈晶晶

全国高校土木工程专业应用型本科规划推荐教材
建筑抗震设计
杨润林 编著
闫维明 主审

*

中国建筑工业出版社出版、发行（北京西郊百万庄）
各地新华书店、建筑书店经销
霸州市顺浩图文科技发展有限公司制版
北京市书林印刷有限公司印刷

*

开本：787×1092毫米 1/16 印张：17½ 字数：424千字
2015 年 6 月第一版 2015 年 6 月第一次印刷
定价：**35.00** 元
ISBN 978-7-112-17917-6
（27161）

前　　言

在土木工程学科领域，抗震问题是个旧话题，但又始终避不开。仅以国内为例，无论三十多年前的唐山地震，还是近几年的汶川地震或玉树地震，都造成了极为严重的灾害损失。严重的震害提示人们：即使在今天甚至未来很长的一段时间内，结构抗震都是不可懈怠值得重视研究的一个学科领域。基于此，撰写本书的目的是希冀能够帮助读者对结构抗震方面的知识能有一个比较清晰而又全面的了解，重点放在计算分析和抗震设计方面，力求相关内容可在工作实践中直接予以应用。

在过去的十余年中，各种计算程序和专业软件日渐普及。这种发展趋势对于抗震计算是大有裨益的，因为它们可以大幅降低结构抗震计算分析方面的难度，并节约大量的计算时间，使特殊或复杂结构的抗震分析成为可能。虽然，传统的抗震计算方法譬如设计反应谱法、振型分解反应谱法也可以进行简单的计算，但通过专业程序和软件中的计算动画、云图可以使读者直观地了解地震的加载过程、结构模态特性和地震下的结构动力反应，更好地深刻了解地震作用下结构的变形破坏过程。因此，在本书中增加了地震反应时程分析方面的内容，以适应这一潮流。

本书是在参考新版《建筑抗震设计规范》GB 50011—2010 的基础上，由作者结合近十年来《结构抗震设计》的授课讲义数易其稿撰写而成。主要篇章如下：第一篇简要介绍关于地震的基本概念以及结构抗震设防的原则、结构抗震概念设计等方面的内容；第二篇重点在于阐述场地选址、地基基础抗震验算和地基液化处理等方面的知识；第三篇为有助于读者更好地理解抗震计算方面的知识，先讲述必须用到的结构动力学知识点譬如结构振动体系的自由振动、强迫振动以及振型正交性等基本理论，然后介绍具体的抗震计算方法——振型分解反应谱法和底部剪力法；第四篇分别针对混凝土结构、钢结构、砌体结构、桥梁结构和厂房结构展开，包括震害分析、基本计算和构造措施等内容；第五篇围绕结构振动控制技术展开，重点讲述基础隔震技术和消能减震技术，可为结构抗震设计在实际工程中的应用提供一条除关注材料强度和结构刚度以外的新途径；第六篇首先介绍常规结构地震动力反应的数值计算方法，然后重点讲述结构或构件的恢复力计算模型，有助于培养自行编制相关程序的能力和熟悉常见有限元软件进行相关计算的基本过程和原理；第七篇属于研究专题，在这部分中涉及了地下工程结构抗震设计和冻土地区的抗震问题，相关研究成果现阶段很少。作者在专题这部分引入了部分最新研究成果，希望能起到抛砖引玉的效果，进一步深化这方面的研究。

在编写的过程中涉及的文献资料很多，包括公开发表的著作、论文和各种规范等。书中部分规范的插图由荣维生博士提供；震害图片（譬如唐山地震）部分传承自恩师——已故的周锡元院士，在此谨表示深深的怀念。此外，少量图片由网上的搜索引擎百度获得。作者尽可能地罗列于参考文献之中，但百密一疏，若有遗漏在此先表示歉意。在具体的编写过程中，规范编制成员之一罗开海研究员给出了非常具有建设性的意见，研究生冯哲、

3

李靖和杨涛等参加了文字修改和插图绘制方面的工作。在此，作者一并表示衷心的感谢和诚挚的敬意。

在本书编撰的过程中，作者结合多年的授课经验，尽可能做到深入浅出、通俗易懂，而不求以繁复见长，以尽可能地扩大读者群体。本书若能对广大高校师生、科研单位的研究人员和企业的工程技术人员有所帮助，将甚感欣慰。限于水平，书中可能仍存不足之处，欢迎批评指正或者给出修改建议。

目　录

第一篇　地震与工程抗震

第1章　地震与地面运动 ···················· 1
1.1　引言 ·· 1
1.2　抗震减灾的主要内容 ···························· 1
1.3　我国的地震情况 ·································· 2
1.4　地震描述 ·· 2
1.5　震级与烈度 ·· 5
1.6　设计地震分组 ····································· 9
1.7　地震效应 ·· 9
1.8　地震动特性 ·· 9
1.9　地震灾害 ·· 10
思考题 ··· 12

第2章　结构抗震设计原则 ···················· 13
2.1　抗震设防的目标及方法 ························ 13
2.2　抗震设防范围 ····································· 14
2.3　抗震设防分类及抗震设防措施 ··············· 14
思考题 ··· 15

第3章　结构抗震概念设计 ···················· 16
3.1　概念设计的定义和基本内容 ··················· 16
3.2　建筑结构的规则性 ······························ 16
3.3　结构体系的合理性 ······························ 18
3.4　结构构件的延性 ·································· 19
3.5　结构失效机制的合理性 ························ 20
3.6　非结构构件连接设计 ···························· 20
思考题 ··· 20

第二篇　场地·地基与基础抗震

第4章　场地·地基与基础抗震 ················ 21
4.1　地震破坏作用 ····································· 21
4.2　建筑场地类别划分 ······························ 21
4.3　建筑场地选址 ····································· 23
4.4　地基基础的抗震验算 ···························· 24

4.5 地基液化及其处理措施 ·· 25

思考题 ·· 31

第三篇 结构抗震计算

第5章 结构振动原理 ·· 32

5.1 单自由度体系的自由振动 ·· 32

5.2 单自由度体系的强迫振动 ·· 33

5.3 多自由度体系的自由振动 ·· 36

5.4 振型的正交性 ·· 39

5.5 多自由度体系的强迫振动 ·· 41

思考题 ·· 43

第6章 抗震计算原理 ·· 44

6.1 单自由度体系的地震作用分析 ···································· 44

6.2 地震反应谱 ·· 45

6.3 抗震设计反应谱 ·· 46

6.4 多自由度弹性体系的地震反应分析——振型分解反应谱法 ·········· 48

6.5 底部剪力法 ·· 53

6.6 建筑结构的扭转地震效应 ·· 59

6.7 结构抗震验算 ·· 61

思考题 ·· 65

第四篇 结构抗震设计

第7章 混凝土结构抗震设计 ·· 66

7.1 震害描述 ·· 66

7.2 抗震设计的基本要求 ·· 71

7.3 框架结构抗震计算 ·· 78

7.4 框架结构抗震构造措施 ·· 93

7.5 抗震墙结构的抗震设计 ·· 98

7.6 框架-抗震墙结构的抗震设计 ····································· 110

思考题 ··· 112

第8章 钢结构抗震设计 ·· 113

8.1 震害描述 ··· 113

8.2 钢结构震害及其分析 ··· 117

8.3 抗震设计的一般规定 ··· 119

8.4 钢结构抗震计算 ··· 121

8.5 钢结构的抗震构造要求 ··· 125

思考题 ··· 129

第9章 砌体结构抗震设计 ·· 130

9.1 震害描述 ··· 130

9.2 砌体结构的震害分析 ┄┄┄┄┄┄┄┄┄┄┄┄┄┄┄┄┄┄┄┄┄┄┄┄┄ 130

9.3 抗震设计的一般规定 ┄┄┄┄┄┄┄┄┄┄┄┄┄┄┄┄┄┄┄┄┄┄┄┄ 132

9.4 砌体结构的抗震计算 ┄┄┄┄┄┄┄┄┄┄┄┄┄┄┄┄┄┄┄┄┄┄┄┄ 135

9.5 砌体结构的抗震构造措施 ┄┄┄┄┄┄┄┄┄┄┄┄┄┄┄┄┄┄┄┄┄ 142

思考题 ┄┄┄┄┄┄┄┄┄┄┄┄┄┄┄┄┄┄┄┄┄┄┄┄┄┄┄┄┄┄┄┄┄┄ 150

第 10 章　厂房抗震设计 ┄┄┄┄┄┄┄┄┄┄┄┄┄┄┄┄┄┄┄┄┄┄┄┄ 151

10.1 厂房的减隔震方案及抗震构造措施 ┄┄┄┄┄┄┄┄┄┄┄┄┄┄ 151

10.2 厂房的震害特点及其原因 ┄┄┄┄┄┄┄┄┄┄┄┄┄┄┄┄┄┄┄┄ 152

10.3 厂房抗震设计原理 ┄┄┄┄┄┄┄┄┄┄┄┄┄┄┄┄┄┄┄┄┄┄┄┄ 155

10.4 厂房减隔震及抗震构造措施 ┄┄┄┄┄┄┄┄┄┄┄┄┄┄┄┄┄┄ 161

思考题 ┄┄┄┄┄┄┄┄┄┄┄┄┄┄┄┄┄┄┄┄┄┄┄┄┄┄┄┄┄┄┄┄┄┄ 165

第 11 章　桥梁抗震设计 ┄┄┄┄┄┄┄┄┄┄┄┄┄┄┄┄┄┄┄┄┄┄┄┄ 166

11.1 桥梁概述 ┄┄┄┄┄┄┄┄┄┄┄┄┄┄┄┄┄┄┄┄┄┄┄┄┄┄┄┄┄ 166

11.2 桥梁震害及其原因 ┄┄┄┄┄┄┄┄┄┄┄┄┄┄┄┄┄┄┄┄┄┄┄┄ 169

11.3 桥梁抗震设计原理 ┄┄┄┄┄┄┄┄┄┄┄┄┄┄┄┄┄┄┄┄┄┄┄┄ 171

11.4 结构延性抗震设计 ┄┄┄┄┄┄┄┄┄┄┄┄┄┄┄┄┄┄┄┄┄┄┄┄ 176

11.5 桥梁的减隔震设计 ┄┄┄┄┄┄┄┄┄┄┄┄┄┄┄┄┄┄┄┄┄┄┄┄ 179

11.6 桥梁的抗震构造措施 ┄┄┄┄┄┄┄┄┄┄┄┄┄┄┄┄┄┄┄┄┄┄ 183

思考题 ┄┄┄┄┄┄┄┄┄┄┄┄┄┄┄┄┄┄┄┄┄┄┄┄┄┄┄┄┄┄┄┄┄┄ 185

第五篇　结构振动控制

第 12 章　结构振动控制简介 ┄┄┄┄┄┄┄┄┄┄┄┄┄┄┄┄┄┄┄┄ 186

12.1 引言 ┄┄┄┄┄┄┄┄┄┄┄┄┄┄┄┄┄┄┄┄┄┄┄┄┄┄┄┄┄┄┄┄ 186

12.2 结构抗震设计 ┄┄┄┄┄┄┄┄┄┄┄┄┄┄┄┄┄┄┄┄┄┄┄┄┄┄┄ 185

12.3 结构振动控制 ┄┄┄┄┄┄┄┄┄┄┄┄┄┄┄┄┄┄┄┄┄┄┄┄┄┄┄ 187

12.4 地震波分类与结构振动控制的效果 ┄┄┄┄┄┄┄┄┄┄┄┄┄┄ 187

12.5 结构控制系统性能的优劣 ┄┄┄┄┄┄┄┄┄┄┄┄┄┄┄┄┄┄┄┄ 188

12.6 结构控制的分类 ┄┄┄┄┄┄┄┄┄┄┄┄┄┄┄┄┄┄┄┄┄┄┄┄┄ 189

12.7 控制算法 ┄┄┄┄┄┄┄┄┄┄┄┄┄┄┄┄┄┄┄┄┄┄┄┄┄┄┄┄┄ 198

12.8 影响振动控制效果的因素 ┄┄┄┄┄┄┄┄┄┄┄┄┄┄┄┄┄┄┄┄ 199

思考题 ┄┄┄┄┄┄┄┄┄┄┄┄┄┄┄┄┄┄┄┄┄┄┄┄┄┄┄┄┄┄┄┄┄┄ 200

第 13 章　结构基础隔震设计 ┄┄┄┄┄┄┄┄┄┄┄┄┄┄┄┄┄┄┄┄ 201

13.1 基础隔震的概念及原理 ┄┄┄┄┄┄┄┄┄┄┄┄┄┄┄┄┄┄┄┄┄ 201

13.2 基础隔震发展简史 ┄┄┄┄┄┄┄┄┄┄┄┄┄┄┄┄┄┄┄┄┄┄┄┄ 202

13.3 基础隔震装置的构造 ┄┄┄┄┄┄┄┄┄┄┄┄┄┄┄┄┄┄┄┄┄┄ 206

13.4 隔震结构设计计算 ┄┄┄┄┄┄┄┄┄┄┄┄┄┄┄┄┄┄┄┄┄┄┄┄ 208

13.5 房屋隔震设计要求 ┄┄┄┄┄┄┄┄┄┄┄┄┄┄┄┄┄┄┄┄┄┄┄┄ 210

思考题 ┄┄┄┄┄┄┄┄┄┄┄┄┄┄┄┄┄┄┄┄┄┄┄┄┄┄┄┄┄┄┄┄┄┄ 211

第 14 章 结构消能减震设计 ·· 212

14.1 消能减震的概念及原理 ································· 212

14.2 常见的消能阻尼装置 ································· 212

14.3 消能减震结构的设计计算 ····························· 215

14.4 消能减震结构设计计算要求 ························· 217

思考题 ··· 218

第六篇 地震反应数值计算

第 15 章 结构非线性动力反应分析 ························· 219

15.1 结构线性运动方程与非线性运动方程 ············· 219

15.2 逐步积分法 ······································· 221

15.3 线性加速度法 ····································· 221

15.4 Wilson-θ 法 ································· 223

15.5 Newmark-β 法 ······························· 225

15.6 多自由度的逐步积分法 ··························· 225

第 16 章 结构地震反应数值分析 ························· 229

16.1 动力反应时程分析法 ····························· 229

16.2 结构（构件）恢复力计算模型 ····················· 230

16.3 计算模型及刚度矩阵 ····························· 233

16.4 地震反应增量方程数值解法 ····················· 241

思考题 ··· 245

第七篇 专 题

第 17 章 地下工程结构抗震设计 ························· 246

17.1 地下工程结构概述 ······························· 246

17.2 地下工程结构的震害及其原因分析 ··············· 247

17.3 地下结构抗震设计方法 ··························· 249

17.4 地下结构抗震设计原则和构造措施 ··············· 251

思考题 ··· 252

第 18 章 冻土地区中的工程抗震问题 ····················· 253

18.1 冻土地基概述 ····································· 253

18.2 冻土地区震害问题 ······························· 254

18.3 冻土地基抗震设计的一般要求 ····················· 256

18.4 专题——冻土场地内地基液化对单桩抗震性能影响试验研究 ··· 256

附录 ··· 266

参考文献 ··· 269

第一篇　地震与工程抗震

第1章　地震与地面运动

1.1　引　言

自然界中的灾害有火灾、水灾、污染、核泄漏、战争和地震等，但就其破坏后果而言，由于地震具有突发性和不可预测性，以及频度较高，并产生严重次生灾害，故总体上地震的破坏后果是最为严重的。

在人类社会发展的历史上，许多国家均曾因地震出现而造成重大的人员伤亡和财产损失，譬如中国、美国、日本、新西兰和土耳其等。历史上曾出现过地震几近毁灭整个城市的现象，状况十分惨烈。近一百多年来世界各地伤亡逾万人的地震事件统计如表1.1所示。

近百余年重大强震事件　　　　　　　　　　表 1.1

时间	地　区	里氏震级	死亡人数（万）	时间	地　区	里氏震级	死亡人数（万）
1905.4.4	克什米尔	8.6	1.9	1939.12.27	土耳其埃尔津詹	8	5
1908.12.18	意大利墨西拿	7.5	7.5	1960.5.21	智利	8.5	1
1920.12.16	中国海原	8.5	24	1970.5.31	秘鲁钦博特市	7.6	6
1923.9.1	日本关东	8.2	13	1976.7.28	中国唐山	7.6	24
1927.5.23	中国古浪	8	4	1985.9.19	墨西哥	7.8	3.5
1932.12.25	中国昌马	7.6	7	1990.6.21	伊朗	7.3	5
1935.5.30	巴基斯坦	7.5	3	2008.5.12	中国汶川	8.0	6.9
1939.1.25	智利	8.3	3	2010.1.12	海地	7.3	11.3

就我国而言，近些年来地震比较活跃，如云南、汶川、玉树等地均出现了较大的地震灾情，造成了极大的伤亡和财产损失。由此可见，在自然界众多灾害中，地震是最具危险性和破坏性的，在防灾中是首先需要考虑的。

1.2　抗震减灾的主要内容

1.2.1　建立地震监测预报体系

地震监测预报是抗震减灾的基础。一个完整的地震监测预报体系应包括地震前兆观测、地震预报、地震监测和地震数据分析等环节。在 1975 年，我国有在海城地震中成功进行地震预报的先例，挽救了成千上万的生命，避免了重大的经济损失。如果能成功地预报地震，就能事先采取相应防范措施，极大地降低地震所能带来的潜在风险。

1.2.2 建立地震灾害预防体系

地震灾害预防体系是抗震减灾的核心内容。因为即使能成功预报地震，但建筑物和构筑物不能撤离震区，在地震过程中，仍不可避受损破坏，因此抗震减灾工作重在预防。完整的地震灾害预防体系包括工程场地安全性评价、工程抗震和地震灾害预测等几个环节。特别需要强调的是根据规范进行抗震设计，这是抗震减灾工作中最为重要的内容。

目前，我国已通过《中华人民共和国防震减灾法》，包括下述法律条文：以后新建、扩建、改建建设工程，必须达到抗震设防要求；新建的建设工程必须按照抗震设防要求和抗震设计规范进行抗震设计，并按照抗震设计进行施工，否则追究其相应的法律责任。

1.2.3 建立地震紧急救援体系

完整的地震应急救援体系包括地震应急预案、信息传输系统、物资储备系统和应急救援队伍等。在地震已经发生的情况下，对灾区进行紧急救援是必须的，它能够挽救伤者生命，避免造成更大的经济损失。

1.3 我国的地震情况

纵观人类历史上全世界范围内出现的地震，主要集中在以下两个地震带：

1. 环太平洋地震带：包括南北美洲的太平洋沿岸和从阿留申群岛、堪察加半岛、经千岛群岛、日本列岛南下至我国台湾省，再经菲律宾群岛转向东南，直到新西兰。

2. 欧亚地震带：从印度、尼泊尔经缅甸至我国横断山脉、喜马拉雅山区，越帕米尔高原，经中亚细亚到地中海沿岸及其附近区域。

我国恰好处于上述两大地震带中间，东部与环太平洋相接，西部和南部与欧亚地震带毗邻，因此在历史上我国地震活动频繁，特别是出现过多次强震，如 1956 年陕西的华县大地震和 1976 年的唐山大地震。

我国的地震活动主要分布在五个地区的 23 条地震带上，这五个地区是：①台湾省及其附近海域；②西南地区，主要是西藏、四川西部和云南中西部；③西北地区，主要在甘肃河西走廊、青海、宁夏、天山南北麓；④华北地区，主要在太行山两侧、汾渭河谷、阴山—燕山一带、山东中部和渤海湾；⑤东南沿海的广东、福建等地。中国的台湾省位于环太平洋地震带上，西藏、新疆、云南、四川、青海等省区位于地中海—喜马拉雅地震带上，其他省区处于相关的地震带上。中国地震带分布和震中分布是制定中国地震重点监视防御区的重要依据。

1.4 地震描述

地震是指因地球内部缓慢积累的能量突然释放而引起的地面震动。在日常生活中人们

2

很少能感受到地震，但是其实地震却每时每刻都在发生。这是因为很多地震强度都很弱或发生于无人居住的偏僻荒野地区。

参照图1.1，在地球内部发生地震的地方叫震源；震源在地面上的投影点称为震中；震中及其附近的地方称为震中区，也称极震区；从震中到地面上任何一点的距离称为震中距；从震源到某一点的距离称为震源距。

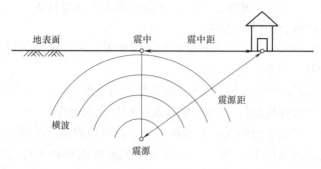

图1.1　震源、震中示意图

1.4.1　地震分类

简单来说，地震分为天然地震和人工地震。由于天然地震一般威胁较大，因此是人们防范的重点。天然形成的地震主要可以分为三种，即构造地震、火山地震和塌陷地震。除此之外，人类本身的活动也可引起地震，如地下核爆炸以及水库蓄水。由于人类活动、火山喷发和局部地表塌陷诱发的地震一般波及范围小，因此主要讨论由断层运动引起的构造地震。

1. 按地震成因分类

（1）构造地震：由于地壳运动，推挤地壳岩层使其薄弱部位发生断裂而引起的地震。据统计，构造地震约占世界地震总数的90%以上，如图1.2所示。破坏地震多为构造地震。92%的地震发生在地壳中，其余的发生在地幔上部。

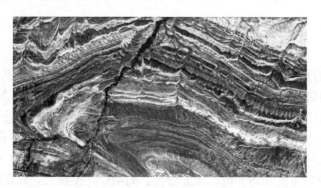

图1.2　构造地震示意图

（2）火山地震：由于火山作用，如岩浆活动、气体爆炸等引起的地震称为火山地震，这类地震只占全世界地震的7%左右。

（3）塌陷地震：由于地下溶洞或矿井顶部塌陷而引起的地震称为塌陷地震。这类地震的影响范围和危害程度都比较小，次数也很少。

人为因素直接造成的地震属于人工地震。譬如工业爆破和地下核爆炸造成的地震振动。有时，在深井中进行高压注水以及大容量水库蓄水，由于大幅增加了地壳的压力，有时也会诱发地震。

2. 按震源深浅分类

地球的构造可分为地壳、地幔、地核，地震通常发生在地核中。

地震按震源深度可分为以下几种：

浅源地震——震源深度小于70km的称为浅源地震。全世界85％以上的地震都是浅源地震。浅源地震波及范围小，但破坏力大。

中源地震——震源深度在70~300km的称为中源地震。

深源地震——震源深度超过300km的地震，叫作深源地震。

深源地震波及上部岩土范围大，但破坏力小；浅源地震波及范围小，但破坏力大。目前有记录的最深震源地震是1963年发生在印度尼西亚伊里安查亚省北部海域的地震，震源深度达768km。

1.4.2 地震波分类

地震波是地震发生时由震源地方的岩石破裂产生的弹性波。地震波根据传播方式分为体波和面波。

1. 体波是在地球内部传播的波，包括纵波和横波。体波质点振动如图1.3所示。

图 1.3 体波质点振动形

(a) 疏密波；(b) 剪切波

纵波：在传播过程中，介质质点的振动方向与波的前进方向一致，又称为压缩波或疏密波。纵波特点：周期短，振幅小。横波：在传播过程中，介质质点的振动方向与波的前进方向垂直，又称为剪切波。横波特点：周期较长，振幅较大。根据弹性理论，纵波的传播速度大约为横波的1.67倍，说明纵波的传播速度快，因此也把纵波叫初波，横波叫次波。

2. 面波是限于在地面附近传播的波，也就是体波经过地层界面多次反射形成的次生波。面波主要包含瑞雷波和洛夫波。面波特点：周期长，振幅大，只在地表附近传播，比体波衰减慢，传播远，面波质点振动形如图1.4所示。

根据弹性理论，横波和纵波的传播速度可分别用下列公式计算：

$$V_s = \sqrt{\frac{E}{2\rho(1+\nu)}} = \sqrt{\frac{G}{\rho}}$$

4

$$V_p = \sqrt{\frac{E(1-\nu)}{\rho(1+\nu)(1-2\rho)}}$$

式中　V_s——横波波速；

　　　V_p——纵波波速；

　　　E——介质弹性模量；

　　　G——介质剪切模量；

　　　ρ——介质密度；

　　　ν——介质泊松比。

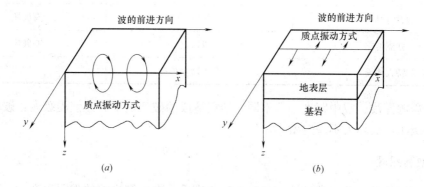

图 1.4　面波质点振动形式

（a）瑞雷波；（b）洛夫波

在一般情况下，取 $V=0.25$ 时：

$$V_p = \sqrt{3}V_s$$

综上所述，纵波的传播速度比横波的传播速度快，因此当发生地震时，首先在地震仪上记录到的地震波是纵波，随后记录到的才是横波。地震波的传播速度，以纵波最快，横波次之，面波最慢。纵波使建筑物产生上下颠簸，横波使建筑物产生水平晃动，而面波使建筑物既产生上下颠动又产生水平晃动。当横波和面波都达到时，振动最为强烈。一般情况下，横波产生的水平振动是导致建筑物破坏的主要因素，在强震中区，纵波产生的竖向振动造成的影响也不容忽视。

1.5　震级与烈度

1.5.1　地震震级

震级是衡量一次地震强度的指标，常用 M 表示，以及反映一次地震所携带释放能量的多少。一次地震只有一个震级。目前，国际上比较常用的是里氏震级，即地震震级为：

$$M = \log A$$

式中 A 是标准地震仪（周期 0.8s，阻尼系数 0.8，放大倍数 2800 倍的地震仪）在距震中 100km 处记录的以微米（1 微米 $=10^{-6}$ m）为单位最大水平地动位移（单振幅）。

震级与能量的关系符合下面的对数关系式：

$$\log E = 11.8 + 1.5M$$

式中能量 E 的单位：尔格（1 尔格$=10^{-7}$J）。震级越大，能量越大；震级相差一级，能量相差约 32 倍；相差二级，能量相差 1000 倍。

按照震级的大小，地震按表 1.2 进行分类，如表 1.2 所示。

地震震级分类 表 1.2

地震级别	里氏震级	破坏程度
微震	2 级以下	人感觉不到
有感地震	2~4 级	人有感觉
破坏性地震	5 级以上	有破坏
强烈地震	7 级以上	有破坏
特大地震	8 级以上	有破坏

由于震源深浅、震中距大小等不同，地震造成的破坏也不同。但震级大，破坏力不一定大；震级小，破坏力不一定就小。

1.5.2 地震烈度

地震烈度指某一地区的地面和各类建筑物遭受一次地震影响的强弱程度。一次地震对某一地区的影响和破坏程度称地震烈度，简称为烈度。地震烈度主要与震级、震中距离、震源深度、地震波传播介质、建筑物的动力特性和施工质量等许多因素有关。对于一次地震，表示地震大小的震级只有一个，但它对不同地点的影响是不一样的。一般来说，震级越大，烈度就越大，距离震中越远，地震影响越小，烈度就越低。等震线（等烈度线）是一次地震作用下，烈度相同地区的外包线，图 1.5 为等震线示意图。

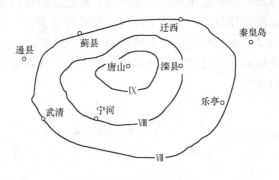

图 1.5 等震线示意图

1.5.3 地震烈度表

地震烈度表是评定烈度的标准和尺度。它以描述地震灾害宏观现象为主，即根据建筑物的破坏程度、地貌变化特征、地震时人的感觉、器物的振动反应等进行区分。我国最新的烈度表见表 1.3。

日本或欧洲则采用八个等级或十个等级的地震烈度表。

6

中国地震烈度表（GB/T 17742—2008）　　　　　　　　表 1.3

地震烈度	人的感觉	房屋震害			其他震害现象	水平向地面运动	
		类型	震害程度	平均震害指数		峰值加速度(m/s²)	峰值速度(m/s)
I	无感	—	—	—	—	—	—
II	室内个别静止中人有感觉	—	—	—	—	—	—
III	室内少数静止中人有感觉	—	门、窗轻微作响	—	悬挂物微动	—	—
IV	室内多数人、室外少数人有感觉,少数人梦中惊醒	—	门、窗作响	—	悬挂物明显摆动,器皿作响	—	—
V	室内绝大多数、室外多数人有感觉,多数人梦中惊醒	—	门窗、屋顶、屋架颤动作响,灰土掉落,个别房屋抹灰出现细微细裂风,个别有檐瓦掉落,个别屋顶烟囱掉砖	—	悬挂物大幅度晃动,不稳定器物摇动或翻倒	0.31 (0.22～0.44)	0.03 (0.02～0.04)
VI	多数人站立不稳,少数人惊逃户外	A	少数中等破坏,多数轻微破坏和/或基本完好	0.00～0.11	家具和物品移动;河岸和松软土出现裂缝,饱和砂层出现喷砂冒水;个别独立砖烟囱轻度裂缝	0.63 (0.45～0.89)	0.06 (0.05～0.09)
		B	个别中等破坏,少数轻微破坏,多数基本完好				
		C	个别轻微破坏,大多数基本完好	0.00～0.08			
VII	大多数人惊逃户外,骑自行车的人有感觉,行驶中的汽车驾乘人员有感觉	A	少数毁坏和/或严重破坏,多数中等和/或轻微破坏	0.09～0.31	物体从架子上掉落;河岸出现塌方,饱和砂层常见喷水冒砂,松软土地上地裂缝较多;大多数独立砖烟囱中等破坏	1.25 (0.90～1.77)	0.13 (0.10～0.18)
		B	少数毁坏,多数严重和/或中等破坏				
		C	个别毁坏,少数严重破坏,多数中等和/或轻微破坏	0.07～0.22			
VIII	多数人摇晃颠簸,行走困难	A	少数毁坏,多数严重和/或中等破坏	0.29～0.51	干硬土上出现裂缝,饱和砂层绝大多数喷砂冒水;大多数独立砖烟囱严重破坏	2.50 (1.78～3.53)	0.25 (0.19～0.35)
		B	个别毁坏,少数严重破坏,多数中等和/或轻微破坏				
		C	少数严重和/或中等破坏,多数轻微破坏	0.20～0.40			
IX	行动的人摔倒	A	多数严重破坏或/和毁坏	0.49～0.71	干硬土上多处出现裂缝,可见基岩裂缝、错动,滑坡、塌方常见;独立砖烟囱多数倒塌	5.00 (3.54～7.07)	0.50 (0.36～0.71)
		B	少数毁坏,多数严重和/或中等破坏				
		C	少数毁坏和/或严重破坏,多数中等和/或轻微破坏	0.38～0.60			

7

地震烈度	人的感觉	房屋震害				其他震害现象	水平向地面运动	
		类型	震害程度		平均震害指数		峰值加速度(m/s²)	峰值速度(m/s)
X	骑自行车的人会摔倒,处不稳状态的人会摔离原地,有抛起感	A	绝大多数毁坏		0.69～0.91	山崩和地震断裂出现;基岩上拱桥破坏;大多数独立砖烟囱从根部破坏或倒毁	10.00 (7.08～14.14)	1.00 (0.72～1.41)
		B	大多数毁坏					
		C	多数毁坏和/或严重破坏		0.58～0.80			
XI		A	绝大多数毁坏		0.89～1.00	地震断裂延续很大,大量山崩滑坡	—	—
		B						
		C			0.78～1.00			
XII	—	A	—		1.00	地面剧烈变化,山河改观	—	—
		B						
		C						

注:表中的数量词:"个别"为10%以下;"少数"为10%～45%;"多数"为40%～70%;"大多数"为60%～90%;"绝大多数"为80%以上。

1.5.4 基本烈度

规范规定的设防烈度通常是指一个地区未来50年内一般场地条件下可能遭受的具有10%超越概率的地震烈度值,相当于475年一遇的最大地震的烈度。基本烈度也称为偶遇烈度或中震烈度。它是一个地区抗震设防的依据。各地区的基本烈度由《中国地震动参数区划图》GB 18306—2001确定。

抗震设防烈度(基本烈度)和设计基本地震加速度值的对应关系如表1.4所示。

除设计基本地震加速度以外,设计特征周期也是表征地震影响的一个重要因素,特别是在抗震设计反应谱应用方面也是一个非常重要的参数。

地震设防烈度与设计加速度表　　　　　　　　　　表 1.4

抗震设防烈度	6度	7度	8度	9度
设计基本加速度	0.05g	0.10(0.15)g	0.20(0.30)g	0.40g

注:g为重力加速度。

1.5.5 设防烈度

所有抗震设防的建筑均应按现行国家标准《建筑工程抗震设防分类标准》GB 50223—2008确定其抗震设防类别及其抗震设防标准,一般情况下采用抗震设防烈度。建筑的抗震设防烈度应采用根据中国地震动参数区划图确定的地震基本烈度(《建筑抗震设计规范》GB 50011—2010设计基本地震加速度值所对应的烈度值)。在满足一定条件下可采用抗震设防区划所提供的地震动参数。

按国家规定的权限批准作为一个地区抗震设防依据的地震烈度称为设防烈度。规范规定:一般情况下,可采用《中国地震动参数区划图》中的地震基本烈度。对已编制抗震设防区划的城市，可按批准的抗震设防烈度进行抗震设防。规范附录中列出了我国主要城镇的抗震设防烈度。

1.5.6 多遇烈度和罕遇烈度

多遇烈度指建筑所在地区在设计基准期（50年）内出现的超越概率为63.2%的烈度，又称众值烈度、常遇烈度或小震烈度，用Is表示。罕遇烈度指建筑所在地区在设计基准期（50年）内具有超越概率2%～3%的地震烈度，又称大震烈度，重现期约为2000年。

1.6 设计地震分组

相较旧规范设计近震、设计远震的概念，新规范中采用设计地震分组的概念对其加以替代。它可以用来衡量宏观烈度大致相同条件下，由于震中距的不同，可能带来的影响也不同。第一组震中距最小，第二组次之，第三组最大，例如对于Ⅱ类场地，第一、二、三组的设计特征周期分别为：0.35s、0.40s、0.45s。在相同的抗震设防烈度和设计基本地震加速度值的地区可能有三个设计地震分组，第一组为近震中距，第二组介于中间，第三组为远震中距。

1.7 地 震 效 应

根据地震加速度仪记录到的地面运动加速度数据，几乎都有垂直分量存在。垂直分量一般弱于水平分量，并且含有很多较低周期成分。与水平加速度诱发的动力反应相比，对于大多数建筑物来说，竖向加速度反应一般不成问题。这是因为除了近震时水平分量和垂直分量较为接近以外，通常垂直加速度的峰值不及水平峰值的2/3，而且结构重力荷载设计的结果总是具有相当大的强度储备，可有效抵御竖向地震作用。因此，通常仅考虑地震运动水平分量对结构的破坏作用。

在地震的作用下，建筑物的损坏程度主要取决于：

地震特性，包括地面加速度峰值大小、持续时间、频谱成分及其引起的地面破坏；

场地特性，包括震中距、地震波传播路径、局部地质条件、场地土性质和场地卓越周期等；

结构特性，包括结构固有周期和阻尼等动力参数；建筑施工方法和服役时间；建筑体型和平面布置；抗震承载能力和强度储备；结构或构件依靠延性变形耗能的能力等。

1.8 地 震 动 特 性

一次地震动特性如同力学三要素一样，可用地面运动最大加速度（幅值特性）、地面运动的周期（频谱特性）、强震的持续时间（持时特性）来描述其特性。参见图1.6中分别给出的三条地震曲线所示，包括加速度曲线、速度曲线和位移曲线。

地震时地面运动的最大加速度、振动周期、持续时间对震害的影响是显而易见的，特别是振力周期所反映的地震频谱的影响。这是因为在地震作用下，如果外部地震动周期与

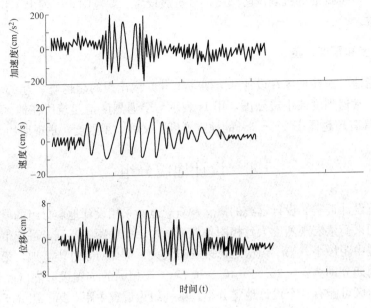

图 1.6　地震动特性曲线

结构自振周期较为接近时，就会产生共振，动力反应强烈，对建筑物危害极大，这一点非常重要，不容忽视。

1.9　地 震 灾 害

地震灾害可分为直接灾害和次生灾害。直接灾害是与地震直接关联的，比较明显。次生灾害则不然，其影响容易被忽视。其实次生灾害可能带来更为严重的破坏。针对建筑物特点，抗震设计中有必要考虑不同次生灾害可能带来的影响，譬如木结构防水、化工厂要防止工业气体泄漏等。

1.9.1　直接灾害

由地震本身的作用如地震断层错动，以及地震波引起的强烈地面振动所造成的灾害。主要有：

1. 地面破坏。如地面裂缝、错动、塌陷、喷砂冒水等。
2. 山体等自然物的破坏。如山崩、滑坡等。
3. 建筑物与构筑物的破坏。如房屋倒塌、桥梁断落、水坝开裂、铁轨变形等。

三种破坏形式见图 1.7～图 1.9 所示。

1.9.2　次生灾害

次生灾害是由结构破坏继而引起的，可能的表现形式如下：

1. 火灾。主要是电力设施破坏引起的建筑物焚烧，尤其是木结构易于发生火灾（图1.10）。譬如 1923 年的日本关东地震，东京市内 227 处起火，33 处未能扑灭造成火灾蔓延，旧市区内各种建筑物烧毁约 50%；与之对应，横滨市建筑物烧毁约 80%，死亡 10 万余人。

图1.7　地震引起地面开裂　　　图1.8　地震引起山体滑坡　　　图1.9　地震引起房屋倒塌

2.水灾。表现为河堤、大坝开裂引发洪水，水灾破坏力较大，海域区还可能诱发海啸（图1.11）。全球因海啸死亡18万人以上，如2004年印尼苏门答腊岛地震引发的海啸，淹没大量城乡地区，波及范围包括东南亚和东非等多个国家。

图1.10　地震引起火灾　　　　　　　　图1.11　地震诱发海啸

1.9.3　工程结构的破坏现象

在地震过程中出现的工程结构破坏现象一般包括：地基失效，承重结构强度不足或结构变形过大导致倒塌，结构构件连接或支撑失效导致局部破坏及非结构构件破坏等（图1.12～图1.15）。

图1.12　地基失效　　　　　　　　　　图1.13　建筑倒塌

图 1.14 承重结构强度不足　　　　图 1.15 结构构件连接失效

思 考 题

一、简答题

1. 抗震减灾工作的主要内容？
2. 全球两大地震带是什么？
3. 地震按其成因分为哪几种类型？按其震源的深浅又分为哪几种类型？
4. 地震波包含了哪几种波？到达场地的先后顺序是什么？
5. 如何确定某一地区的设防烈度？
6. 烈度和震级之间的对应关系是什么？
7. 震级是如何确定的？
8. 烈度是如何确定的？
9. 抗震设防烈度如何确定？

二、名词解释

1. 震源与震中
2. 震源距与震中距
3. 构造地震
4. 地震波
5. 震级与烈度

三、填空题

1. 按地震成因分类，地震分为 _____ 和 _____。按震源深浅，地震分为 _____ 和 _____。

2. 当地震震级增加一级时，地面振幅增加约 _____ 倍，而能量增加约 _____ 倍。

3. 多遇烈度指建筑所在地区在设计基准期（50 年）内出现的超越概率为 _____ 的烈度。

第2章 结构抗震设计原则

2.1 抗震设防的目标及方法

1. 抗震设防目标

抗震设防目的在于减轻建筑物的破坏，降低人员死亡，减轻经济损失。具体措施可通过采取"三水准设防"和"两阶段设计"的方法加以实现。

2. "三水准"的抗震设防要求

（1）第一水准——当遭受低于本地区抗震设防烈度的多遇地震影响时，一般不受损坏或不需修理就可继续使用，即所谓的小震不坏。

（2）第二水准——当遭受相当于本地区抗震设防烈度的地震影响时，可能损坏，但经一般修理或不需修理仍可继续使用，即所谓的中震可修。

（3）第三水准——当遭受高于本地区抗震设防烈度的罕遇地震影响时，不致倒塌或发生危及生命的严重破坏，即所谓的大震不倒。

上述三个设防水准分别对应着多遇烈度、基本烈度和罕遇烈度。其中多遇烈度对应地震在50年设计基准期内的超越概率为63.2%，重现期为50年；基本烈度对应的地震在50年设计基准期内的超越概率为10%，重现期为475年；罕遇烈度对应的地震在50年设计基准期内的超越概率为2%～3%，重现期约为2000年。三种烈度对应的地震类型在50年设计基准期内的超越概率如图2.1所示。

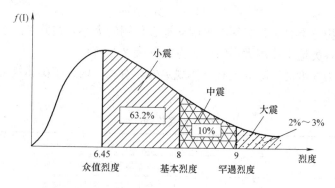

图2.1 小震、中震和大震在50年内的超越概率

3. "两阶段"的抗震设计方法

按照抗震规范的理念，前述的"三水准"要求可通过"两阶段"抗震设计的方法来实现。

第一阶段：

对绝大多数结构进行小震作用下的结构和构件承载力验算，较高建筑物还要进行弹性变形验算，在此基础上对各类结构按规定要求采取抗震措施。

第二阶段：

对一些规范规定的结构进行大震作用下的弹塑性变形验算，包括有特殊要求的建筑、地震易倒塌的建筑、有明显薄弱层的建筑。

2.2 抗震设防范围

抗震设防烈度为 6 度及以上地区的所有新建建筑工程均必须进行抗震设计。规范适用于 6～9 度地区建筑抗震设计及隔震、消能减震设计。超过 9 度的地区和行业有特殊要求的工业建筑按有关专门规定执行。

2.3 抗震设防分类及抗震设防措施

1. 抗震设防分类

根据建筑物的使用功能要求及地震破坏的后果，可将建筑物进行相应的抗震设防分类。不同类型的建筑物，相应的抗震设防分类也不同。通常可分为四类，如表 2.1 所示。

抗震设防分类	表 2.1
甲类	重大建筑工程和地震时可能发生严重次生灾害的建筑
乙类	地震时使用功能不能中断需尽快恢复的建筑
丙类	除甲乙丁类以外的一般建筑
丁类	抗震次要建筑

甲类建筑包括核电厂和重要的化工厂，破坏后引起的辐射或毒气泄漏会产生严重的后果，乙类建筑包括电厂和自来水厂，水电供应不能长时间中断需尽快恢复。

2. 地震作用

在确定建筑物分类之后，必须首先确认地震作用的大小，在此基础上才能采取合理的抗震设防措施。各类地震作用大小的确定方法如表 2.2 所示。

在设防烈度为 6 度时，除规范有具体规定外，对乙、丙、丁类建筑可不进行地震作用计算。

地震作用	表 2.2
甲类	按地震安全性评价结果确定
乙类	应符合本地区抗震设防烈度要求
丙类	应符合本地区抗震设防烈度要求
丁类	一般情况下仍应符合本地区抗震设防烈度的要求

3. 抗震设防措施

抗震措施是指除结构地震作用计算和抗力计算以外的抗震设计内容，它包括抗震构造措施。抗震构造措施是指一般不需计算而对结构构件和非结构构件各部分必须采取的各种细部要求。根据抗震规范设计，需要采取的抗震设防措施如表 2.3 所示。

甲类	当抗震设防烈度为 6~8 度时,应符合本地区抗震设防烈度提高 1 度的要求;当为 9 度时,应符合比 9 度抗震设防更高的要求
乙类	一般情况下,当抗震设防烈度为 6~8 度时,应符合本地区抗震设防烈度提高 1 度的要求;当 9 度时,应符合比 9 度抗震设防更高的要求,对较小的乙类建筑,当其结构改用抗震性能较好的结构类型时,应允许仍按本地区抗震设防烈度的要求采取抗震措施
丙类	应符合本地区抗震设防烈度的要求
丁类	应允许比本地区抗震设防烈度的要求适当降低,但抗震设防烈度为 6 度时不应降低

较小乙类建筑:工矿企业的变电所以及城市供水水源的泵房等。抗震性能较好的结构类型指钢筋混凝土结构或钢结构。

综上所述,在进行建筑物分类、地震作用确定以及采取相应的措施之后,可确立建筑物抗震设防标准。

思 考 题

一、简答题

1. 抗震设防的目标是什么?

2. "两阶段"抗震设计方法的基本内容是什么?

3. 建筑结构分类的依据是什么?

二、名词解释

1. 抗震设防类别

2. 抗震措施

3. 抗震构造措施

三、填空题

1. 抗震设防烈度为_____地区的所有新建建筑工程均必须进行抗震设计。

2. 一般情况下,抗震设防依据_____。一定条件下可采用抗震设防区划提供的地震动参数。

3. 在设防烈度为 6 度时,除规范有具体规定外,对_____类建筑可不进行地震作用计算。

第3章 结构抗震概念设计

3.1 概念设计的定义和基本内容

建筑抗震设计通常包括三方面的内容：

1. 抗震概念设计；
2. 结构内力计算；
3. 采取合理的构造措施。

根据地震灾害和工程经验等所形成的基本设计原则和设计思想进行建筑和结构的总体布置，并确定细部构造的过程称为概念设计。概念设计是根据过去的灾害调查、工程经验以及力学知识进行设计的过程，它无须进行计算即可指导新建建筑物的结构抗震设计，它通常包括建筑结构平面结构布置以及细部构造等设计内容。

虽然概念设计是一种依赖实际经验和已有知识的方法，但其作用仍是十分重要的，且是难以替代的。原因在于，由于建筑材料指标的离散性、本构关系的复杂性和地震作用的不可预测性、抗震计算的精确性是难以充分保留的。

抗震概念设计重点在于强调下述五部分内容：

1. 建筑结构的规则性；
2. 选择合理的结构体系；
3. 抗侧力结构和构件的延性设计；
4. 合理的结构失效机制；
5. 非结构构件连接。

3.2 建筑结构的规则性

建筑结构的规则性包括平面和立面规则性两个方面。根据大量的震害调查，平面或立面不规则的结构，在地震过程中很容易破坏，因此结构应尽力避免设计成平面或立面不规则的复杂结构形式（图 3.1、图 3.2）。

建筑设计应根据抗震概念设计的要求明确建筑形体的规则性；不规则的建筑应按规定采取加强措施；特别不规则的建筑应进行专门研究和论证，采取特别的加强措施；不应采用严重不规则的建筑。

建筑设计还应重视其平面、立面和竖向剖面的规则性对抗震性能及经济合理性的影响，宜择优选用规则的形体，其抗侧力构件的平面布置宜规则对称、侧向刚度沿竖向宜均匀变化、竖向抗侧力构件的截面尺寸和材料强度宜自下而上逐渐减小、避免侧向刚度和承载力的突变。

规范中关于平面不规则和竖向不规则的类型说明分别如表 3.1、表 3.2 和图 3.3 所示。

图 3.1　平面不规则建筑

图 3.2　立面不规则建筑

平面不规则的类型　　　　　　　　　　　　　　　　　　　　表 3.1

不规则类型	定　　义
扭转不规则	楼层的最大弹性水平位移(或层间位移),大于该楼层两端弹性水平位移(或层间位移)平均值的1.2倍
凹凸不规则	结构平面凹进的一侧尺寸,大于相应投影方向总尺寸的30%
楼板局部不连续	楼板的尺寸和平面刚度急剧变化,例如,有效楼板宽度小于该层楼板典型宽度的50%,或开洞面积大于该层楼面面积的30%,或较大的楼层错层

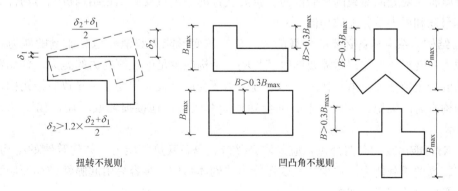

图 3.3　扭转示意图

17

不规则类型	定　　义
侧向刚度不规则	该层的侧向刚度小于相邻上一层的 70%，或小于其上相邻三个楼层侧向刚度平均值的 80%；除顶层外，局部收进的水平向尺寸大于相邻下一层的 25%
竖向抗侧力构件不连续	竖向抗侧力构件(柱、抗震墙、抗震支撑)的内力由水平转换构件(梁、桁架等)向下传递
楼层承载力突变	抗侧力结构的层间受剪承载力小于相邻上一楼层的 80%

3.3　结构体系的合理性

结构体系应根据建筑的抗震设防类别、抗震设防烈度、建筑高度、场地条件、地基、建筑材料和建筑施工等因素，通过技术、经济和使用条件综合比较确定，结构体系应符合下列各项要求：

1. 应具有明确的计算简图和合理的地震作用传递途径。通常结构体系应具有明确的计算简图和合理的地震作用传递途径，要求受力明确、传力合理、传力路线不间断、抗震分析与实际表现相符合。如果在结构体系中荷载传递路线突然中断或跳跃都是不合理的，如图 3.4 所示。

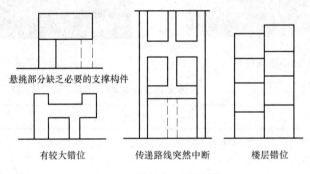

图 3.4　结构体系示意图

2. 应避免因部分结构或构件破坏而导致整个结构丧失抗震能力或对重力荷载的承载能力。如由于柱子的数量较少或承载能力较弱，部分柱子因受损破坏退出工作后，整个结构系统就丧失对竖向荷载的承载能力。抗震设计的一个重要原则是结构抗侧力构件应有必要的冗余度和内力重分配的功能。

3. 结构体系应具备必要的承载能力，良好的变形能力和消耗地震能量的能力。足够的承载力和变形能力往往是需要同时满足的。结构缺少足够抗侧向力的能力，譬如钢框架或钢筋混凝土纯框架，由于在不大的地震作用下会产生较大的变形，导致非结构构件的破坏或结构本身的失稳；承载力不够则会导致局部或整体连接损坏或坍塌，如图 3.5 和图 3.6 所示。

4. 对可能出现的薄弱部位，应采取必要措施提高其抗震能力，如建筑物的结构转换。例如有较高的承载能力而缺少较大变形能力的砌体结构，很容易引起脆性破坏而倒塌位置处，有必要设置转换，如图 3.7 所示。

图 3.5　建筑物较大变形　　　　　　　　图 3.6　房屋破坏

图 3.7　砌体结构外墙坍塌

3.4　结构构件的延性

　　在现代建筑设计中，不再单一的强调结构刚度和建筑材料的强度，而是开始重视结构的延性设计。这可以以钢筋混凝土梁的抗弯为例加以说明。对于钢筋混凝土梁，通常既不应是少筋梁，也不能是超筋梁。因为少筋梁承载力小，而超筋梁则会发生脆性破坏，虽然承载力高，但同样也是不利的。结构的变形能力取决于组成结构的构件及其连接的延性水平。规范对各类结构采取的抗震措施，基本上是提高各类结构构件的延性水平。

　　这些抗震措施包括：

　　1. 采用提供水平向（圈梁）和竖向（构造柱、芯柱）约束的混凝土构件，加强对砌体结构的整体约束，或采用配筋砌体。这样可使砌体在发生裂缝后不致坍塌和散落，地震时不致丧失对重力荷载的承载能力。

　　2. 避免混凝土结构的脆性破坏（包括混凝土压碎、构件剪切破坏、钢筋混凝土粘结破坏）先于钢筋的屈服；

　　3. 避免钢结构局部和整体失稳，保证节点焊接部位在地震时不致开裂，拴接部位不致脱开。

3.5 结构失效机制的合理性

1. 设置多道抗震防线

主要是通过设计足够数量的抗侧力构件，当某一个或数个破坏后仍是有足够的抗侧向刚度，即增加超静定次数，使抗侧力构件有冗余度。

2. 强剪弱弯

根据材料力学，钢筋混凝土梁破坏有两种模式：受剪破坏和受弯破坏。其中受剪是脆性破坏，而受弯是延性破坏。在建筑结构设计中，应该设计成以延性破坏为主，尽量避免脆性破坏。

3. 结构构件的失效顺序

结构的失效顺序：振动控制装置失效；非结构构件失效；承载构件失效。振动控制装置以消能减震装置为主，主要用来控制结构的侧向变形，如阻尼器破坏后可替换，可将破坏限制在振动装置上，通过牺牲振动装置来保护结构。类似地，也可牺牲非结构构件来保护主体结构。对主要承载构件来说，也应该考虑其失效顺序，比如采取强柱弱梁的结构形式，即要求柱失效应在梁之后。

3.6 非结构构件连接设计

在现代结构中，非结构构件造价呈比例上升的趋势，如玻璃幕墙、吊顶和管线等，这些非结构构件破坏后，维修造价也比较高。此外，有些非结构构件地震出现坠落、侧翻容易造成人身伤害，如女儿墙、围护墙和填充墙等，这些非结构构件的连接设计在抗震设计中也都是需要考虑的。

思 考 题

一、简答题

1. 概念设计的基本内容是什么？
2. 平面、立面不规则类型各包括什么？
3. 如何选择合理的结构体系？
4. 提高结构构件延性水平的抗震措施有哪些？
5. 非结构构件是否应进行抗震结构设计？

二、名词解释

1. 概念设计
2. 结构不规则

三、填空题

1. 平面不规则包括_____、_____、_____三种类型。
2. 竖向不规则包括_____、_____、_____三种类型。
3. 结构的变形能力主要取决于组成结构的构件及其连接的_____。

第二篇 场地·地基与基础抗震

第4章 场地·地基与基础抗震

4.1 地震破坏作用

场地是指建筑所在地。从建筑破坏原因和工程防治对策角度来看，地震对建筑的破坏作用可分为两种类型：场地、地基的破坏作用和场地的地震动作用。

场地和地基的破坏作用一般是指造成建筑破坏的直接原因是场地和地基稳定性失效。地震发生时，地基或基础由于地震作用发生变形或破坏，导致其不能承受上部建筑物荷载，从而使建筑物发生坍塌等现象。这种破坏作用一般可通过场地选择和地基处理来避免的。

场地的地震动作用是指由于地面及复振运动引起建筑振动而产生的破坏作用，减轻它所产生的地震灾害的主要途径是合理地进行抗震设计，并采取必要减震措施。

无论是场地的直接破坏作用还是间接破坏作用，可知场地本身的性质对建筑抗震设计是十分重要的，为此要确定工程场地的设计地震动参数。

4.2 建筑场地类别划分

4.2.1 场地条件与震害之间的关系

根据众多震害调查结果显示，一次地震对局部地区所产生的破坏程度与场地条件是密切相关的。地震波的三要素为波峰、频谱和持时描述。众所周知，场地条件对地震波的频谱以及峰值有较大的影响，反映在场地对地震波作用的双重性，即共振放大作用和滤波作用。当场地的固有周期与地震动的卓越周期一致时，地震作用最强，当两者接近时地震作用被一定程度的放大，当两者相差较远时，就会产生滤波作用。通常，坚硬场地上的地震波以短周期为主，刚性建筑易破坏；相反，软弱场地上的地震波以长周期为主，柔性建筑易破坏。

4.2.2 场地土类型

建筑场地土的类别可按土的剪切波速和覆盖层厚度划分。实际情况中，只有单一性质土的场地很少见，这时，应该按等效剪切波速 v_{es} 来划分土的类别。所谓等效剪切波速是指地面以下 20m 且埋深不大于场地覆盖层厚度范围内各土层剪切波速的等效值。计算公式如下：

$$v_{se} = d_0/t \tag{4.1}$$

$$t = \sum_{i=1}^{n} d_i/v_{si} \tag{4.2}$$

式中　v_{se}——土层的等效剪切波速；

d_0——计算深度（m），取覆盖层厚度和20m二者的较小值；

t——剪切波在地面至计算深度之间的传播时间；

d_i——计算深度范围内第 i 土层的厚度（m）；

v_{si}——计算深度范围内第 i 土层的剪切波速（m/s）；

n——计算深度范围内土层的分层层数。

《建筑抗震设计规范》规定对丁类建筑及丙类建筑中层数不超过10层、高度不超过24m的多层建筑，当无实测剪切波速时，可根据岩土名称和性状，按表4.1划分土的类型，再利用当地经验在表4.1的剪切波速范围内估算各土层的剪切波速。

土的类型划分和剪切波速范围　　　　　　　　　　表 4.1

土的类型	岩土名称和性状	土层剪切波速范围（m/s）
岩石	坚硬、较硬且完整的岩石	$v_s > 800$
坚硬土或软质岩石	破碎和较破碎的岩石或软或较软的岩石，密实的碎石土	$800 \geqslant v_s \geqslant 500$
中硬土	中密、稍密的碎石土，密实、中密的砾、粗、中砂，$f_{ak} > 150$ 的黏性土和粉土，坚硬黄土	$500 \geqslant v_s > 250$
中软土	稍密的砾、粗、中砂，除松散外的细、粉砂，可塑新黄土，$f_{ak} \leqslant 150$ 的黏性土和粉土，$f_{ak} > 130$ 的填土	$250 \geqslant v_s > 150$
软弱土	淤泥和淤泥质土，松散的砂，新近沉积的黏性土和粉土，$f_{ak} \leqslant 130$ 的填土，流塑黄土	$v_s \leqslant 150$

注：f_{ak} 为由载荷试验等方法得到的地基承载力特征值（kPa）；v_s 为岩土剪切波速。

4.2.3　场地覆盖层厚度

场地覆盖层厚度的确定，应符合下列要求

1. 一般情况下，应按地面至剪切波速大于500m/s且其下卧各层岩土的剪切波速均不小于500m/s的土层顶面的距离确定。

2. 当地面5m以下存在剪切波速大于其上部各土层剪切波速2.5倍的土层，且该层及其下卧各层岩土的剪切波速均不小于400m/s时，可按地面至该土层顶面的距离确定。

3. 剪切波速大于500m/s的孤石、透镜体，应视同周围土层。

4. 土层中的火山岩硬夹层，应视为刚体，其厚度应从覆盖土层中扣除。

4.2.4　场地类别划分

建筑的场地类别，应根据土层等效剪切波速和场地覆盖层厚度按表4.2划分为四类，其中 I 类分为 I_0、I_1 两个亚类。当有可靠的剪切波速和覆盖层厚度且其值处于表4.2所列场地类别的分界线附近时，应允许按插值方法确定地震作用计算所用的特征周期。

各类场地覆盖层厚度					表 4.2

岩石的剪切波速或土的	场 地 类 型				
等效剪切波速(m/s)	I_0	I_1	Ⅱ	Ⅲ	Ⅳ
$v_s > 800$	0				
$800 \geqslant v_s > 500$		0			
$500 \geqslant v_{se} > 250$		<5	≥5		
$250 \geqslant v_{se} > 150$		<3	3～50	>50	
$v_{se} \leqslant 150$		<3	3～15	15～80	>80

注：表中 v_s 系岩石的剪切波速。

【例 4.1】：已知某建筑场地的钻孔土层资料如表所示，试确定该建筑场地的类别。

层底深度(m)	土层厚度(m)	土的名称	剪切波速(m/s)
7.3	7.3	杂填土	210
18.4	11.1	粉土	290
25.6	7.2	中砂	380
42.4	16.8	碎石土	540

【解】

（1）确定场地覆盖层厚度

距地面 25.6m 以下土层的剪切波速 $v_s = 540\text{m/s} > 500\text{m/s}$，故覆盖层厚度 $d_{ov} = 25.6\text{m} > 20\text{m}$，计算深度 $d_0 = 20\text{m}$。

（2）计算等效剪切波速

$$v_{se} = d_0/t = d_0 / \sum_{i=1}^{n} \frac{d_i}{v_{si}} = \frac{20}{7.3/210 + 11.1/290 + 1.6/380} = 258.905\text{m/s}$$

（3）确定建筑场地类别

查表 4.2，可得该建筑场地为Ⅱ类建筑场地。

4.3 建筑场地选址

4.3.1 建筑地段的划分

《建筑抗震设计规范》中按表 4.3 将建筑地段划分为对建筑抗震有利、一般、不利和危险的地段。选择建筑场地时，应根据工程需要和地震活动情况、工程地质和地震地质的有关资料，对抗震有利、不利和危险地段做出综合评价。对不利地段，应提出避开要求；当无法避开时应采取有效的措施。对危险地段，严禁建造甲、乙类的建筑，不应建造丙类的建筑。

有利、不利和危险地段的划分	表 4.3

地段类别	地质、地形、地貌
有利地段	稳定基岩，坚硬土，开阔、平坦、密实、均匀的中硬土等
一般地段	不属于有利、不利和危险的地段

地段类别	地质、地形、地貌
不利地段	软弱土,液化土,条状突出的山嘴,高耸孤立的山丘,陡坡,陡坎,河岸和边坡的边缘,平面分布上成因、岩性、状态明显不均匀的土层(如故河道、疏松的断层破碎带、暗埋的塘浜沟谷和半填半挖地基),高含水量的可塑黄土,地表存在结构性裂缝等
危险地段	地震时可能发生滑坡、崩塌、地陷、地裂、泥石流等及发震断裂带上可能发生地表位错的部位

4.3.2 局部突出地形的影响

对应一次地震,常有烈度异常现象发生,即"重灾区里有轻灾,轻灾区里有重灾"。产生的原因是局部地区的工程地质条件不同,对地震破坏的影响很大。局部突出地形对震害有较大的影响,大致有如下趋势:

1. 突出地形距离基准面的高度 H 愈大,高处的反应愈大;
2. 离陡坎和边坡顶部边缘的距离 L_2 变大,反应相对减小;
3. 在同样地形条件下,土质结构的反应比岩质结构大;
4. 高突地形顶面愈开阔,远离边缘的中心部位的反应明显减小;
5. 边坡愈陡,即 β 越大,其顶部的放大效应相应增大。

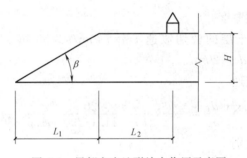

图 4.1　局部突出地形放大作用示意图

4.4　地基基础的抗震验算

如前所述,若地基基础失效,可能会导致上部建筑结构破坏甚至倒塌,因此地基基础抗震验算十分重要。地基基础抗震验算主要是抗震承载力验算。

4.4.1 地基抗震承载力的确定

顾名思义,地基抗震承载力是在地基土静承载力的基础之上调整而来。之所以需要调整,主要基于两方面的考虑:首先,土在动荷载作用下,会逐渐趋于密实,土的动强度比其静强度会有所提高;其次,相应于长期荷载,地震作用时间极短,安全储备系数可取小一些,相应地基土的抗震承载力取值就可以大一些。综合以上因素,《结构抗震设计规范》采用下列公式计算地基土的抗震承载力:

$$f_{aE} = \zeta_a f_a \tag{4.3}$$

式中　f_{aE}——调整后的地基抗震承载力;

ζₐ——地基抗震承载力调整系数，应按表 4.4 采用；

f_a——深宽修正后的地基承载力特征值，按《建筑地基基础设计规范》GB 50007 采用。

岩土名称和性状	ζ_a
岩石，密实的碎石土，密实的砾、粗、中砂，f_{ak}≥300 的黏性土和粉土	1.5
中密、稍密的碎石土，中密和稍密的砾、粗、中砂，密实和中密的细、粉砂，150≤f_{ak}＜300 的黏性土和粉土，坚硬黄土	1.3
稍密的细、粉砂，100≤f_{ak}＜150 的黏性土和粉土，可塑黄土	1.1
淤泥，淤泥质土，松散的砂，杂填土，新近堆积黄土和流塑黄土	1.0

注：f_{ak}为由载荷试验等方法得到的地基承载力特征值（kPa）。

4.4.2 天然地基抗震验算

由于地震作用，在基础底部产生偏心荷载，基底反力分布情况可按梯形分布图 4.2 考虑，《结构抗震设计规范》中规定，验算天然地基地震作用下的竖向承载力时，按地震作用效应标准组合下的基础底面平均压力和边缘最大压力应符合下列各式要求：

$$p \leqslant f_{aE} \qquad (4.4)$$
$$p_{max} \leqslant 1.2 f_{aE} \qquad (4.5)$$

式中　p——地震作用效应标准组合下的基础底面平均压力；

p_{max}——地震作用效应标准组合的基础边缘的最大压力；

f_{aE}——地基土抗震允许承载力。

在荷载不大的情况下，p_{min}＞0，但在稍大情况下可能 $p_{min}=0$，即偏心荷载作用

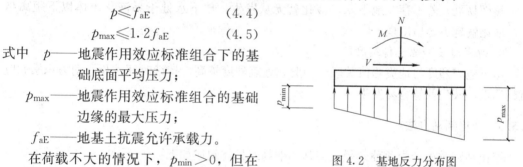

图 4.2　基地反力分布图

下，会出现零应力区。《结构抗震规范》规定，高宽比大于 4 的高层建筑，在地震作用下基础底面不宜出现脱离区（零应力区）；其他建筑，基础底面与地基土之间脱离区（零应力区）面积不应超过基础底面面积的 15%。

4.5　地基液化及其处理措施

4.5.1 地基液化的定义及其危害

在地震持续作用下，建筑场地地基土中存在的饱和砂土和粉土颗粒会随着地震荷载持续作用逐渐趋于密实，使孔隙水压力急剧上升，这种急剧上升的孔隙水压力来不及消散，会使原有土颗粒通过接触点传递的压力减小。根据土的总应力原理，当有效压力完全消失时，土的骨架完全被破坏，土颗粒处于悬浮状态之中，如同液体，这种现象称为液化。

液化的后果极其严重，主要产生的震害包括地面喷水冒砂和地基下陷，将导致基础出现不均匀沉降，继而使上部建筑物出现倾斜、破坏。

4.5.2 地基液化的影响因素

地基液化的主要影响因素如下：

1. 土层的地质年代

土层的地质年代越久，土层的固结性和胶结性就越好，地基出现液化时，就越不易被破坏，即土层的抗液化能力越强。

2. 土的组成

细砂、粉砂的渗透性比粗砂和中砂低，在发生震动时，水相对不易消散，因此更易液化。此外，就粉土而言，随黏粒含量增加，土的黏聚力增强，抗液化能力增强。

3. 土层的相对密度

土层的相对密度越小，其孔隙比就越大，含水量就越大，在振动作用下，孔隙水压力上升越快，土层易液化。

4. 土层的埋深

据土体的总应力理论，土层埋深越大，土体的有效应力变化范围就越大，同时，由于上部土体对下部土体的约束作用，液化就不易发生。

5. 地下水

显而易见，若不存在地下水，液化就无从发生，地下水处于易液化土体以下距离越大，液化就越不容易出现。

6. 地震烈度和地震持续时间

由于地震烈度与地震幅值关联，因此，地震烈度越高，持续时间越长，动力积累效应就越严重，液化就越容易发生。

4.5.3 液化判别方法

液化判别方法分为两种途径，初判和细判。具体叙述如下：

1. 初判

《结构抗震设计规范》规定以地质年代、黏粒含量、地下水位及上覆非液化土层厚度等作为判断条件。饱和的砂土或粉土（不含黄土），当符合下列条件之一时，可初步判别为不液化或可不考虑液化影响：

（1）地质年代为第四纪晚更新世（Q_3）及以前时，7、8 度时可判为不液化；

（2）粉土的黏粒（粒径小于 0.005mm 的颗粒）含量百分率，7、8 和 9 度分别不小于 10、13 和 16 时，可判为不液化；

（3）浅埋天然地基的建筑，当上覆非液化土层厚度和地下水位深度符合下列条件之一时，可不考虑液化影响：

$$d_u > d_0 + d_b - 2 \tag{4.6}$$

$$d_w > d_0 + d_b - 3 \tag{4.7}$$

$$d_u + d_w > 1.5 d_0 + 2 d_b - 4.5 \tag{4.8}$$

式中　d_u——上覆非液化土层厚度（m），计算时宜将淤泥和淤泥质土层扣除；

　　　d_b——基础埋置深度（m），不超过 2m 时采用 2m；

　　　d_w——地下水位深度（m），宜按建筑使用期内年平均最高水位采用，也可按近期内年最高水位采用；

d_0——液化土特征深度（m），按表 4.5 采用。

液化土特征深度（m） **表 4.5**

饱和土类别 \ 烈度	7 度	8 度	9 度
粉土	6	7	8
砂土	7	8	9

注：当区域的地下水位处于变动状态时，应按不利的情况考虑。

2. 细判

标准贯入实验装置如图 4.3 所示，钻孔至试验土层上 15cm 处，用 63.5 公斤穿心锤，落距为 76cm，打击土层，打入 30cm 所用的锤击数记作 N63.5，称为标准贯入锤击数。用 N63.5 与规范规定的临界值 N_{cr} 比较来确定是否会液化。

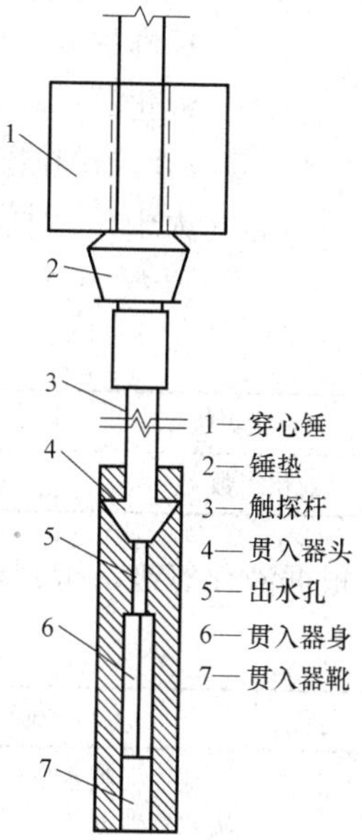
1
2
3
4
5
6
7
1—穿心锤
2—锤垫
3—触探杆
4—贯入器头
5—出水孔
6—贯入器身
7—贯入器靴

图 4.3　标准贯入试验设备示意图

规范规定：

当饱和砂土、粉土的初步判别认为需进一步进行液化判别时，应采用标准贯入试验判别法判别地面下 20m 范围内土的液化；但对《建筑抗震设计规范》GB 50011—2010 第 4.2.1 条规定可不进行天然地基及基础的抗震承载力验算的各类建筑，可只判别地面下 15m 范围内土的液化。当饱和土标准贯入锤击数（未经杆长修正）小于或等于液化判别标准贯入锤击数临界值时，应判为液化土。当有成熟经验时，亦可采用其他判别方法。

在地面下 20m 深度范围内，液化判别标准贯入锤击数临界值可按下式计算：

$$N_{cr}=N_0\beta[\ln(0.6d_s+1.5)-0.1d_w]\sqrt{3/\rho_c} \quad (4.9)$$

式中　N_{cr}——液化判别标准贯入锤击数临界值；

N_0——液化判别标准贯入锤击数基准值，可按表 4.6 采用；

d_s——饱和土标准贯入点深度（m）；

d_w——地下水位（m）；

ρ_c——黏粒含量百分率，当小于 3 或为砂土时，应采用 3；

β——调整系数，设计地震第一组取 0.80，第二组取 0.95，第三组取 1.05。

液化判别标准贯入锤击数基准值 **表 4.6**

设计基本地震加速度(g)	0.10	0.15	0.20	0.30	0.40
液化判别标准贯入锤击数基准值 N_0	7	10	12	16	19

4.5.4　地基液化程度评估

《结构抗震设计规范》根据地基液化指数对地基液化程度进行评估。对存在液化砂土层、粉土层的地基，应探明各液化土层的深度和厚度，按下式计算每个钻孔的液化指数，并按表 4.7 综合划分地基的液化等级：

$$I_{lE} = \sum_{i=1}^{n} \left(1 - \frac{N_i}{N_{cri}}\right) d_i W_i \qquad (4.10)$$

式中　I_{lE}——液化指数；

　　　　n——在判别深度范围内每一个钻孔标准贯入试验点的总数；

　N_i，N_{cri}——分别为 i 点标准贯入锤击数的实测值和临界值，当实测值大于临界值时应取临界值；当只需要判别 15m 范围以内的液化时，15m 以下的实测值可按临界值采用；

　　　　d_i——i 点所代表的土层厚度（m），可采用与该标准贯入试验点相邻的上、下两标准贯入试验点深度差的一半，但上界不高于地下水位深度，下界不深于液化深度；

　　　　W_i——i 土层单位土层厚度的层位影响权函数值（单位为 m^{-1}）。当该层中点深度不大于 5m 时应采用 10，等于 20m 时应采用零值，5～20m 时应按线性内插法取值。

液化等级与液化指数的对应关系　　　　　　　　　表 4.7

液化等级	轻微	中等	严重
液化指数 I_{lE}	$0 < I_{lE} \leqslant 6$	$6 < I_{lE} \leqslant 18$	$I_{lE} > 18$

根据液化等级，可判断震害情况，两者之间的关系见表 4.8 所示。

液化等级与相应的震害　　　　　　　　　表 4.8

液化等级	地面喷水冒砂情况	对建筑物的危害情况
轻微	地面无喷水冒砂，或仅在洼地、河边有零星的喷水冒砂点	危害性小，一般不致引起明显的震害
中等	喷水冒砂可能性大，从轻微到严重均有，多数属中等	危害性较大，可造成不均匀沉陷和开裂，有时不均匀沉陷可达 200mm
严重	一般喷水冒砂都很严重，地面变形很明显	危害性大，不均匀沉陷可能大于 200mm，高重心结构可能产生不允许的倾斜

【例 4.2】：某场地 7 度设防，设计基本地震加速度为 0.10g，设计地震分组为第一组。拟在上面建造一建筑物，基础埋深为 2.0m，钻孔深度为 20m，其余资料见下表所示，试判断地基液化特性。

【解】

（1）初步判断液化

地下水位深度 $d_w = 1.0$m，基础埋置深度 $d_b = 2.0$m，液化土特性深度 $d_0 = 7$m（查表 4.5），上覆非液化土层厚度 $d_u = 0$m，则 $d_u = 0 < d_0 + d_b - 2 = 7$m，$d_w = 1.0 < d_0 + d_b - 3 = 6$m，$d_u + d_w = 1.0 < 1.5 d_0 + 2 d_b - 4.5 = 10.0$m；均不满足不液化条件，需进一步判别。

标准贯入试验判别测点 1：标准贯入锤参数基准值 $N_0 = 7$（查表 4.6），调整系数 β 取 0.80（第一组），砂土 ρ_c 取为 3，测点 1 标准贯入点深度 $d_{s1} = 1.4$m，代入公式（4.9）标准贯入锤击数临界值：

28

$$N_{cr1}=N_0\beta[\ln(0.6d_s+1.5)-0.1d_w]\sqrt{3/\rho_c}=4.20$$

标准贯入锤击数实测值 $N_1=2<N_{cr1}$，为液化土；其余各点判别见下表。

（2）求液化指数

求各点标准贯入点所代表的土层厚度 d_i 及其中点深度 z_i：

$$d_1=2.1-1.0=1.1\text{m}, \quad z_1=1.0+1.1/2=1.55\text{m}$$
$$d_3=5.5-4.5=1.0\text{m}, \quad z_3=4.5+1.0/2=5.0\text{m}$$
$$d_5=8.5-6.0=2.5\text{m}, \quad z_5=6.5+1.5/2=7.25\text{m}$$

求 d_i 层中点所对应的权函数值 ω_i：

z_1、$z_3\leqslant5.0\text{m}$，ω_1、$\omega_2=10$；$z_5=7.25\text{m}$，$\omega_3=[(20-7.25)/15]\times10=8.5$

液化指数：

$$I_{lE}=\sum_{i=1}^{n}\left(1-\frac{N_i}{N_{cri}}\right)d_i\omega_i$$
$$=\left(1-\frac{2}{4.2}\right)\times1.1\times10+\left(1-\frac{7}{7.86}\right)\times1.0\times10+\left(1-\frac{9}{9.91}\right)\times1.5\times8.5$$
$$=7.32$$

（3）判断液化等级

由表4.7，$I_{lE}=7.32$，在 6～18 之间，判断其液化等级为中等。

柱状图	测点	贯入深度 d_{si}(m)	实测值 N_i	临界值 N_{cri}	是否液化	液化土层厚度 d_i(m)	中点深度 z_i(m)	权函数 ω_i	i 层液化指数	液化指数
	1	1.4	2	4.20	是	1.1	1.55	10	6.42	
	2	4.0	15	7.06	否					
	3	5.0	7	7.86	是	1.0	5.0	10	1.09	7.32
	4	6.0	16	8.56	否					
	5	7.0	9	9.19	是	1.5	7.25	8.5	0.4	

4.5.5 地基抗液化措施

根据地基液化程度及建筑物的重要性，可按表4.9采取抗液化措施。《结构抗震设计规范》规定当液化砂土层、粉土层较平坦且均匀时，宜按表4.9选用地基抗液化措施；尚可计入上部结构重力荷载对液化危害的影响，根据液化震陷量的估计适当调整抗液化措施。不宜将未经处理的液化土层作为天然地基持力层。

抗液化措施   表 4.9

建筑抗震	地基的液化等级		
设防类别	轻微	中等	严重
乙类	部分消除液化沉陷，或对基础和上部结构处理	全部消除液化沉陷，或部分消除液化沉陷且对基础和上部结构处理	全部消除液化沉陷
丙类	基础和上部结构处理，亦可不采取措施	基础和上部结构处理，或更高要求的措施	全部消除液化沉陷，或部分消除液化沉陷且对地基和上部结构处理
丁类	可不采取措施	可不采取措施	地基和上部结构处理，或其他经济的措施

表 4.9 全部和部分消除液化沉陷对应的具体的设计及施工方法如下：

1. 全部消除地基液化沉陷的措施，应符合下列要求：

（1）采用桩基时，桩端伸入液化深度以下稳定土层中的长度（不包括桩尖部分），应按计算确定，且对碎石土，砾、粗、中砂，坚硬黏性土和密实粉土尚不应小于 0.8m，对其他非岩石土尚不宜小于 1.5m；

（2）采用深基础时，基础底面应埋入液化深度以下的稳定土层中，其深度不应小于 0.5m；

（3）采用加密法（如振冲、振动加密、挤密碎石桩、强夯等）加固时，应处理至液化深度下界；振冲或挤密碎石桩加固后，桩间土的标准贯入锤击数不宜小于规范规定的液化判别标准贯入锤击数临界值；

（4）用非液化土替换全部液化土层，或增加上覆非液化土层的厚度；

（5）采用加密法或换土法处理时，在基础边缘以外的处理宽度，应超过基础底面下处理深度的 1/2 且不小于基础宽度的 1/5。

2. 部分消除地基液化沉陷的措施，应符合下列要求：

（1）处理深度应使处理后的地基液化指数减少，其值不宜大于 5；大面积筏基、箱基的中心区域，处理后的液化指数可比上述规定降低 1；对独立基础和条形基础，尚不应小于基础底面下液化土特征深度和基础宽度的较大值（注：中心区域指位于基础外边界以内沿长宽方向距外边界大于相应方向 1/4 长度的区域）。

（2）采用振冲或挤密碎石桩加固后，桩间土的标准贯入锤击数不宜小于规范规定的液化判别标准贯入锤击数临界值。

（3）基础边缘以外的处理宽度，应超过基础底面下处理深度的 1/2 且不小于基础宽度的 1/5。

（4）采取减小液化震陷的其他方法，如增厚上覆非液化土层的厚度和改善周边的排水条件等。

3. 减轻液化影响的基础和上部结构处理，可综合考虑采用下列措施：

（1）选择合适的基础埋置深度；

（2）调整基础底面积，减少基础偏心；

（3）加强基础的整体性和刚性，如采用箱基、筏基或钢筋混凝土三交叉条形基础，加设基础圈梁等；

（4）减轻荷载，增强上部结构的整体刚度和均匀对称性，合理设置沉降缝，避免采用对不均匀沉降敏感的结构形式等；

（5）管道穿过建筑处应预留足够尺寸或采用柔性接头等。

思 考 题

1. 对震害影响较大的场地参数包括哪些？
2. 在坚硬土场地和软弱土场地上刚性和柔性的建筑物破坏形式存在什么特点？
3. 划分场地类别的依据是什么？
4. 抗震承载力调整主要考虑的因素有哪些？
5. 什么是地基液化？影响地基液化的因素有哪些？
6. 如何判定地基土是否液化？
7. 如何评价地基的液化程度
8. 如何理解地基土对地震波的传递具有双重性？
9. 计算题：

已知某建筑场地的钻孔土层资料如表所示，试确定该建筑场地的类别。

层底深度（m）	土层厚度（m）	土的名称	剪切波速（m/s）
9.5	9.5	砂	170
37.8	28.3	淤泥质黏土	130
43.6	5.8	砂	240
60.1	16.5	淤泥质黏土	200
63	2.9	细砂	310
69.5	6.5	砾混粗砂	520

第三篇 结构抗震计算

第5章 结构振动原理

本章讲述的结构动力学基础是下一章结构抗震计算的准备内容。例如，在结构振型反应分解反应谱法的推导中，必须要用到单自由度和多自由度体系的自由振动的知识，在求解过程中一般还会用到强迫振动或杜哈梅积分的知识。因此，下面有必要回顾阐述下部分内容。

5.1 单自由度体系的自由振动

不论真实的建筑结构多么复杂，其动力问题求解都可能用到结构动力学中单自由度体系的求解知识。单自由度体系的振动可分为两种，即有阻尼和无阻尼振动。分述如下：

5.1.1 无阻尼单自由度体系的自由振动

某单自由度体系的自由振动模型如图 5.1 所示，由此可分析得出单自由度体系自由振动的微分方程为：

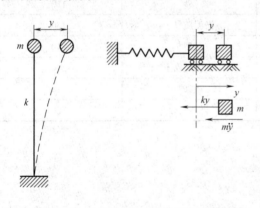

图 5.1 单自由度体系自由振动模型

$$m\ddot{y} + ky = 0 \tag{5.1}$$

令 $\omega^2 = k/m$，则上式可改写为：

$$\ddot{y} + \omega^2 y = 0 \tag{5.2}$$

式中 ω 称为圆频率或角频率，表示在 2π 个单位时间内的振动次数。

设在初始时刻 $t = 0$ 质点有初始位移 y_0 和初始速度 v_0，则上式的通解为：

$$y(t) = y_0 \cos\omega t + v_0/\omega \sin\omega t \tag{5.3}$$

从上式可看出，单自由度体系每瞬时的振动由两部分组成，一部分是由初始位移 y_0 引起的，一部分是由初始速度 v_0 引起的。

体系的自振周期为：

$$T = 2\pi/\omega \tag{5.4}$$

体系的频率为：

$$f = 1/T = \omega/2\pi \tag{5.5}$$

5.1.2 有阻尼单自由度体系的自由振动

具有阻尼的单自由度体系的振动模型如图 5.2 所示，则有阻尼单自由度体系自由振动

32

的微分方程为：

$$m\ddot{y} + c\dot{y} + ky = 0 \tag{5.6}$$

令 $\omega^2 = k/m$，$\xi = c/2m\omega$，

则上式可改写为：

$$\ddot{y} + 2\xi\omega\dot{y} + \omega^2 y = 0 \tag{5.7}$$

当 $\xi < 1$ 时，引入初始条件，可得上式的通解为：

$$y(t) = e^{-\xi\omega t}(y_0\cos\omega_r t + (v_0 + \xi\omega y_0)/\omega_r \sin\omega_r t) \tag{5.8}$$

式中　ω_r——有阻尼时的圆频率。

上式也可写成：

$$y(t) = e^{-\xi\omega t}a\sin(\omega_r t + \alpha) \tag{5.9}$$

其中：

$$a = \sqrt{y_0^2 + \frac{(v_0 + \xi\omega y_0)^2}{\omega_r^2}}$$

$$\tan\alpha = \frac{y_0\omega_r}{v_0 + \xi\omega y_0}$$

由式（5.8）或式（5.9）可绘出低阻尼体系自由振动时的 $y\text{-}t$ 曲线，如图 5.3 所示，这是一条逐渐衰减的波动曲线。由图中曲线和动力学知识可知，当 $\xi < 1$ 时，体系自由反应的表现为振动的形式；一旦当阻尼增大到 $\xi \geqslant 1$ 时，体系的自由反应就不会出现振动现象。

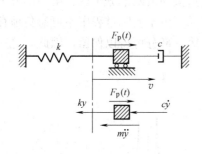

图 5.2　有阻尼单自由度体系自由振动模型

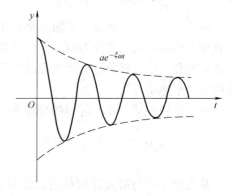

图 5.3　低阻尼体系自由振动时的 $y\text{-}t$ 曲线

5.2　单自由度体系的强迫振动

结构在动力荷载作用下的振动称为强迫振动。与第一节所述的单自由度体系的自由振动相比，分析强迫振动的关键区别在于是否存在外部激励。当然，这种激励不一定是直接荷载，也有可能为某种作用，譬如支座运动，实际对于建筑物而言，地震就相当于支座激励。

5.2.1　无阻尼单自由度体系的强迫振动

某单自由度体系的强迫振动模型如图 5.4 所示，由图及结构力学知识可得单自由度体

系强迫振动的微分方程为：

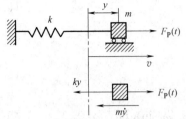

图 5.4　单自由度体系强迫振动模型

$$m\ddot{y}+ky=F_P(t) \tag{5.10}$$

令 $\omega^2=k/m$，则上式可改写为：

$$\ddot{y}+\omega^2 y=F_P(t)/m \tag{5.11}$$

下面讨论不同荷载形式下的无阻尼结构的振动情况。

1. 简谐荷载

设体系承受的简谐荷载为：

$$F_P(t)=F\sin\theta t$$

式中　θ——简谐荷载的圆频率；

　　　F——荷载的最大值，即幅值。

将上式代入式（5.11），即得运动方程如下：

$$\ddot{y}+\omega^2 y=\frac{F}{m}\sin\theta t$$

按动力学知识，可解得上式的通解为：

$$y(t)=y_{st}\frac{1}{1-\frac{\theta^2}{\omega^2}}\left(\sin\theta t-\frac{\theta}{\omega}\sin\omega t\right) \tag{5.12}$$

式中　$y_{st}=\dfrac{F}{K}$，为最大静位移。

由式（5.12）可看出，无阻尼单自由度体系的强迫振动由两部分组成：第一部分为按荷载频率振动，第二部分为按固有频率进行的自由振动。由于实际过程中不可避免地存在阻尼，因此，第二部分将会逐渐衰减以致消失，只有第一部分可得以保留，因此，这一部分称为"平稳阶段"。

对应平稳振动，任一时刻的位移为：

$$y(t)=y_{st}\frac{1}{1-\frac{\theta^2}{\omega^2}}\text{sim}\theta t$$

最大动位移与最大静位移的比值称为动力系数，用 β 表示，即：

$$\beta=\frac{1}{1-\frac{\theta^2}{\omega^2}} \tag{5.13}$$

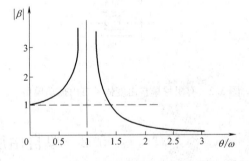

图 5.5　$|\beta|$ 与 θ/ω 的函数图形

由上式做出 $|\beta|$ 与 θ/ω 的函数图形如图 5.5 所示，由图可看出，当 $\theta/\omega\to1$ 时，$|\beta|\to\infty$，即当荷载频率接近结构的自振频率时，振幅会无限增大，这种现象称为共振。当 θ 与 ω 越远时，作用效果越小，β 就会越小（注：通常 β 只考虑绝对值，不考虑代数值）。

2. 一般动力荷载

单自由度体系所承受的外部荷载 $F_P(t)$ 一般是随时间变化的，通常可以把荷载曲线沿时间轴分割成若干个小矩形如图 5.6 所示，宽度为 $d\tau$，高度为对应时刻的外部荷载值，则每个小矩形的面积就对应于一个瞬时冲量，即 $dS=F_P(\tau)d\tau$。

一般动力荷载作用下单自由度体系的求解按杜哈梅积分进行计算。

（1）$t=0$ 时作用瞬时冲量

$$dS=F_P(\tau)d\tau$$

$$y_0=\frac{1}{2}\frac{F_P(\tau)}{m}d\tau^2\approx0$$

$$y(t)=y_0\cos\omega t+\frac{v_0}{\omega}\sin\omega t=\frac{F_P(\tau)d\tau}{m\omega}\sin\omega t$$

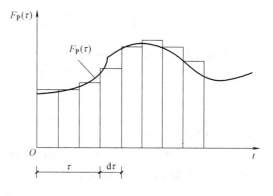

图 5.6 荷载曲线冲量图

（2）τ 时刻作用瞬时冲量，引起的动力反应为：

$$y(t)=\frac{F_P(\tau)d\tau}{m\omega}\sin\omega(t-\tau)$$

注：仅 $t\geqslant\tau$ 时成立。

（3）用杜哈梅积分得出的动荷载的位移反应为：

$$y(t)=\frac{1}{m\omega}\int_0^t F_P(\tau)\sin\omega(t-\tau)d\tau \tag{5.14}$$

如初始位移 y_0 和初始速度 v_0 不为零，则总位移为：

$$y(t)=y_0\cos\omega t+\frac{v_0}{\omega}\sin\omega t+\frac{1}{m\omega}\int_0^t F_P(\tau)\sin\omega(t-\tau)d\tau \tag{5.15}$$

5.2.2 有阻尼单自由度体系的强迫振动

上面讨论的是在忽略阻尼情况下的自由度体系的强迫振动，但是，对于实际振动体系来说，不可避免地存在阻尼作用。阻尼的来源及力学模型多种多样，根据动力学知识，为了计算简便，常假设阻尼力与速度成正比，这种模型是最常见也是最简单的。当然，阻尼力与速度还可能为其他函数。例如，质点在流体中的运动，阻尼力与速度高次方成正比；阻尼力还有可能与速度无关，譬如摩擦力。

有阻尼体系承受一般动力荷载 $F_P(t)$ 时，它的反应也可以表示为杜哈梅积分形式，与无阻尼体系下的公式（5.14）相类似，推导方法也相似。开始时处于静止状态的单自由度体系在任意荷载 $F_P(t)$ 作用下所引起的有阻尼强迫振动的位移公式为：

$$y(t)=\int_0^t\frac{F_P(\tau)}{m\omega_r}e^{-\xi\omega(t-\tau)}\sin\omega_r(t-\tau)d\tau \tag{5.16}$$

如初始位移 y_0 和初始速度 v_0 不为零，则总位移为：

$$y(t)=e^{-\xi\omega t}\left[y_0\cos\omega_r t+\frac{v_0+\xi\omega y_0}{\omega_r}\sin\omega_r t+\int_0^t\frac{F_P(\tau)}{m\omega_r}e^{-\xi\omega(t-\tau)}\sin\omega_r(t-\tau)d\tau\right] \tag{5.17}$$

下面讨论不同荷载形式下有阻尼单自由度体系的结构强迫振动情况。

1. 突加荷载 F_{P0}

由式（5.16）可得动力位移如下：当 $t>0$ 时，

$$y(t)=\frac{F_{P0}}{m\omega^2}\left[1-e^{-\xi\omega t}\left(\cos\omega_r t-\frac{\xi\omega}{\omega_r}\sin\omega_r t\right)\right] \tag{5.18}$$

2. 简谐荷载 $F_P(t)=F\sin\theta t$

由动力学知识，可得简谐荷载作用下有阻尼体系的振动微分方程为：

$$\ddot{y}+2\xi\omega\,\dot{y}+\omega^2 y=\frac{F}{m}\sin\theta t \tag{5.19}$$

解得方程的全解为：

$$y(t)=\{e^{-\xi\omega t}(C_1\cos\omega_r t+C_2\sin\omega_r t)\}+\{A\sin\theta t+B\cos\theta t\} \tag{5.20}$$

其中两个常数 C_1 和 C_2 由初始条件确定。

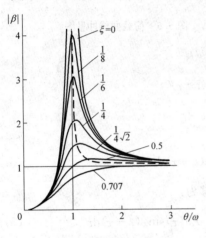

图 5.7　阻尼比对动力系数的影响 θ/ω

由式（5.20）可看出，振动由两部分组成，即 ω_r 和 θ。由于阻尼作用，频率为 ω_r 的第一部分将逐渐衰减直至最后消失，频率为 θ 的第二部分由于受到荷载的周期影响而不衰减，这部分振动称为平稳振动。

平稳振动的动力系数如下：

$$\beta=\left[\left(1-\frac{\theta^2}{\omega^2}\right)^2+4\xi^2\frac{\theta^2}{\omega^2}\right]^{-1/2} \tag{5.21}$$

对于不同的 ξ 值，可画出相应的 β 与 θ/ω 之间的关系曲线，如图 5.7 所示。在 $\theta/\omega=1$ 的共振情况下，动力系数可求得 $\beta=1/2\xi$，通常情况下可认为此动力系数等于最大的动力系数 $\beta_{\max}$。

5.3　多自由度体系的自由振动

如图 5.8 所示为多自由度体系自由振动的模型，由动力学知识，得自由振动微分方程如下：

$$\begin{cases}m_1\ddot{y}_1+k_{11}y_1+k_{12}y_2+\cdots+k_{1n}y_n=0\\m_2\ddot{y}_2+k_{21}y_1+k_{22}y_2+\cdots+k_{2n}y_n=0\\\cdots\cdots\cdots\cdots\cdots\\m_n\ddot{y}_n+k_{n1}y_1+k_{n2}y_2+\cdots+k_{nn}y_n=0\end{cases} \tag{5.22}$$

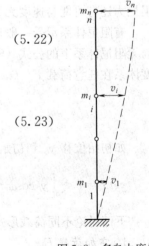

或改写为：

$$M\ddot{y}+ky=0 \tag{5.23}$$

其中 y 和 $\ddot{y}$ 分别是位移向量和加速度向量：

$$y=\begin{bmatrix}y_1\\y_2\\\vdots\\y_n\end{bmatrix},\ \ddot{y}=\begin{bmatrix}\ddot{y}_1\\\ddot{y}_2\\\vdots\\\ddot{y}_n\end{bmatrix}$$

图 5.8　多自由度体系自由振动模型

M 和 K 分别为质量矩阵和刚度矩阵：

$$\boldsymbol{M}=\begin{bmatrix} m_1 & & & \\ & m_2 & & \\ & & \ddots & \\ & & & m_n \end{bmatrix},\boldsymbol{K}=\begin{bmatrix} k_{11} & k_{12} & \cdots & k_{1n} \\ k_{21} & k_{22} & \cdots & k_{2n} \\ \vdots & \vdots & & \vdots \\ k_{n1} & k_{n2} & \cdots & k_{nn} \end{bmatrix}$$

设方程式（5.23）的解答为如下形式：

$$\boldsymbol{y}=\boldsymbol{Y}\sin(\omega t+\alpha)$$

这里 $\boldsymbol{Y}$ 是位移幅向量，即：

$$\boldsymbol{Y}=\begin{bmatrix} Y_1 \\ Y_2 \\ \vdots \\ Y_n \end{bmatrix}$$

将上式代入式（5.23）得：

$$(\boldsymbol{K}-\omega^2\boldsymbol{M})\boldsymbol{Y}=\boldsymbol{0} \tag{5.24}$$

由结构力学知识得，令 $\boldsymbol{Y}^{(i)}$ 表示与频率 W_i 相应的主振型向量：

$$\boldsymbol{Y}^{(i)\mathrm{T}}=(Y_{1i} \quad Y_{2i} \quad \cdots \quad Y_{ni})$$

将 ω_i 和 $\boldsymbol{Y}^{(i)}$ 代入式（5.24）得：

$$(\boldsymbol{K}-\omega_i{}^2\boldsymbol{M})\boldsymbol{Y}^{(i)}=\boldsymbol{0} \tag{5.25}$$

则 Y_{1i}，Y_{2i}，$\cdots Y_{ni}$ 是方程组的解，且不是唯一解，即由式（5.25）可唯一确定主振型 $\boldsymbol{Y}^{(i)}$ 型的形状，但不能唯一确定它的振幅。为了使主振型 $\boldsymbol{Y}^{(i)}$ 的振幅也有确定的解，需要另外补充条件，这样得到的主振型称为标准化主振型。

【例】：试求右图所示钢架的自振频率和主振型。设横梁的变形略去不计，第一、二、三层的层间刚度系数分别为 k、$k/2$、$k/3$。钢架的质量都集中在楼板上，第一、二、三层楼板处的质量分别为 $2m$、m、m。

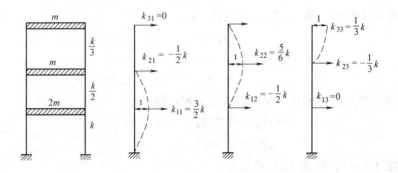

【解】

（1）求自振频率

钢架的刚度系数如图所示，刚度矩阵和质量矩阵分别为：

$$\boldsymbol{K}=\frac{k}{6}\begin{bmatrix} 9 & -3 & 0 \\ -3 & 5 & -2 \\ 0 & -2 & 2 \end{bmatrix}$$

$$\boldsymbol{M}=m\times\begin{bmatrix}2 & 0 & 0\\0 & 1 & 0\\0 & 0 & 1\end{bmatrix}$$

因此：

$$\boldsymbol{K}-\omega^2\boldsymbol{M}=\frac{k}{6}\begin{bmatrix}9-2\eta & -3 & 0\\-3 & 5-\eta & -2\\0 & -2 & 2-\eta\end{bmatrix} \tag{a}$$

其中：

$$\eta=\frac{6m}{k}\omega^2 \tag{b}$$

概率方程为：

$$|\boldsymbol{K}-\omega^2\boldsymbol{M}|=0$$

其展开式为：

$$2\eta^3-23\eta^2+64\eta-36=0 \tag{c}$$

用试算法求得的方程的三个根为：

$$\eta_1=0.753 \quad \eta_2=3.145 \quad \eta_3=7.602$$

由式（b），求得：

$$\omega_1^2=0.126\frac{k}{m} \quad \omega_2^2=0.524\frac{k}{m} \quad \omega_3^2=1.267\frac{k}{m}$$

因此，三个自振频率为：

$$\omega_1=0.355\sqrt{\frac{k}{m}} \quad \omega_2=0.724\sqrt{\frac{k}{m}} \quad \omega_3=1.126\sqrt{\frac{k}{m}}$$

（2）求主振型

主振型 $\boldsymbol{Y}^{(i)}$ 由式（5.25）求解。在标准化主振型中，规定第三个元素 $Y_{3i}=1$。

首先，第一主振型。将 ω_1 和 η_1 代入式（a），得：

$$\boldsymbol{K}-\omega_1^2\boldsymbol{M}=\frac{k}{6}\begin{bmatrix}7.494 & -3 & 01\\-3 & 4.247 & -2\\0 & -2 & 1.247\end{bmatrix}$$

代入式（5.25）中并展开，保留后两个方程，得：

$$\left.\begin{array}{r}-3Y_{11}+4.274Y_{21}-2Y_{31}=0\\-2Y_{21}+1.247Y_{31}=0\end{array}\right\} \tag{d}$$

由于规定 $Y_{31}=1$，故式（d）的解为：

$$\boldsymbol{Y}^{(1)}=\begin{bmatrix}Y_{11}\\Y_{21}\\Y_{31}\end{bmatrix}=\begin{bmatrix}0.222\\0.624\\1\end{bmatrix}$$

其次，求第二主振型。将 ω_2 和 η_2 代入式（a），得：

$$\boldsymbol{K}-\omega_2^2\boldsymbol{M}=\frac{k}{6}\begin{bmatrix}2.71 & -3 & 0\\-3 & 1.855 & -2\\0 & -2 & 1.145\end{bmatrix}$$

代入式（5.25）中并展开，保留后两个方程，得：

$$\left.\begin{aligned}-3Y_{12}+1.855Y_{22}-2Y_{32}=0\\-2Y_{22}-1.145Y_{32}=0\end{aligned}\right\}$$ （e）

令 $Y_{32}=1$，故式（e）的解为：

$$\boldsymbol{Y}^{(2)}=\begin{bmatrix}Y_{12}\\Y_{22}\\Y_{32}\end{bmatrix}=\begin{bmatrix}-0.572\\-1.020\\1\end{bmatrix}$$

最后，求第三主振型。将 ω_3 和 η_3 代入式（a），得：

$$\boldsymbol{K}-\omega_3^2\boldsymbol{M}=\frac{k}{6}\begin{bmatrix}-6.204&-3&0\\-3&-2.602&-2\\0&-2&-5.602\end{bmatrix}$$

代入式（5.25）中并展开，保留后两个方程，得：

$$\left.\begin{aligned}3Y_{13}+2.602Y_{23}+2Y_{33}=0\\2Y_{23}+5.602Y_{33}=0\end{aligned}\right\}$$ （f）

令 $Y_{33}=1$，故式（f）的解为：

$$\boldsymbol{Y}^{(3)}=\begin{bmatrix}Y_{13}\\Y_{23}\\Y_{33}\end{bmatrix}=\begin{bmatrix}1.763\\-2.801\\1\end{bmatrix}$$

三个主振型的大致形状如下图所示：

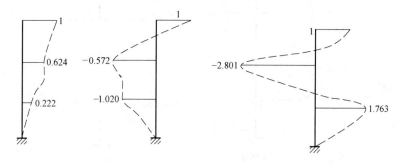

5.4 振型的正交性

5.4.1 功的互等定理

如图 5.9 所示为同一线性变形体系的两种状态。

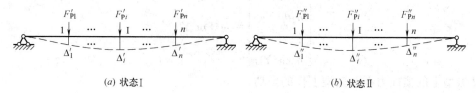

(a) 状态Ⅰ 　　　　　　　(b) 状态Ⅱ

图 5.9 互等定理示意图

由结构力学知识得 $\sum F'_\mathrm{P}\Delta'' = \sum F''_\mathrm{P}\Delta'$，这就是功的互等定理：在任一线性变形体系中，第一状态外力在第二状态位移上所做的功等于第二状态外力在第一状态位移上所做的功。

5.4.2 振型的正交性

设体系具有 n 个自由度，ω_k 和 ω_l 为两个不同的自振频率，相应的两个主振型向量为：

$$\mathbf{Y}^{(k)\mathrm{T}} = (Y_{1k} \quad Y_{2k} \quad \cdots \quad Y_{nk})$$
$$\mathbf{Y}^{(l)\mathrm{T}} = (Y_{1l} \quad Y_{lk} \quad \cdots \quad Y_{nl})$$

k 振型上的惯性力：

$$\begin{bmatrix} m_1\omega_k^2 Y_{1k} \\ m_2\omega_k^2 Y_{2k} \\ \vdots \\ m_n\omega_k^2 Y_{nk} \end{bmatrix} = \omega_k^2 \begin{bmatrix} m_1 & & & \\ & m_2 & & \\ & & \ddots & \\ & & & m_n \end{bmatrix} \begin{bmatrix} Y_{1k} \\ Y_{2k} \\ \vdots \\ Y_{nk} \end{bmatrix} = \omega_k^2 [m] \mathbf{Y}^{(k)}$$

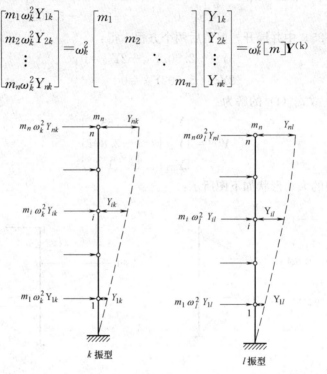

图 5.10 振型正交示意图

k 振型的惯性力在振型上做的虚功：

$$W_{kl} = m_1\omega_k^2 Y_{1k} \cdot Y_{1l} + m_2\omega_k^2 Y_{2k} \cdot Y_{2l} + \cdots m_n\omega_k^2 Y_{nk} \cdot Y_{nl} = \omega_k^2 \mathbf{Y}^{(l)\mathrm{T}} [m] \mathbf{Y}^{(k)}$$

类似地，l 振型上的惯性力：

$$\begin{bmatrix} m_1\omega_l^2 Y_{1l} \\ m_2\theta_l^2 Y_{2l} \\ \vdots \\ m_n\omega_l^2 Y_{nl} \end{bmatrix} = \omega_l^2 [m] \mathbf{Y}^{(l)}$$

l 振型上的惯性力在 k 振型上作的虚功：

$$W_{lk} = \omega_l^2 \mathbf{Y}^{(k)\mathrm{T}} [m] \mathbf{Y}^{(l)} = \omega_l^2 \mathbf{Y}^{(l)\mathrm{T}} [m] \mathbf{Y}^{(k)}$$

由虚功互等定理：

$$W_{kl} = W_{lk}$$

$$(\omega_l^2 - \omega_k^2) \boldsymbol{Y}^{(l)\mathrm{T}} [m] \boldsymbol{Y}^{(k)} = 0$$

由于 $i \neq k$，只能有：

$$\boldsymbol{Y}^{(l)\mathrm{T}} [m] \boldsymbol{Y}^{(k)} = 0$$

$$W_{kl} = \omega_k^2 \boldsymbol{Y}^{(l)\mathrm{T}} [m] \boldsymbol{Y}^{(k)} = 0$$

振型对质量正交性的物理意义：k 振型上的惯性力在 l 振型上作的虚功等于零。

类似虚功的互等定理，可证振型对刚度的正交性：

$$[k] \boldsymbol{Y}^{(k)} = \omega_k^2 [m] \boldsymbol{Y}^{(k)}$$

$$\boldsymbol{Y}^{(l)\mathrm{T}} [k] \boldsymbol{Y}^{(k)} = \omega_k^2 \boldsymbol{Y}^{(l)\mathrm{T}} [m] \boldsymbol{Y}^{(k)}$$

$$\boldsymbol{Y}^{(l)\mathrm{T}} [k] \boldsymbol{Y}^{(k)} = 0$$

振型对刚度正交性的物理意义：k 振型上的弹性恢复力在 I 振型上作的虚功等于零。

5.5 多自由度体系的强迫振动

5.5.1 无阻尼多自由度体系的强迫振动

对于 n 个自由度体系（图 5.11）的强迫振动方程如下：

$$\begin{bmatrix} m_1 \ddot{y} + k_{11} y_1 + k_{12} y_2 + \cdots + k_{1n} y_n = F_{\mathrm{P1}}(t) \\ m_2 \ddot{y} + k_{21} y_1 + k_{22} y_2 + \cdots + k_{2n} y_n = F_{\mathrm{P2}}(t) \\ \cdots\cdots\cdots\cdots\cdots \\ m_n \ddot{y}_n + k_{n1} y_1 + k_{n2} y_2 + \cdots + k_{nn} y_n = F_{\mathrm{P}n}(t) \end{bmatrix}$$

进一步可改写为如下矩阵形式：

$$\boldsymbol{M} \ddot{\boldsymbol{y}} + \boldsymbol{K} \boldsymbol{y} = \boldsymbol{F}_{\mathrm{P}} \qquad (5.26)$$

令荷载为简谐荷载，即：

$$\boldsymbol{F}_{\mathrm{P}}(t) = \begin{bmatrix} F_{\mathrm{P1}} \\ F_{\mathrm{P2}} \\ \vdots \\ F_{\mathrm{P}n} \end{bmatrix} \sin\theta t = \boldsymbol{F}_{\mathrm{P}} \sin\theta t$$

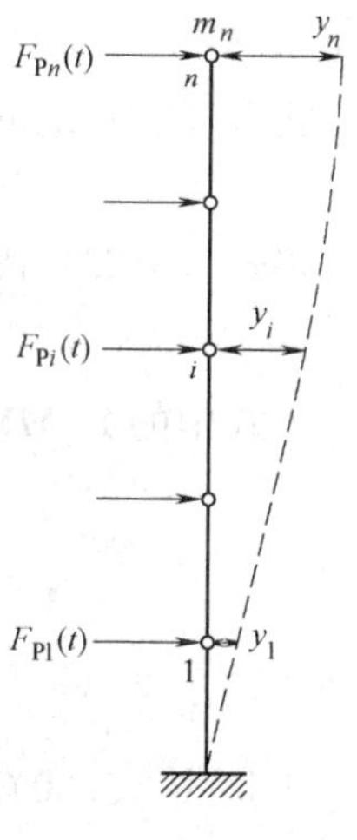

则各质点的反应如下：

$$\boldsymbol{y}(t) = \begin{bmatrix} Y_1 \\ Y_2 \\ \vdots \\ Y_n \end{bmatrix} \sin\theta t = \boldsymbol{Y} \sin\theta t$$

图 5.11　多自由度体系
强迫振动模型

将上式及其导数的表达式代入式（5.24）可获得：

$$(\boldsymbol{K} - \theta^2 \boldsymbol{M}) \boldsymbol{Y} = \boldsymbol{F}_{\mathrm{P}} \qquad (5.27)$$

根据克莱姆法则可知，如果上式的系数矩阵的行列式不为零，即可求得振幅 $\boldsymbol{Y}$，进一步即可求出各质点的位移。如果其系数矩阵的行列式等于零，由前述自由振动的知识可知，此时荷载频率 θ 与体系的自振频率中的一个 ω_i 相等，发生共振现象，导致对应的振幅 Y 无穷大。

在一般荷载作用下，通常式（5.26）中的 M 和 K 并不都是对角矩阵，方程组总是耦合的，因此，需要将上式进行适当转换，将其变为 n 个互不耦合的单自由度方程，这样可大幅简化计算。解耦措施如下：

首先，设：

$$y = Y\eta \tag{5.28}$$

这里，η 称为正则坐标：

$$\eta = \left\{ \begin{array}{c} \eta_1(t) \\ \eta_2(t) \\ \vdots \\ \eta_n(t) \end{array} \right\}$$

Y 为主振型矩阵，主振型向量矩阵的构成如下：

$$\begin{array}{cccc} 1 & 2 & j & n \end{array}$$
$$\begin{bmatrix} 1 & 2 & & j & & n \\ 阶 & 阶 & \vdots & 阶 & \vdots & 阶 \\ 振 & 振 & \vdots & 振 & \vdots & 振 \\ 型 & 型 & \vdots & 型 & \vdots & 型 \\ 列 & 列 & \vdots & 列 & \vdots & 列 \\ 向 & 向 & \vdots & 向 & \vdots & 向 \\ 量 & 量 & \vdots & 量 & \vdots & 量 \\ Y^{(1)} & Y^{(2)} & & Y^{(j)} & & Y^{(n)} \end{bmatrix}$$

式（5.28）也可写为：

$$y = Y^{(1)}\eta_1 + Y^{(2)}\eta_2 + \cdots Y^{(n)}\eta_n \tag{5.29}$$

将式（5.29）代入式（5.27）再左乘 Y^{T}，即得：

$$Y^{\mathrm{T}}MY\ddot{\eta} + Y^{\mathrm{T}}KY\eta = Y^{\mathrm{T}}F_{\mathrm{P}}(t) \tag{5.30}$$

上式中的 $Y^{\mathrm{T}}MY$ 与 $Y^{\mathrm{T}}KY$ 都为对角矩阵，设：

$$Y^{\mathrm{T}}MY = A = \begin{bmatrix} a_1 & & & \\ & a_2 & & \\ & & \ddots & \\ & & & a_n \end{bmatrix}, Y^{\mathrm{T}}KY = B = \begin{bmatrix} b_1 & & & \\ & b_2 & & \\ & & \ddots & \\ & & & b_n \end{bmatrix}$$

于是式（5.30）可写为：

$$A\ddot{\eta} + B\eta = F(t)$$
$$F(t) = Y^{\mathrm{T}}F_{\mathrm{P}}(t)$$

上式方程已为解耦形式，对应的 n 个独立方程为：

$$A_i\ddot{\eta}_i(t) + B_i\eta_i(t) = F_i(t)(i = 1, 2, \cdots, n)$$

上式还可写为：

$$\ddot{\eta}_i(t) + \omega_i^2\eta_i(t) = \frac{1}{A_i}F_i(t)\left(\omega_i^2 = \frac{B_i}{A_i}, i = 1, 2, \cdots, n\right) \tag{5.31}$$

由杜哈梅积分求得方程（5.31）的解如下：

（1）当初位移和初速度为零时：

$$\eta_i(t) = \frac{1}{A_i\omega_i}\int_0^t F_i(\tau)\sin\omega_i(t-\tau)d\tau \tag{5.32}$$

（2）如果初速度和初位移定为：

$$\eta_i(t=0) = \eta_i(0)$$

$$\ddot{\eta}(t=0) = \ddot{\eta}_i(0)$$

由式（5.31）和式（5.32）可求得：

$$\eta_i(t) = \eta_i(0)\cos\omega_i t + \frac{\dot{\eta}_i(0)}{\omega_i}\sin\omega_i t + \frac{1}{A_i\omega_i}\int_0^t F_i(\tau)\sin W_i(t-\tau)d\tau \tag{5.33}$$

将式（5.33）代入式（5.28）或式（5.29）就可求得几何坐标 $y(t)$，即各质点位移反应。

5.5.2　有阻尼多自由度体系的强迫振动

通常对有阻尼多自由度体系的强迫振动，阻尼矩阵 c 的确定是一个难点。如前所述，对无阻尼多自由度体系的强迫振动，通过坐标变换，可将式（5.26）解耦。但是含阻尼的情况下会有所不同，由于阻尼矩阵 c 的存在，多自由度体系的振动方程变为：

$$M\ddot{y} + c\dot{y} + Ky = F_P(t) \tag{5.34}$$

按前述方法并不能将式（5.34）直接解耦。要想将上式解耦，阻尼矩阵 c 也必须满足一定的条件。当条件成立时，就可按上述方法解耦求解。解耦的结果为：

$$\ddot{\eta}(t) + 2\xi_i\omega_i\dot{\eta}_i(t) + \omega_i^2\eta_i(t) = \frac{1}{A_i}F_i(t)\quad(i=1,2,\cdots,n) \tag{5.35}$$

按杜哈梅积分解得方程的解为：

（1）当初位移和初速度为零时：

$$\eta_i(t) = \frac{1}{A_i\omega_{ri}}\int_0^t F_i(\tau)e^{-\xi\omega_i(t-\tau)}\sin\omega_{ri}(t-\tau)d\tau \tag{5.36}$$

（2）如果初速度和初位移定为：

$$\eta_i(t=0) = \eta_i(0)$$

$$\dot{\eta}(t=0) = \dot{\eta}_i(0)$$

解得：

$$\eta_i(t) = e^{-\xi\omega_i(t-\tau)}\left(\eta_i(0)\cos\omega_{ri}t + \frac{\dot{\eta}_i(0) + \xi\omega_i\eta_i(0)}{\omega_{ri}}\sin\omega_{ri}t\right.$$

$$\left. + \frac{1}{A_i\omega_{ri}}\int_0^t F_i(\tau)\sin\omega_{ri}(t-\tau)\right)d\tau \tag{5.37}$$

将式（5.36）和式（5.37）代入式（5.28）和式（5.29）就可求得几何坐标 $y(t)$，即各质点位移反应。

思　考　题

1. 什么是振型的正交性？
2. 杜哈梅积分的基本原理？

第6章 抗震计算原理

6.1 单自由度体系的地震作用分析

本节的内容可参考上章讲述的单自由度体系自由振动和强迫振动的有关结论，把上章中的强迫振动荷载用相应的地震荷载代替，则有关的一般荷载下强迫振动的求解方法在本节中依然适用。

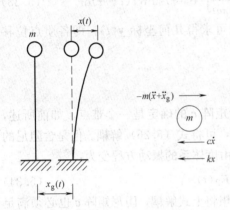

图 6.1 地震作用下单自由度体系的振动

地震作用下的模型如图 6.1 所示，则体系的运动方程为（注：下式的 $-m\ddot{x}_g$ 可看作上章中的 $F_P(t)$，则有关结论仍然成立）：

$$m\ddot{x} + c\dot{x} + kx = -m\ddot{x}_g \tag{6.1}$$

令 $\omega^2 = k/m$，$\xi = c/2m\omega$，则上式可改写为：

$$\ddot{x} + 2\xi\omega\dot{x} + \omega^2 x = -\ddot{x}_g \tag{6.2}$$

由杜哈梅积分可得零初始条件下质点相对于地面的位移为：

$$x(t) = \frac{1}{m\omega_d}\int_0^t F_E(\tau)e^{-\xi\omega(t-\tau)}\sin\omega_d(t-\tau)d\tau$$

$$= -\frac{1}{\omega_d}\int_0^t \ddot{x}_g(\tau)e^{-\xi\omega(t-\tau)}\sin\omega_d(t-\tau)d\tau \tag{6.3}$$

其中 $\omega_d^2 = \sqrt{1-\xi^2}\,\omega$，如果忽略阻尼的影响，即 $\omega_d = \omega$，则有：

$$S_d = |x(t)|_{max} = \frac{1}{\omega}\left|\int_0^t \ddot{x}_g(\tau)e^{-\xi\omega(t-\tau)}\sin\omega(t-\tau)d\tau\right|_{max}$$

式中 S_d——最大位移反应。

对地面位移函数式（6.2）求一阶导数可得质点相对于地面的速度为：

$$\dot{x}(t) = \frac{dx}{dt} = -\int_0^t \ddot{x}_g(\tau)e^{-\xi\omega(t-\tau)}\cos\omega_d(t-\tau)d\tau$$

$$+ \frac{\xi\omega}{\omega_d}\int_0^t \ddot{x}_g(\tau)e^{-\xi\omega(t-\tau)}\sin\omega_d(t-\tau)d\tau$$

对应的质点相对于地面的最大速度反应为：

$$S_v = |\dot{x}(t)|_{max} = \left|\int_0^t \ddot{x}_g(\tau)e^{-\xi\omega(t-\tau)}\sin\omega(t-\tau)d\tau\right|_{max}$$

对式（6.2）进行移项可知质点的绝对加速度为：

$$\ddot{x} + \ddot{x}_g = -2\xi\omega\dot{x} - \omega^2 x$$

$$= 2\xi\omega\int_0^t \ddot{x}_g(\tau)e^{-\xi\omega(t-\tau)}\cos\omega_d(t-\tau)d\tau$$

$$- \frac{2\xi^2\omega^2}{\omega_d}\int_0^t \ddot{x}_g(\tau)e^{-\xi\omega(t-\tau)}\sin\omega_d(t-\tau)d\tau$$

$$+ \frac{\omega^2}{\omega_d} \int_0^t \ddot{x}_g(\tau) e^{-\xi\omega(t-\tau)} \sin\omega_d(t-\tau) d\tau$$

由于阻尼比 ξ 很小，近似认为前两项是第三项的高阶无穷小，忽略其影响，并近似认为 $\omega_d = \omega$，则质点相对于地面的最大加速度反应为：

$$S_a = | \dot{x}(t) + \dot{x}_g |_{max} = \omega \left| \int_0^t \ddot{x}_g(\tau) e^{-\xi\omega(t-\tau)} \sin\omega(t-\tau) d\tau \right|_{max}$$

6.2 地震反应谱

6.2.1 基本概念

地震反应谱是建立在单自由度体系地震反应的基础之上。对某一条具体的地震记录，通常单自由度体系的最大位移、最大速度、最大加速度都可确定。地震反应谱正是建立在这些最大反应之上。考虑到物理意义，常见最大反应主要为最大相对位移、最大相对速度和最大绝对加速度。为方便计算，现将最大反应公式参考上节阐述如下：

最大相对位移：

$$S_d = | x(t) |_{max} = \frac{1}{\omega} \left| \int_0^t \ddot{x}_g(\tau) e^{-\xi\omega(t-\tau)} \sin\omega(t-\tau) d\tau \right|_{max}$$

最大相对速度：

$$S_v = | \ddot{x}(t) |_{max} = \frac{1}{\omega} \left| \int_0^t \ddot{x}_g(\tau) e^{-\xi\omega(t-\tau)} \sin\omega(t-\tau) d\tau \right|_{max}$$

最大绝对加速度：

$$S_a = | \ddot{x}(t) + \ddot{x}_g |_{max} = \frac{1}{\omega} \left| \int_0^t \ddot{x}_g(\tau) e^{-\xi\omega(t-\tau)} \sin\omega(t-\tau) d\tau \right|_{max}$$

由以上公式可知，对于某一条具体的地震记录 $x_g(t)$ 确定之后，则只要其结构周期确定，即可求出相应的最大相对位移、最大相对速度、最大绝对加速度。换言之，如果以结构周期 T（$T = 2\pi\omega$）为横坐标，以最大相对位移、最大相对速度或最大绝对加速度为纵坐标，则可得出相应的最大反应与周期的关系曲线，称为反应谱关系曲线，对应曲线分别称为（相对）位移谱、（相对）速度谱和（绝对）加速度谱。结构的变形与相对位移谱关联，无内力则与绝对加速谱关系密切。

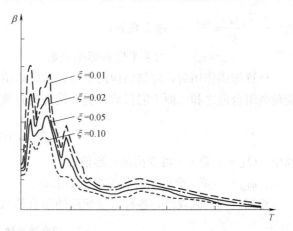

图 6.2　典型的地震反应谱曲线

注：β 为动力放大系数；T 为结构周期

6.2.2 单一地震反应谱

由上述内容可知，对任一条地震记录，都可得出其地震反应谱曲线，典型的地震反应谱曲线如图 6.2 所示。由图 6.2 可知，对地震记录而言，反应谱曲线受阻尼比影响，阻尼比越大，反应谱幅值越小。

6.3 抗震设计反应谱

6.3.1 单一地震反应谱与抗震设计反应谱

地震反应谱除受结构体系阻尼比的影响外，还受地震动的振幅、频谱等的影响。不同的地震动记录，对应的地震反应谱也不同。进行抗震设计时，由于无法预知未来可能出现的地震动时程，因而无法确定相应的地震反应谱。因此，单一地震反应谱无法指导结构抗震设计。

为此，可根据同一场地上所得到的地震动（加速度）记录分别计算出对应的反应谱曲线，然后将这些谱曲线进行统计分析，求出其中最具代表性的平均反应谱曲线作为设计依据，称之为抗震设计反应谱，可用于结构抗震设计。通常用的抗震设计反应谱为平均加速度反应谱。

6.3.2 单自由度体系的水平地震作用

对于单自由度体系，把惯性力看作反映地震对结构体系影响的等效力，即 $F(t) = m[\ddot{x}(t) + \ddot{x}_g(t)]$。对应的最大值为：

$$|F(t)|_{\max} = m|\ddot{x}(t) + \ddot{x}_g(t)|_{\max} = mS_a = mg\frac{S_a}{|\ddot{x}_g(t)|_{\max}}\frac{|\ddot{x}_g(t)|_{\max}}{g} = G\beta k = \alpha G$$

式中　　　　　G——质点的重力荷载代表值；

g——重力加速度；

$\beta = \dfrac{S_a}{|\ddot{x}_g(t)|_{\max}}$——动力系数；

$k = \dfrac{|\ddot{x}_g(t)|_{\max}}{g}$——地震系数；

$\alpha = k\beta$——为水平地震影响系数。

计算地震作用时，建筑结构的重力荷载代表值应取结构和构件的自重标准值与各种可变荷载组合值之和，而不能仅取结构和构件的自重标准值。

$$G = G_k + \sum_{i=1}^{n}\psi_{Qi}Q_{ik}$$

其中　Q_{ik}——第 i 个可变荷载标准值；

ψ_{Qi}——第 i 个可变荷载的组合值系数。

根据结构荷载规范，各种可变荷载的组合值系数，应按表 6.1 采用。

组合值系数　　　　　　　　　　　　　　　　　　　　表 6.1

可变荷载种类	组合值系数
雪荷载	0.5
屋面积灰荷载	0.5

可变荷载种类		组合值系数
屋面活荷载		不计入
按实际情况计算的楼面活荷载		1.0
按等效均布荷载计算的楼面活荷载	藏书库、档案库	0.8
	其他民用建筑	0.5
起重机悬吊物重力	硬钩吊车	0.3
	软钩吊车	不计入

6.3.3 抗震设计反应谱

根据《抗震设计规范》可知,典型的抗震设计反应谱 α-T 曲线如图 6.3 所示。

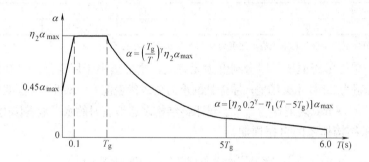

图 6.3 地震影响系数曲线

α—地震影响系数;α_{max}—地震影响系数最大值;T_g—特征周期;T—结构自振周期

η_1—直线下降段的下降斜率调整系数;γ—衰减指数;η_2—阻尼调整系数。

由图 6.3 可知曲线分为如下四段:

(1) 直线上升段,周期小于 0.1s 的区段。

(2) 水平段,自 0.1s 至特征周期区段。

(3) 曲线下降段,自特征周期至 5 倍特征周期区段。

(4) 直线下降段,自 5 倍特征周期至 6s 区段。

地震影响系数曲线的阻尼调整系数和形状参数应符合下列规定:

(1) 曲线下降段的衰减指数应按下式确定:

$$\gamma = 0.9 + \frac{0.05 - \xi}{0.3 + 6\xi} \tag{6.4}$$

式中 γ——曲线下降段的衰减指数;

ξ——阻尼比。

(2) 直线下降段的下降斜率调整系数应按下式确定:

$$\eta_1 = 0.02 + \frac{0.05 - \xi}{4 + 32\xi} \tag{6.5}$$

式中 η_1——直线下降段的下降斜率调整系数,小于 0 时取 0。

(3) 阻尼调整系数应按下式确定:

$$\eta_2 = 1 + \frac{0.05 - \xi}{0.08 + 1.6\xi} \qquad (6.6)$$

式中 η_2——阻尼调整系数，当小于 0.55 时，应取 0.55，当 $\xi = 0.05$ 时，$\eta_2 = 1.0$。

从地震影响系数曲线可以看出，曲线的形状主要由地震的特征周期 T_g 和水平地震影响系数最大值 α_{max} 确定，相关值分别根据表 6.2 和表 6.3 确定。

特征周期值（s）   表 6.2

设计地震分组	场地类别				
	I_0	I_1	II	III	IV
第一组	0.20	0.25	0.35	0.45	0.65
第二组	0.25	0.30	0.40	0.55	0.75
第三组	0.30	0.35	0.45	0.65	0.90

水平地震影响系数最大值   表 6.3

地震影响	6 度	7 度	8 度	9 度
多遇地震	0.04	0.08(0.12)	0.16(0.24)	0.32
罕遇地震	0.28	0.50(0.72)	0.90(1.20)	1.40

注：括号中数值分别用于设计基本地震加速度为 $0.15g$ 和 $0.30g$ 的地区。

【例 6.1】：单层单跨框架。屋盖刚度为无穷大，质量集中于屋盖处。已知设防烈度为 8 度，设计地震分组为二组，II 类场地；屋盖处的重力荷载代表值 $G = 800$kN，框架柱线刚度 $i_c = EI_c/h = 3.6 \times 10^4$ kN·m，阻尼比为 0.02。试求该结构多遇地震时的水平地震作用。

解：（1）求结构体系的自振周期

$$K = 2 \times \frac{12i_c}{h^2} = 2 \times 12000 = 24000 \text{kN·m}$$

$$m = G/g = 800/9.8 = 81.6 \text{t}$$

$$T = 2\pi \sqrt{m/K} = 2\pi \sqrt{81.6/2400K} = 0.366\text{s}$$

（2）求水平地震影响系数 α

查表确定 $\alpha_{max} = 0.16$

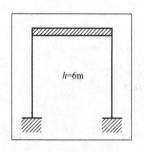

$$T_g = 0.40\text{s}$$
$$0.1 < T < T_g$$
$$\alpha = \eta_2 \alpha_{max}$$
$$\eta_2 = 1 + \frac{0.05 - \xi}{0.08 + 1.6\xi} = 1.32$$
$$\alpha = \eta_2 \alpha_{max} = 0.21$$

（3）计算结构水平地震作用

$$F = \alpha G = 0.21 \times 800 = 168 \text{kN}$$

6.4 多自由度弹性体系的地震反应分析——振型分解反应谱法

6.4.1 多自由度弹性体系的振动模型及动力方程

对于多层建筑结构，如果把质量都集中在各个楼层处，则可建立如图 6.4 所示的集中质量串模型，也称为糖葫芦串模型。

作用于 i 质点的力有：

惯性力：

$$I_i = m_i(\ddot{x}_i + \ddot{x}_g)$$

弹性恢复力：

$$S_i = k_{i1}x_1 + k_{i2}x_2 + \cdots k_{in}x_n$$

阻尼力：

$$R_i = c_{i1}\dot{x}_1 + c_{i2}\dot{x}_2 + \cdots c_{in}\dot{x}_n$$

则质点的运动方程为：

$$m_i\ddot{x}_i + \sum_{j=1}^{n}c_{ij}\dot{x}_j + \sum_{j=1}^{n}k_{ij}x_j = -m_i\dot{x}_g, i = 1,2\cdots\cdots N$$

$$[m]\{\ddot{x}\} + [c]\{\dot{x}\} + [k]\{x\} = -[m]\{I\}\ddot{x}_g(t) \quad (6.7)$$

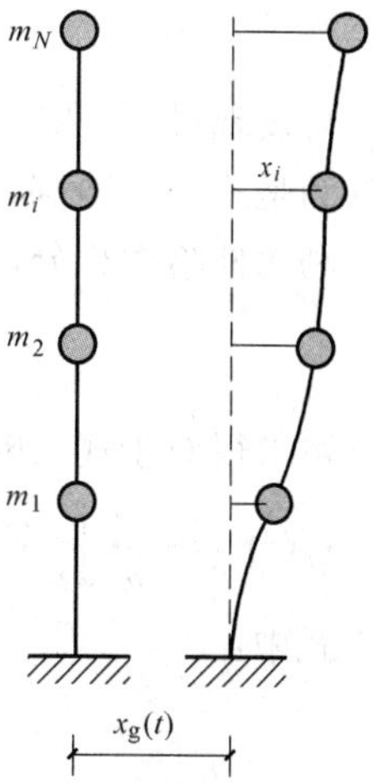

其中 I 是元素为 1 的列向量。

图 6.4　地震作用下多
自由度体系的振动

参考式（5.29）各点的位移：

$$\{x(t)\} = \sum_{i=1}^{N}\{X\}_i\eta_i(t)$$

$\{X\}_i$ 为 i 阶振型向量，代入运动方程式（6.7），得：

$$[m]\left(\sum_{i=1}^{N}\{X\}_i\ddot{\eta}_i(t)\right) + [c]\sum_{i=1}^{N}\{X\}_i\dot{\eta}_i(t) + [k]\left(\sum_{i=1}^{N}\{X\}_i\eta_i(t)\right) = -[m]\{I\}\ddot{x}_g(t)$$

利用振型的正交性，方程两端左乘 $\{X\}_j^T$，则上式变为：

$$\{X\}_j^T[m]\left(\sum_{i=1}^{N}\{X\}_i\ddot{\eta}_i(t)\right) + \{X\}_j^T[c]\sum_{i=1}^{N}\{X\}_i\dot{\eta}_i(t) + \{X\}_j^T[k]\left(\sum_{i=1}^{N}\{X\}_i\eta_i(t)\right)$$
$$= -\{X\}_j^T[m]\{I\}\ddot{x}_g(t)$$

$$\{X\}_j^T[m]\{X\}_j\ddot{\eta}_j(t) + \{X\}_j^T[c]\{X\}_j\dot{\eta}_j(t) + \{X\}_j^T[K]\{X\}_j\eta_j(t) = -\{X\}_j^T[m]\{I\}\ddot{x}_g(t)$$

$$M_j^*\ddot{\eta}_j(t) + C_j^*\dot{\eta}_j(t) + K_j^*\eta_j(t) = -\{X\}_j^T[m]\{I\}\ddot{x}_g(t)$$

式中　$M_j^* = \{X\}_j^T[m]\{X\}_j$——$j$ 振型广义质量；

$K_j^* = \{X\}_j^T[k]\{X\}_j$——$j$ 振型广义刚度；

$C_j^* = \{X\}_j^T[c]\{X\}_j$——$j$ 振型广义阻尼。

$$\ddot{\eta}_j(t) + \frac{C_j^*}{M_j^*}\dot{\eta}_j + \frac{K_j^*}{M_j^*}\eta_j(t) = -\frac{\{X\}_j^T[M]\{I\}}{M_j^*}\ddot{x}_g(t)$$

$$K_j^* = \omega_j^2 M_j^* \quad C_j^* = 2\xi_j\omega_j M_j^*$$

$$\ddot{\eta}_j(t) + 2\xi_j\omega_j\dot{\eta}_j + \omega_j^2\eta_j(t) = \frac{-\{X\}_j^T[M]\{I\}}{\{X\}_j^T[M]\{X\}_j}\ddot{x}_g(t)$$

$$\ddot{\eta}_j(t) + 2\xi_j\omega_j\dot{\eta}_j + \omega_j^2\eta_j(t) = -\gamma_j\ddot{x}_g(t) \quad (6.8)$$

式中　$\gamma_j = \dfrac{\{X\}_j^T[M]\{I\}}{\{X\}_j^T[M]\{X\}_j} = \dfrac{\sum\limits_{i=1}^{n}m_i x_{ji}}{\sum\limits_{i=1}^{n}m_i x_{ji}^2}$——$j$ 振型的振型参与系数。

49

对于单自由度体系：

$$\ddot{x} + 2\xi\omega\dot{x} + \omega^2 x = -\ddot{x}_g(t) \tag{6.9}$$

可发现式（6.8）和式（6.9）除去 ηi 和 x 的表示符号不同外，式（6.8）右边的荷载可认为是式（6.9）荷载的 γ_j 倍。

利用杜哈梅积分，式（6.9）中的解为：

$$x(t) = -\frac{1}{\omega_d}\int_0^t \ddot{x}_g(\tau)e^{-\xi\omega(t-\tau)}\sin\omega_d(t-\tau)d\tau$$

可求得对于式（6.8）所示 j 振型折算体积：

$$\eta_j(t) = -\frac{\gamma_j}{\omega_j}\int_0^t \ddot{x}_g(\tau)e^{-\xi_j\omega_j(t-\tau)}\sin\omega_j(t-\tau)d\tau = \gamma_j\Delta_j(t), j = 1,2,\cdots N$$

式中：

$$\Delta_j(t) = -\frac{1}{\omega_j}\int_0^t \ddot{x}_g(\tau)e^{-\xi_j\omega_j(t-\tau)}\sin\omega_j(t-\tau)d\tau$$

由：

$$\{x(t)\} = \sum_{j=1}^n \{x\}_j\eta_j(t)$$

$$x_i(t) = \sum_{j=1}^N x_{ji}\eta_j(t)$$

i 质点相对于基础的位移为：

$$x_i(t) = \sum_{j=1}^N x_{ji}\eta_j(t) = \sum_{j=1}^N x_{ji}\gamma_j\Delta_j(t)$$

i 质点 t 时刻第 j 振型的水平地震作用为：

$$F_i(t) = m_i[\dot{x}_i(t) + \dot{x}_g(t)] = m_i\left[\sum_{j=1}^n x_{ji}\gamma_j\ddot{\Delta}_j(t) + \sum_{j=1}^n x_{ji}\gamma_j\dot{x}_g(t)\right]$$

则体系 j 振型 i 质点水平地震作用标准值为：

$$F_{ji} = |F_{ji}(t)|_{max} = m_i x_{ji}\gamma_j|\ddot{\Delta}_j(t) + \ddot{x}_g(t)|_{max} \tag{6.10}$$

在式（6.8）右边，假设是 γ_j，则共解：

$$\Delta j(t)' = \eta_j/\gamma_j$$

对于单自由度体：

$$F = |F(t)|_{max} = m|\ddot{x}(t) + \ddot{x}_g(t)|_{max} = \alpha G$$

仿照单自由度体系结果，可以把为体系 j 振型对应的折算体系单独予以考虑，那么它也类似于一个单自由度体系，可以利用上面的结果，则 $|\ddot{\Delta}_j(t) + \ddot{x}_g(t)|$ 为加速度反应，

$$m_i|\ddot{\Delta}_j(t) + \ddot{x}_g(t)|_{max} = \alpha_j G_i$$

$$F_{ji} = \alpha_j x_{ji}\gamma_j G_i$$

为体系 j 振型 i 质点水平地震作用标准值的计算公式。

6.4.2 地震荷载效应组合

一般情况下，广义单质点体系的最大反应不同时发生，因此需要将它们组合起来，振

50

型组合方法是反应谱理论的另一重要问题，也是影响桥梁地震反应预测精度的关键因素。目前，基于平稳随机振动理论的一致激励振型组合法是各国抗震规范广泛采用的组合方法，如CQC法（完全二次结合Complete Quadratic Combination），SRSS法（平方和开平方Square Root of the Sum of Squares）等。

CQC方法是一种完全组合方法，也就是说该方法建立在相关随机事件处理理论之上，该方法考虑了所有事件之间的关联性，在计算公式中引进了一系列相关系数，但是要想得到这些系数绝非易事。当相关系数很小的时候，意味着事件之间的关联性很弱，近似可以认为是相互独立的，这时便可以采用SRSS方法来处理。

SRSS简称"平方和开平方"，该方法建立在随机独立事件的概率统计方法之上，也就是说要求参与数据处理的各个事件之间是完全相互独立的，不存在耦合关联关系。当结构的自振形态或自振频率相差较大时，可近似认为每个振型的振动是相互独立的，因此，采用SRSS方法可以得到很好的结果。当振型的分布在某个区间内比较密集时，也就是说某些振型的频率值比较接近时，这一部分的振型就不适合采用SRSS方法，应当特殊处理之后，再与其他差异较大的振型采用SRSS方法计算。

SRSS法是将CQC法中的矩阵交叉项全部忽略，对CQC法进行了近似简化。SRSS（平方和平方根法）适用于平动的振型分解反应谱法；CQC（完全二次项平方根法）适用于扭转耦联的振型分解反应谱法。

【例6.2】：试用振型分解反应谱法计算图示框架多遇地震时的层间剪力。抗震设防烈度为7度，Ⅲ类场地，设计地震分组为第三组。结构的三阶模态分别如下：

$$T_1 = 0.45\text{s}, \{X\}_1 = \begin{Bmatrix} 0.33 \\ 0.67 \\ 1.000 \end{Bmatrix}; T_2 = 0.20\text{s}, \{x\}_2 = \begin{Bmatrix} -0.67 \\ -0.50 \\ 1.0 \end{Bmatrix}$$

$$T_3 = 0.13\text{s}, \{X\}_3 = \begin{Bmatrix} 4.0 \\ -3.0 \\ 1.0 \end{Bmatrix}$$

$m_3 = 180\text{t}$

$m_2 = 270\text{t}$

$m_1 = 270\text{t}$

【解】：（1）计算各振型地震影响系数

地震影响系数最大值（阻尼比为0.05）

地震影响	烈度			
	6	7	8	9
多遇地震	0.04	0.08(0.12)	0.16(0.24)	0.32
罕遇地震	—	0.50(0.72)	0.90(1.20)	1.40

地震特征财期分组的特征周期值（s）

场地类别	Ⅰ	Ⅱ	Ⅲ	Ⅳ
第一组	0.25	0.35	0.45	0.65
第二组	0.30	0.40	0.55	0.75
第三组	0.35	0.45	0.65	0.90

$$\alpha_{\max} = 0.08 \quad T_g = 0.65$$

第一振型　$0.1 < T_1 < T_g$

$$\alpha_1 = \eta_2 \alpha_{\max} = 0.08$$

第二振型　$0.1 < T_2 < T_g$

$$\alpha_2 = \eta_2 \alpha_{\max} = 1 \times 0.08 = 0.08$$

第三振型　$0.1 < T_3 < T_g$

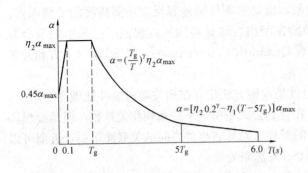

$$\alpha_3 = \eta_2\alpha_{\max} = 1 \times 0.08 = 0.08$$

$$\gamma = 0.9 + \frac{0.05 - \xi}{0.5 + 5\xi} \qquad \eta_2 = 1 + \frac{0.05 - \xi}{0.06 + 1.7\xi}$$

（2）各振型参与系数

$$\gamma_j = \frac{\{X_j\}^{\mathrm{T}}[M]\{I\}}{\{X\}_j^{\mathrm{T}}[M]\{X\}_j} = \frac{\sum_{i=1}^{n} m_i X_{ji}}{\sum_{i=1}^{n} m_i X_{ji}^2}$$

$$\gamma_1 = \frac{\sum_{i=1}^{3} m_i X_{1i}}{\sum_{i=1}^{3} m_i X_{1i}^2} = \frac{270 \times 0.33 + 270 \times 0.67 + 180 \times 1}{270 \times 0.33^2 + 270 \times 0.67^2 + 180 \times 1^2} = 1.361$$

$$\gamma_2 = \frac{\sum_{i=1}^{3} m_i X_{1i}}{\sum_{i=1}^{3} m_i X_{1i}^2} = \frac{270 \times (-0.67) + 270 \times (-0.5) + 180 \times 1}{270 \times (-0.67)^2 + 270 \times (-0.5)^2 + 180 \times 1^2} = -0.369$$

$$\gamma_2 = \frac{\sum_{i=1}^{3} m_i X_{1i}}{\sum_{i=1}^{3} m_i X_{1i}^2} = \frac{270 \times 4 + 270 \times (-3.0) + 180 \times 1}{270 \times 4^2 + 270 \times (-3.0)^2 + 180 \times 1^2} = 0.065$$

（3）各振型各楼层水平地震作用

$F_{ji} = \alpha_j x_{ji} \gamma_j G_i$ （j 振型 i 质点）

第一振型 $F_{11} = 0.08 \times 0.33 \times 1.361 \times 270 \times 9.8 = 95.07\mathrm{kN}$

$\qquad F_{12} = 0.08 \times 0.67 \times 1.361 \times 270 \times 9.8 = 193.02\mathrm{kN}$

$\qquad F_{13} = 0.08 \times 1 \times 1.361 \times 180 \times 9.8 = 192.06\mathrm{kN}$

第二振型 $F_{21} = 0.08 \times (-0.67) \times (-0.369) \times 270 \times 9.8 = 52.33\mathrm{kN}$

$\qquad F_{22} = 0.08 \times (-0.5) \times (-0.369) \times 270 \times 9.8 = 39.05\mathrm{kN}$

$\qquad F_{23} = 0.08 \times 1 \times (-0.369) \times 180 \times 9.8 = -52.07\mathrm{kN}$

第三振型 $F_{31} = 0.08 \times 4 \times 0.065 \times 270 \times 9.8 = 55.04\mathrm{kN}$

$\qquad F_{32} = 0.08 \times (-3.0) \times 0.065 \times 270 \times 9.8 = -41.28\mathrm{kN}$

$\qquad F_{33} = 0.08 \times 1 \times 0.065 \times 180 \times 9.8 = 9.17\mathrm{kN}$

（4）各振型地震作用效应（层间剪力）

第一振型 $V_{11} = 95.07 + 193.02 + 192.06 = 480.15\mathrm{kN}$

$\qquad V_{12} = 385.08\mathrm{kN}$

$\qquad V_{13} = 192.06\mathrm{kN}$

第二振型 $V_{21} = 52.33 + 39.05 - 52.07 = 39.31\mathrm{kN}$

$\qquad V_{22} = -13.02\mathrm{kN}$

$\qquad V_{23} = -52.07\mathrm{kN}$

第三振型 $V_{31} = 55.04 - 41.28 + 9.17 = 22.93\mathrm{kN}$

$$V_{32} = -32.11\text{kN}$$

$$V_{33} = 9.17\text{kN}$$

（5）计算地震作用效应（层间剪力）

$$V_1 = \sqrt{V_{11}^2 + V_{21}^2 + V_{31}^2} = 482.30\text{kN}$$

$$V_2 = \sqrt{V_{12}^2 + V_{22}^2 + V_{32}^2} = 386.6357\text{kN}$$

$$V_3 = \sqrt{V_{13}^2 V_{23}^2 + V_{33}^2} = 199.20\text{kN}$$

6.5 底部剪力法

底部剪力法实际上是一种简化的振型分解反应谱法，它基本上只考虑了一阶振型影响，其他振型是通过常系数考虑的，只有在一定范围和条件下应用，否则有较大误差。

6.5.1 底部剪力的计算（一阶振型为主）

不管是振型分解反应谱法，还是底部剪力法重点都是要求计算水平地震作用。顾名思义，糖葫芦串模型中各质点的水平地震作用应和底部剪力有着某种对应的关系。为什么还要叫底部剪力法呢？计算过程中总的底部剪力，然后各质点的水平地震作用可将总底部剪力按一定的比例进行分配即可求得。基本推导过程如下：某三层框架结构受力图如图 6.5 所示，假设任一 j 振型产生的对应的结构的底部剪力为：

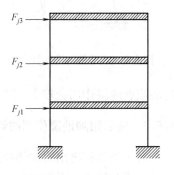

图 6.5　三层框架受力图

$$V_{j0} = \sum_{i=1}^{n} F_{ji} = \sum_{i=1}^{n} \alpha_j \gamma_j x_{ji} G_i = \alpha_1 G \sum_{i=1}^{n} \frac{\alpha_j}{\alpha_1} \gamma_j x_{ji} \frac{G_i}{G}$$

式中　G——结构的总重力荷载代表值 $G = \sum\limits_{i=1}^{n} G_i$。

按照 SRSS（平方和开平方根）法各振型组合后总的结构底部剪力为：

$$F_{\text{EK}} = \sqrt{\sum_{j=1}^{n} V_{j0}^2} = \alpha_1 G \sqrt{\sum_{j=1}^{n} \left(\sum_{i=1}^{n} \frac{\alpha_j}{\alpha_1} \gamma_j x_{ji} \frac{G_i}{G} \right)^2} = \alpha_1 G_q = \alpha_1 G_{\text{eq}}$$

即：

$$F_{\text{EK}} = \alpha_1 G_{\text{eq}}$$

式中

$$q = \sqrt{\sum_{j=1}^{n} \left(\sum_{i=1}^{n} \frac{\alpha_j}{\alpha_1} \gamma_j x_{ji} \frac{G_i}{G} \right)^2}$$——高振型影响系数，一般 q 取 0.85；

G_{eq}——结构等效总重力荷载代表值。

至此，结构总的底部剪力和各质点的地震作用之间建立了某种联系。实际结构总的底部剪力形式上就是上部各质点地震作用按一定的合成法则，得出的某种代数和。

6.5.2　各质点的水平地震作用标准值的计算

假设某一振型对结构的动力反应贡献很大，其余各振型可忽略并且这一振型符合线性倒三角形比例关系，如图 6.6 所示。

参考式（6.10），则：

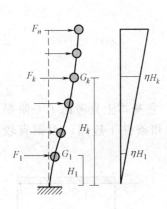

$$F_i \approx F_{1i} = \alpha_1 \gamma_1 x_{1i} G_i = \alpha_1 \gamma_1 \eta H_i G_i$$

$$F_{EK} = \sum_{k=1}^{n} F_{1k} = \sum_{k=1}^{n} \alpha_1 \gamma_1 \eta H_k G_k = \alpha_1 \gamma_1 \eta \sum_{k=1}^{n} H_k G_k$$

$$\alpha_1 \gamma_1 \eta = F_{EK} / \sum_{k=1}^{n} H_k G_k$$

$$F_i = \frac{H_i G_i}{\sum_{k=1}^{n} H_k G_k} F_{Ek} \qquad (6.11)$$

图 6.6　底部剪力法计算简图

由式（6.11）可看出，各质点的地震作用（只考虑一阶振型的作用，忽略其他振型），可按总的底部剪力按一定比例进行分配，即按各质点的重力荷载代表值乘以高度值作为权重进行分配。因此在质量不变的情况下，高层质点地震作用会较大一些。

6.5.3　顶部附加地震作用的计算

对于顶部有突出附加楼层或上部质量或刚度存在突变的楼层，按式（6.11）分配的地震作用值会偏小。根据实际地震反应观测得出，对于顶部存在突出开间的顶部结构效应明显大于底部，这种现象称为鞭梢效应。为考虑鞭梢效应的影响，通常需要将顶部的地震作用适当予以提高。

采用底部剪力法时，各楼层可仅取一个自由度，结构的水平地震作用标准值，应按下列公式确定：

$$F_{EK} = \alpha_1 G_{eq}$$

$$F_i = \frac{G_i H_i}{\sum_{j=1}^{n} G_j H_j} F_{EK}(1 - \delta_n)(i = 1, 2 \cdots) \qquad (6.12)$$

$$\Delta F_n = \delta_n F_{EK}$$

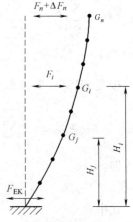

图 6.7　顶部附加地震作用计算简图

式中　F_{EK}——结构总水平地震作用标准值；

α_1——相应于结构基本自振周期的水平地震影响系数值，多层砌体房屋、底部框架砌体房屋，宜取水平地震影响系数最大值；

G_{eq}——结构等效总重力荷载，单质点应取总重力荷载代表值，多质点可取总重力荷载代表值的 85%；

F_i——质点 i 的水平地震作用标准值；

54

G_i，G_j——分别为集中于质点 i、j 的重力；

H_i，H_j——分别为质点 i、j 的计算高度；

δ_n——顶部附加地震作用系数，多层钢筋混凝土和钢结构房屋可按表 6.4 采用，其他房屋可采用 0.0；

ΔF_n——顶部附加水平地震作用。

顶部附加地震作用系数　　　　　　　　　　　　　　　　表 6.4

$T_g(s)$	$T_1 > 1.4T_g$	$T_1 \leqslant 1.4T_g$
$T_g \leqslant 0.35$	$0.08T_1 + 0.07$	
$0.035 < T_g \leqslant 0.55$	$0.08T_1 + 0.01$	0.0
$T_g > 0.55$	$0.08T_1 - 0.02$	

注：T_1 为结构基本自振周期。

针对式（6.11）而言，可以先拿出一定比例的底部剪力 ΔF_n，先作用在顶部的质点上，再将剩余的底部剪力按前述方法分配，这即式（6.12）表述的本质含义。从图中可看出，顶部实际分得两份分配值，其中一份 ΔF_n 是独有的，为专门考虑鞭梢效应而额外进行分配的。

6.5.4　底部剪力法适用范围

底部剪力法适用于一般的多层砖房等砌体结构、内框架和底部框架抗震墙砖房、单层空旷房屋、单层工业厂房及多层框架结构等低于 40m 层间变形以剪切变形为主的规则房屋。在结构侧移曲线中，楼盖出平面转动产生的侧移所占的比例较小。

"规则房屋"需要满足以下要求（图 6.8）：

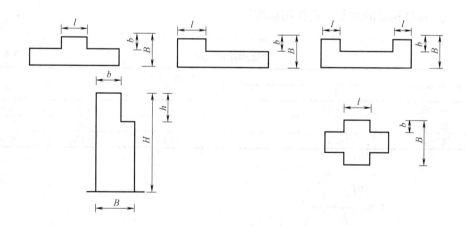

图 6.8　规则房屋各尺寸示意图

（1）相邻层质量的变化不宜过大。

（2）避免采用层高特别高或特别矮的楼层，相邻层和连续三层的刚度变化平缓。

（3）出屋面小建筑的尺寸不宜过大（宽度 b 大于高度 h 且出屋面高度与总高度之比满足 $h/H < 1/5$），局部缩进的尺寸也不宜大（缩进后的宽度 B_1 与总宽度 B 之比满足 $B_1/B >= 5/6 \sim 3/4$）

（4）楼层内抗侧力构件的布置和质量的分布要基本对称；

（5）抗侧力构件在平面内呈正交（夹角大于75°）分布，以便在两个主轴方向分别进行抗震分析；

（6）平面局部突出的尺寸不大（局部伸出部分在长度方向的尺寸 l 大于宽度方向的尺寸 b，且宽度 b 与总宽度 B 之比满足 $b/B<1/5\sim1/4$）；

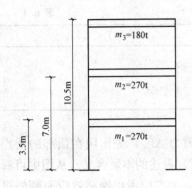

对于不满足规则要求的建筑结构，则不宜将底部剪力法作为设计依据。否则，要采取相应的调整，使计算结果合理化。

6.5.5 底部剪力法应用举例

【例6.3】：试用底部剪力法计算图示框架多遇地震时的层间剪力。已知结构的基本周期 $T_1=0.467\text{s}$，抗震设防烈度为8度，Ⅱ类场地，设计地震分组为第二组。

解：（1）计算结构等效总重力荷载代表值

$$G_{eq}=0.85\sum_{k=i}^{n}G_k=0.85\times(270+270+180)\times9.8=5997.6\text{kN}$$

（2）计算水平地震影响系数

查表得：

$$\alpha_{max}=0.16,\ T_g=0.4\text{s}$$

$$T_g<T_1<5T_g$$

$$\alpha_1=\left(\frac{T_g}{T}\right)^\gamma\eta_2\alpha_{max}=0.139$$

（3）计算结构总的水平地震作用标准值

$$F_{EK}=\alpha_1 G_{eq}=0.139\times5997.6=833.7\text{kN}$$

特征周期值（s）　　　　　　　　　　　　　　　　　　　　表6.5

设计地震分组	场地类别				
	I_0	I_1	Ⅱ	Ⅲ	Ⅳ
第一组	0.20	0.25	0.35	0.45	0.65
第二组	0.25	0.30	0.40	0.55	0.75
第三组	0.30	0.35	0.45	0.65	0.90

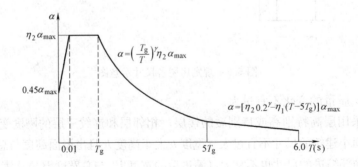

（4）顶部附加水平地震作用

$$\Delta F_n = \delta_n F_{EK} \qquad 1.4T_g = 0.56$$
$$T_1 < 1.4T_g \qquad \delta_n = 0$$

（5）计算各层的水平地震作用标准值

$$F_i = \frac{H_i G_i}{\sum\limits_{k=1}^{n} H_k G_k} F_{EK}(1 - \delta_n)$$

$$F_1 = \frac{270 \times 9.8 \times 3.5}{270 \times 9.8 \times 3.5 + 270 \times 9.8 \times 7 + 180 \times 9.8 \times 10.5} \times 833.7 = 166.7\text{kN}$$

$$F_2 = \frac{270 \times 9.8 \times 7.0}{270 \times 9.8 \times 3.5 + 270 \times 9.8 \times 7 + 180 \times 9.8 \times 10.5} \times 833.7 = 333.5\text{kN}$$

$$F_3 = \frac{180 \times 9.8 \times 10.5}{270 \times 9.8 \times 3.5 + 270 \times 9.8 \times 7 + 180 \times 9.8 \times 10.5} \times 833.7 = 333.5\text{kN}$$

（6）计算各层的层间剪力

$$V_1 = F_1 + F_2 + F_3 = 833.7\text{kN}$$
$$V_2 = F_2 + F_3 = 667.0\text{kN}$$
$$V_3 = F_3 = 333.5\text{kN}$$

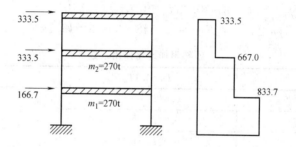

【例 6.4】：四层钢筋混凝土框架结构，建造于基本烈度为 8 度区，场地为 Ⅱ 类，设计地震分组为第一组，层高和层重力代表值如图所示。结构的基本周期为 0.56s，试用底部剪力法计算各层多遇地震剪力标准值。

解：（1）结构总水平地震作用标准值

$$\alpha_{\max} = 0.16, T_g = 0.35\text{s}$$

水平地震影响系数最大值（阻尼比为 0.05）   表 6.6

地震影响	6 度	7 度	8 度	9 度
多遇地震	0.04	0.08(0.12)	0.16(0.24)	0.32
罕遇地震	0.28	0.50(0.72)	0.90(1.20)	1.40

特征周期值（s）   表 6.7

设计地震分组	场地类别				
	Ⅰ₀	Ⅰ₁	Ⅱ	Ⅲ	Ⅳ
第一组	0.20	0.25	0.35	0.45	0.65
第二组	0.25	0.30	0.40	0.55	0.75
第三组	0.30	0.35	0.45	0.65	0.90

$$T_g < T_1 < 5T_g$$

$$\alpha_1 = \left(\frac{T_g}{T}\right)^\gamma \eta_2 \alpha_{max} = \left(\frac{T_g}{T_1}\right)^{0.9} \times 0.16 = 0.1048 = \alpha_1 \times 0.85 \times \sum G_i$$

$$F_{EK} = \alpha_1 G_{eq} = 0.1048 \times 0.85 \times (831.6 + 1039.5 \times 2 + 1122.7) = 359.3 \text{kN}$$

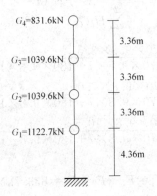

（2）顶部附加水平地震作用

$$T_1 > 1.4 \times 0.35 = 0.49s$$

$$\delta_n = 0.08T_1 + 0.01 = 0.0548$$

$$\Delta F_n = \delta_n F_{EK} = 0.0548 \times 359.3 = 19.7 \text{kN}$$

顶部附加地震作用系数 表 6.8

$T_g(s)$	$T_1 > 1.4T_g$	$T_1 \leqslant 1.4T_g$
$T_g \leqslant 0.35$	$0.08T_1 + 0.07$	
$0.35 < T_g \leqslant 0.55$	$0.08T_1 + 0.01$	0
$T_g > 0.55$	$0.08T_1 - 0.02$	

（3）各层水平地震剪力标准值 $V_i = \sum\limits_{k=i}^{n} F_k + \Delta F_n$

各层水平地震剪力标准值 表 6.9

层	G_i(kN)	H_i(m)	G_iH_i(kN·m)	F_i(kN)	ΔF_n(kN)	V_i(kN)
4	831.6	14.44	12008.3	111.9	19.7	131.6
3	1039.5	11.08	11517.7	107.3		238.9
2	1039.5	7.72	8024.9	74.8		313.7
1	1122.7	4.36	4895.0	45.6		359.3
Σ	4033.3		36445.9	339.6		

6.5.6　突出屋面附属结构地震内力的调整

震害表明，突出屋面的屋顶间（电梯机房、水箱间）、女儿墙和烟囱等，它们的震害比下面的主体结构严重，是由于鞭梢效应突出屋面的这些结构的质量和刚度突然减小，地震反应随之增大。

《建筑抗震设计规范》GB 50011—2010 规定：采用底部剪力法时，突出屋面的屋顶间、

58

女儿墙、烟囱等的地震作用效应，宜乘以增大系数3，此增大部分不应往下传递，但与该突出部分相连的构件应予计入；采用振型分解法时，突出屋面部分可作为一个质点；单层厂房突出屋面天窗架的地震作用效应的增大系数，应按本规范第9章的有关规定采用。

6.6 建筑结构的扭转地震效应

6.6.1 产生扭转地震反应的原因

结构产生扭转效应的根本原因是平面上的质心与刚心不重合。对于单一材料组成的平面来说，质心就是平面的几何中心，刚心就是合力作用点对应的位置，如果二者不重合，地震作用下不可避免产生结构扭转的现象。这种现象最容易通过建筑物端部位移差表现出来。

如图6.9所示结构，对于常见的构件，柱子在两个方向都提供侧向刚度，剪力墙不考虑平面外刚度，只考虑沿墙面方向的纵向有刚度。可推导出刚心的计算公式如下：

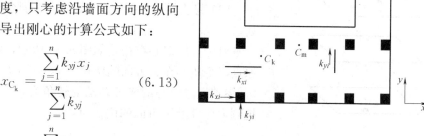

图 6.9 质心与刚心

$$x_{C_k} = \frac{\sum_{j=1}^{n} k_{yj} x_j}{\sum_{j=1}^{n} k_{yj}} \tag{6.13}$$

$$y_{C_k} = \frac{\sum_{i=1}^{n} k_{xi} y_i}{\sum_{i=1}^{n} k_{xi}} \tag{6.14}$$

平面上质心与刚心不重合的原因主要包括以下几个方面：

（1）建筑物的柱体与墙体等抗侧力构件布置不对称。

（2）建筑物的平面不对称。

（3）建筑物的立面不对称。

（4）建筑物的平面、立面均不对称。

（5）建筑物各层质心与刚心重合，但上下层不在同一垂直线上。

（6）偶然偏心。

结构产生扭转效应另一方面的原因为：地震地面运动存在扭转分量。

地震波在地面上各点的波速、周期和相位不同。建筑结构基底将产生绕竖直轴的转动，结构便会产生扭转振动。无论结构是否有偏心，地震地面运动产生的结构扭转振动均是存在的。但二者有区别，无偏心结构的平动与扭转振动不是耦合的，而有偏心结构的平动与扭转振动是耦合的。

6.6.2 考虑扭转地震效应的方法

（1）规则结构不进行扭转耦联计算时，平行于地震作用方向的两个边榀各构件，其地震作用效应应乘以增大系数。一般情况下，短边可按1.15采用，长边可按1.05采用；当扭转刚度较小时，周边各构件宜按不小于 1.3 采用。角部构件宜同时乘以两个方向各自的增大系数。

（2）按扭转耦联振型分解法计算时，各楼层可取两个正交的水平位移和一个转角共三个自由度，并应按公式（6.17）计算结构的地震作用和作用效应。确有依据时，尚可采用简化计算方法确定地震作用效应。

6.6.3　考虑扭转的振型分解反应谱法

对结构进行以下假定：

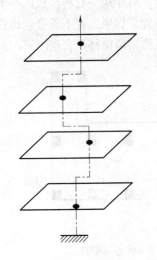

图 6.10　多层偏心结构计算简图

（1）楼板在其自身平面内为绝对刚性，在平面外的刚度很小可以忽略不计；

（2）各榀抗侧力结构（框架或剪力墙）在其自身平面内刚度很大，在平面外的刚度很小可以忽略不计；

（3）所有构件都不考虑其自身的抗扭作用；

（4）将质量（包括柱、墙的质量）都集中于各层楼板处。

对于多层偏心结构，如图 6.10 所示，取质心为坐标原点，令质心在 x 方向的位移为 u，在 y 方向上的位移为 v，屋盖通过质心的竖轴转动的转角为 φ，则第 i 个纵向抗侧力构件沿 x 方向的位移为：

$$u_i = u - y_i\varphi$$

同理，第 j 个横向侧抗力构件沿 y 方向的位移为：

$$v_j = v + x_j\varphi$$

根据结构动力学知识，可得出结构的动力方程为：

$$[m][\ddot{u}] + [k][u] = -[m]\{\ddot{u}_0\} \tag{6.15}$$

对于多层偏心结构，计算简图如图 6.10 所示，运动方程写成矩阵形式如下：

$$[M]\{\ddot{U}\} + [C]\{\dot{U}\} + [K]\{U\} = \{0\} \tag{6.16}$$

式中　$[M]$——质量矩阵；

$\{U\}$——位移矩阵；

$[C]$——阻尼矩阵；

$[K]$——刚度矩阵。

$$[M] = \begin{bmatrix} [m_A] & & \\ & [m_B] & \\ & & [J] \end{bmatrix}, [m] = \begin{bmatrix} m_1 & & & \\ & m_2 & & \\ & & \ddots & \\ & & & m_\gamma \end{bmatrix}, [J] = \begin{bmatrix} J_1 & & & \\ & J_2 & & \\ & & \ddots & \\ & & & J_s \end{bmatrix}$$

γ 和 s 根据具体的自由度确定

$$[K] = \begin{bmatrix} [K_{xx}] & [0] & [K_{x\varphi}] \\ [0] & [K_{yy}] & [K_{y\varphi}] \\ [K_{x\varphi}] & [K_{y\varphi}] & [K_{\varphi\varphi}] \end{bmatrix}$$

与前述不考虑扭转振动的推导类似，可得到考虑扭转地震效应时水平地震作用标准值的计算公式：

$$\begin{cases} F_{xji} = \alpha_j \gamma_{tj} x_{ji} G_i \\ F_{yji} = \alpha_j \gamma_{tj} y_{ji} G_i \\ F_{tji} = \alpha_j \gamma_{tj} r_i^2 \phi_{ji} G_i \end{cases} \tag{6.17}$$

由规范可知，考虑扭转影响的地震作用效应如下：

（1）不进行扭转耦联计算的水平地震作用效应（弯矩、剪力、轴向力和变形），当相邻振型的周期比小于 0.85 时，可按下式确定：

$$S_{EK} = \sqrt{\sum S_j^2}$$

式中　S_{EK}——水平地震作用标准值的效应；

　　　 S_j——j 振型水平地震作用标准值的效应，可只取前 2～3 个振型，当基本自振周期大于 1.5s 或房屋高宽比大于 5 时，振型个数应适当增加。

（2）单向水平地震作用下的扭转耦联效应

$$S_{EK} = \sqrt{\sum_{j=1}^{m} \sum_{k=1}^{m} \rho_{jk} S_j S_k}$$

$$\rho_{jk} = \frac{8\sqrt{\zeta_j \zeta_k}(\zeta_j + \lambda_T \zeta_k)\lambda_T^{1.5}}{(1 - \lambda_T^2)^2 + 4\zeta_j \zeta_k (1 + \lambda_T^2)\lambda_T + 4(\zeta_j^2 + \zeta_k^2)\lambda_T^2}$$

式中　S_{EK}——地震作用标准值的扭转效应；

　　　 S_j、S_k——分别为 j、k 振型地震作用产生的作用效应，可取前 9～15 个振型；

　　　 ζ_j、ζ_k——分别为 j、k 振型的阻尼比；

　　　 ρ_{jk}——j 振型与 k 振型的耦联系数；

　　　 λ_T——k 振型与 j 振型的自振周期比。

（3）双向水平地震作用下的扭转耦联效应，可按下列公式中的较大值确定：

$$S_{EK} = \sqrt{S_x^2 + (0.85S_y)^2}$$

或 $$S_{EK} = \sqrt{S_y^2 + (0.85S_x)^2}$$

式中　S_x、S_y——分别为仅考虑 x、y 向水平地震作用时的地震作用效应扭转效应。

6.7　结构抗震验算

6.7.1　结构抗震计算原则

各类建筑结构的抗震计算应遵循下列原则：

（1）一般情况下，可在建筑结构的两个主轴方向分别考虑水平地震作用并进行抗震验算，各方向的水平地震作用应由该方向抗侧力构件承担。

（2）有斜交抗侧力构件的结构，当相交角度大于 15°时，应分别考虑各抗侧力构件方向的水平地震作用。

（3）质量和刚度分布明显不对称的结构，应考虑双向水平地震作用下的扭转影响，其他情况宜采用调整地震作用效应的方法考虑扭转影响。

（4）8 度和 9 度时的大跨度结构、长悬臂结构，9 度时的高层建筑，应考虑竖向地震作用。

6.7.2 结构抗震计算方法的确定

（1）高度不超过 40m，以剪切变形为主且质量和刚度沿高度分布比较均匀的结构，以及近似于单质点体系的结构，宜采用底部剪力法等简化方法。

（2）除上述以外的建筑结构，宜采用振型分解反应谱法。

（3）特别不规则的建筑、甲类建筑和表 6.10 所列高度范围的高层建筑，应采用时程分析法进行多遇地震下的补充计算，可取多条时程曲线计算结果的平均值与振型分解反应谱法计算结果的较大值。

超高层建筑的高度范围 表 6.10

烈度、场地类别	房屋高度范围(m)
8 度 Ⅰ、Ⅱ 类场地和 7 度	>100
8 度 Ⅲ、Ⅳ 类场地	>80
9 度	>60

6.7.3 结构抗震验算内容

采用二阶段设计法：

第一阶段：对绝大多数结构进行多遇地震作用下的结构和构件承载力验算，以及多遇地震作用下的弹性变形验算。

第二阶段：对一些结构进行罕遇地震作用下的弹塑性变形验算。

1. 多遇地震下结构允许弹性变形验算

除砌体结构、厂房外的框架结构、填充墙框架结构、框架-剪力墙结构等需验算允许弹性变形。

对于按底部剪力法分析结构地震作用时，其弹性位移计算公式为

$$\Delta u_e(i) = V_e(i) / K_i \tag{6.18}$$

式中　$\Delta u_e(i)$——第 i 层的层间位移；

　　　$V_e(i)$——第 i 层的水平地震剪力标准值；

　　　K_i——第 i 层的侧移刚度。

楼层内最大弹性层间位移应符合下式：

$$\Delta u_e \leqslant [\theta_e] h \tag{6.19}$$

式中　Δu_e——多遇地震作用标准值产生的楼层内最大的弹性层间位移；计算时，除以弯曲变形为主的高层建筑外，可不扣除结构整体弯曲变形；应计入扭转变形，各作用分项系数均应采用 1.0；钢筋混凝土结构构件的截面刚度可采用弹性刚度；

　　　h——计算楼层层高；

　　　θ_e——弹性层间位移角限值，按表 6.11 采用。

弹性层间位移角限值   表 6.11

结构类型	$[\theta_e]$
钢筋混凝土框架	1/550
钢筋混凝土框架-抗震墙、板柱-抗震墙、框架-核心筒	1/800
钢筋混凝土抗震墙、筒中筒	1/1000
钢筋混凝土框支层	1/1000
多、高层钢结构	1/250

2. 多遇地震下结构强度验算

下列情况可不进行结构强度验算：

(1) 6 度时的建筑（Ⅳ类场地上较高的高层建筑与高耸结构除外）；

(2) 7 度时Ⅰ、Ⅱ类场地，柱高不超过 10m 且两端有山墙的单跨及多跨等高的钢筋混凝土厂房，或柱顶标高不超过 4.5m，两端均有山墙的单跨及多跨等高的砖柱厂房。

除上述情况的所有结构都要进行结构构件承载力的抗震验算，验算公式为：

$$S \leqslant R/\gamma_{RE} \tag{6.20}$$

式中 S——包含地震作用效应的结构构件内力组合的设计值，包括组合的弯矩、轴向力和剪力设计值等；

R——结构构件承载力设计值；

γ_{RE}——承载力抗震调整（提高）系数，除另有规定外，按表 6.12 采用。

结构构件的地震作用效应和其他荷载效应的基本组合，应按下式计算：

$$S = \gamma_G S_{GE} + \gamma_{Eh} S_{Ehk} + \gamma_{Ev} S_{Evk} + \psi_w \gamma_w S_{wk} \tag{6.21}$$

式中 γ_G——重力荷载分项系数，一般情况应采用 1.2，当重力荷载效应对构件承载能力有利时，不应大于 1.0；

γ_{Eh}、γ_{Ev}——分别为水平、竖向地震作用分项系数，应按表 6.13 采用；

γ_w——风荷载分项系数，应采用 1.4；

S_{GE}——重力荷载代表值的效应，可按《建筑抗震设计规范》第 5.1.3 条采用，但有吊车时，尚应包括悬吊物重力标准值的效应；

S_{Ehk}——水平地震作用标准值的效应，尚应乘以相应的增大系数或调整系数；

S_{Evk}——竖向地震作用标准值的效应，尚应乘以相应的增大系数或调整系数；

S_{wk}——风荷载标准值的效应；

ψ_w——风荷载组合值系数，一般结构取 0.0，风荷载起控制作用的建筑应采用 0.2。

承载力抗震调整系数   表 6.12

材料	结构构件	受力状态	γ_{RE}
钢	柱、梁、支撑、节点板件、螺栓、焊缝柱	强度稳定	0.75
			0.80
砌体	两端均有构造柱、芯柱的抗震墙	受剪	0.90
	其他抗震墙	受剪	1.0

材料	结构构件	受力状态	γ_{RE}
混凝土	梁	受弯	0.75
	轴压比小于0.15的柱	偏压	0.75
	轴压比不小于0.15的柱	偏压	0.80
	抗震墙	偏压	0.85
	各类构件	受剪、偏拉	0.85

注：当仅计算竖向地震作用时，各类结构构件承载力抗震调整系数均应采用1.0。

地震作用分项系数　　　　　　　　　　　　　　　　　　　　　　　表6.13

地震作用	γ_{Eh}	γ_{Ev}
仅计算水平地震作用	1.3	0.0
仅计算竖向地震作用	0.0	1.3
同时计算水平与竖向地震作用（水平地震为主）	1.3	0.5
同时计算水平与竖向地震作用（竖向地震为主）	0.5	1.3

3. 罕遇地震下结构弹塑性变形验算

需要进行结构罕遇地震作用下薄弱层弹塑性变形验算的范围如下：

(1) 下列结构应进行弹塑性变形验算

1) 8度Ⅲ、Ⅳ类场地和9度时，高大的单层钢筋混凝土柱厂房的横向排架；

2) 7～9度时楼层屈服强度系数小于0.5的钢筋混凝土框架结构；

3) 高度大于150m的钢结构；

4) 甲类建筑和9度时乙类建筑中的钢筋混凝土结构和钢结构；

5) 采用隔震和消能减震设计的结构。

(2) 下列结构宜进行弹塑性变形验算

1) 表6.15所列高度范围且属于表6.14所列不规则类型的高层建筑结构；

2) 7度Ⅲ、Ⅳ类场地和8度时乙类建筑中的钢筋混凝土结构和钢结构；

3) 板柱-抗震墙结构和底部框架砌体房屋；

4) 高度不大于150m的其他高层钢结构；

5) 不规则的地下建筑结构及地下空间综合体。

注：楼层屈服强度系数为按钢筋混凝土构件实际配筋和材料强度标准值计算的楼层受剪承载力和按罕遇地震作用标准值计算的楼层弹性地震剪力的比值；对排架柱，指按实际配筋面积、材料强度标准值和轴向力计算的正截面受弯承载力与按罕遇地震作用标准值计算的弹性地震弯矩的比值。

结构薄弱层（部位）弹塑性层间位移应符合下式要求：

$$\Delta u_p \leqslant [\theta_p]h \tag{6.22}$$

式中　　$[\theta_p]$——弹塑性层间位移角限值，可按表6.16采用；对钢筋混凝土框架结构，当轴压比小于0.40时，可提高10%；当柱子全高的箍筋构造比规范中规定的体积配箍率大30%时，可提高20%，但累计不超过25%；

　　　　h——薄弱层楼层高度或单层厂房上柱高度。

竖向不规则的主要类型   表 6.14

不规则类型	定　义
侧向刚度不规则	该层的侧向刚度小于相邻上一层的 70%，或小于其上相邻三个楼层侧向刚度平均值的 80%；除顶层或出屋面小建筑外，局部收进的水平向尺寸大于相邻下一层的 25%
竖向抗侧力构件不连续	竖向抗侧力构件(柱、抗震墙、抗震支撑)的内力由水平转换构件(梁、桁架等)向下传递
楼层承载力突变	抗侧力结构的层间受剪承载力小于相邻上一楼层的 80%

采用时程分析法的房屋高度范围   表 6.15

烈度、场地类别	房屋高度范围(m)
8 度 Ⅰ、Ⅱ 类场地和 7 度	>100
8 度 Ⅲ、Ⅳ 类场地	>80
9 度	>60

弹塑性层间位移角限值   表 6.16

结构类型	$[\theta_p]$
单层钢筋混凝土柱排架	1/30
钢筋混凝土框架	1/50
底部框架砌体房屋中的框架抗震墙	1/100
钢筋混凝土框架-抗震墙、板柱-抗震墙、框架-核心筒	1/100
钢筋混凝土抗震墙、筒中筒	1/120
多、高层钢结构	1/50

思　考　题

1. 结构抗震验算的主要内容有哪些?
2. 单一地震反应谱与抗震设计反应谱的区别?

65

第四篇　结构抗震设计

第7章　混凝土结构抗震设计

7.1　震害描述

7.1.1　钢筋混凝土结构体系种类

多层和高层钢筋混凝土结构体系包括：框架结构、框架-抗震墙结构、抗震墙结构、筒体结构和框架-筒体结构等。

框架结构是由梁、柱构件通过节点连接形成的骨架结构，二者承受竖向和水平荷载，填充墙体仅起围护作用，其整体性和抗震性好，平面布置灵活，可提供较大的使用空间，也可构成丰富的立面造型，但随着层数和高度的增加，构件截面面积和钢筋用量增多，侧向刚度也越来越难以满足设计要求，一般不宜用于过高的建筑，多用于 12 层以下的建筑结构中。图 7.1 为框架结构平面及剖面示意图举例。

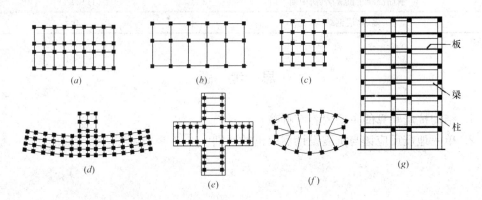

图 7.1　框架结构平面及剖面示意图

框架-抗震墙结构是在框架中设置一些抗震墙，由于框架与抗震墙的协同工作，使框架各层层间剪力趋于均匀，各层梁、柱截面尺寸和配筋也趋于均匀，改变了纯框架结构的受力和变形特点，既能满足平面布置灵活，又能满足结构抗侧力要求，一般常用于 10~25 层的建筑结构中。抗震墙在混凝土结构中一般做成钢筋混凝土墙，常说的钢筋混凝土剪力墙从抗震设计的角度而言就属于抗震墙。图 7.2 为框架-抗震墙结构平面布置图举例。

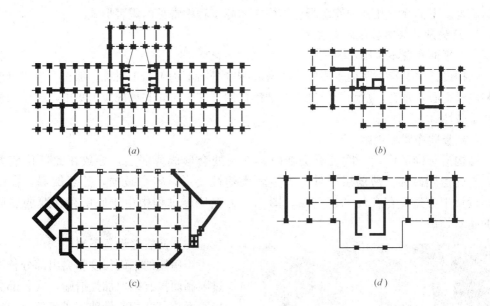

图 7.2 框架-抗震墙结构平面布置图

抗震墙结构是依靠抗震墙承受竖向及水平荷载，整体性、抗震性好，刚度大，常用于 2~50 层的高层建筑，但抗震墙结构自重较大，建筑平面布置局限性大，较难获得大的建筑空间，图 7.3 为抗震墙结构平面布置示意图举例。

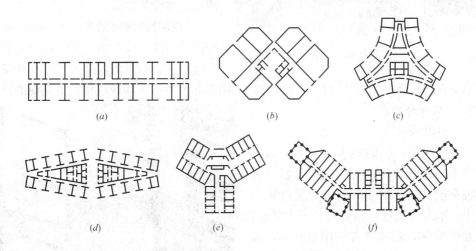

图 7.3 抗震墙结构平面布置示意图

结构选型要充分考虑各类结构形式的优缺点和应用范围等，结合所设计的建筑物高度、使用要求、建设条件等，进行综合分析，达到既安全可靠，又经济合理的要求。

7.1.2 震害及分析

钢筋混凝土结构对施工要求较高，即使设计良好的结构也可能存在问题，在地震中引起破坏。若设计、施工存在缺陷，而且缺乏有效的防护措施，在地震作用下结构会产生严重的震害。下面介绍几种钢筋混凝土结构在实际工程中常见的震害形式。

1. 结构设计缺陷引起的震害

（1）平面布置不规则

结构设计中若存在平面不规则，质量和刚度分布不均匀、不对称，那么会造成刚度中心和质量中心不重合，从而导致结构在地震作用下产生扭转和局部应力集中，致使结构造成严重破坏。

（2）竖向布置不规则

结构沿竖向的质量或刚度有突变时，突变处会形成薄弱层，导致在此部位应力集中，首先遭到破坏。薄弱层中处会产生较大塑性变形，容易破损，甚至倒塌。在结构抗震设计中应避免存在局部薄弱层。图7.4为在地震过程中由于底层存在薄弱层而导致的建筑物破坏。

图 7.4　底层薄弱层破坏

（3）防震缝设置不当

当房屋的平面长度和突出部分长度超过限制而没有采取加强措施，或各部分结构刚度或荷载相差悬殊，或各部分结构采取不同材料和不同结构体系，或房屋各部分有较大错层时，在地震作用下会造成扭转及复杂的振动形式，并在房屋连接薄弱部位造成损伤，因此，设计中如遇到上述情况，宜设防震缝。

防震缝两侧的结构单元由于具有不同的振动特性，故在地震发生时产生不同的振动形式，如果防震缝的宽度不够或构造措施不当，房屋就可能发生碰撞而导致破坏。图7.5为两栋相邻建筑物发生碰撞的情形。

2. 结构构件的震害

（1）柱的震害

一般情况下，柱的震害重于梁，角柱震害重于内柱，短柱震害重于一般柱，柱顶震害重于柱底。柱子同时承受竖向轴力和两个主轴方向的弯矩和剪力，受力复杂，一旦发生破坏，房屋就有倒塌的危险，故在抗震设计中要求做到"强柱弱梁"。根据破坏机理的不同，柱在地震中的破坏包括下列八种情形：

1）长柱破坏。柱一般考虑竖向承重，地震中由于侧移增加，存在失稳风险。根

图 7.5　防震缝处碰撞

据实际震害调查，长柱震害多发生于柱端，在轴力、剪力、弯矩的共同作用下，柱子会发生混凝土压溃，柱内箍筋拉断，纵筋压屈外鼓呈灯笼状，导致局部混凝土崩落。图7.6和图7.7分别显示柱顶和柱底被压溃的情况。

2）短柱破坏。框架结构中设有错层、夹层、嵌砌于柱之间的窗台墙或支撑于框架柱的楼梯平台梁，容易形成短柱。短柱由于刚度大，分担地震的剪力大而剪跨比又小，容易在柱子全长范围内产生交叉裂纹，发生脆性剪切破坏（图 7.8、图 7.9）。

3）角柱破坏。角柱处于双向偏心受压状态，结构整体扭转影响大，受周边横梁、梯板的约束相对较弱，比边柱、内柱在扭转作用下更容易破坏。图 7.10 为框架角柱破坏情形。

图 7.6 柱顶压溃

图 7.7 柱底压溃

图 7.8 窗台旁短柱破坏

图 7.9 楼梯间短柱破坏

图 7.10 框架角柱破坏

（2）梁的震害

框架梁的破坏一般出现在梁端。在竖向荷载和地震反复作用下，梁端纵筋可能屈服，出现垂直裂缝和交叉裂缝，形成塑性铰。在梁负弯矩钢筋切断处，由于抗弯能力削弱容易

图 7.11　梁端破坏

产生弯曲破坏。若梁端抗剪能力不足，还会产生斜裂缝或混凝土剪压破坏。此外，当梁主筋在节点内锚固长度不足或锚固构造不当时，会发生锚固失效破坏。图 7.11 为梁端发生破坏。

（3）抗震墙的破坏

抗震墙的震害主要表现在抗震墙各端墙肢之间的连梁发生剪切破坏。这是由于连梁的剪跨比较小，在反复荷载作用下，容易产生交叉裂缝。根据实际调查，尤其是房屋 1/3 高度处的连梁破坏更为明显。

高宽比大的独立墙肢或开洞口的墙肢，在水平和竖向地震作用下，处于竖向受压、水平受剪复合状态，容易产生交叉裂缝。图 7.12 显示抗震墙的震害。

3. 结构节点的震害

对框架结构来说，节点很重要，类似于人体的关节，欲使其发挥抗震潜力，需使其构造得当，否则梁、柱在此脱离，整个结构体系的拉结约束就不复存在。

在地震荷载的反复作用下，节点核心区混凝土处于压剪复合状态。当节点核心区抗剪强度不足时，导致核心区混凝土出现交叉斜裂缝；当抗压承载力不够时，钢筋容易出现外鼓，导致混凝土脱落。通常在节点附近，箍筋较为稀少

图 7.12　抗震墙连梁震害

时，容易发生脆性破坏，若箍筋较密时，影响浇筑，易产生不利影响。当节点构造不当时，常表现为节点箍筋过稀而产生脆性破坏，或钢筋过密而影响混凝土浇筑质量引起破坏。图 7.13 显示梁柱节点震害。

4. 非结构构件的震害

（1）填充墙的震害

一般情况下，在填充墙开裂之前，墙体受到周围框架的约束，而框架也受到墙体支撑，二者是共同工作的。一旦地震作用增大，填充墙比抗震墙整体性差，容易出现开裂，进而导致拉结破坏，开始坠落、倒塌。若坠落在内部楼板，易因冲击形成二次破坏。若填充墙和框架缺乏有效连接，墙面洞口过大，施工质量差等，还

图 7.13　梁柱节点震害

会导致墙体倒塌，加重震害。图 7.14 和图 7.15 为填充墙震害举例。

图 7.14　窗口处填充墙震害图

图 7.15　洞口处填充墙震害图

（2）楼梯

楼梯是连接结构上下各层结构的通道，在人员疏散中非常重要。框架结构中的楼梯与框架主体相连，形成了一个空间的 K 形支撑体系，在反复的地震作用下，梯段板受到反复的轴向拉压作用，可能造成梯段板的屈服和断裂。图 7.16 为楼梯震害举例。

图 7.16　梯段板的断裂

7.2　抗震设计的基本要求

多、高层钢筋混凝土抗震设计的基本要求是由《建筑抗震设计规范》GB 50011—2010 规定，包括混凝土结构的适用高度、高宽比、抗震等级、结构选型和布置等内容。

7.2.1　不同结构体系房屋的适用高度

随着房屋高度的增加，结构在地震作用下水平位移会增大，过大的水平位移会引起结构的损伤。现浇钢筋混凝土房屋的结构类型和最大高度应符合表 7.1 的要求。平面和竖向均不规则的结构，适用的最大高度宜适当降低。

对采用钢筋混凝土材料的高层建筑，从安全和经济诸方面综合考虑，其适用的最大高度应有限制。当钢筋混凝土结构的房屋高度超过最大适用高度时，应通过专门的研究，采取有效加强措施，如采用型钢混凝土构件、钢管混凝土构件等，并进行专项审查。

现浇钢筋混凝土房屋适用的最大高度（m） 表7.1

结 构 类 型		烈 度				
		6	7	8(0.2g)	8(0.3g)	9
框架		60	50	40	35	24
框架-抗震墙		130	120	100	80	50
抗震墙		140	120	100	80	60
部分框支抗震墙		120	100	80	50	不应采用
筒体	框架-核心筒	150	130	100	90	70
	筒中筒	180	150	120	100	80
板柱-抗震墙		80	70	55	40	不应采用

注：1. 房屋高度指室外地面到主要屋面板板顶的高度（不包括局部突出屋顶部分）；
　　2. 框架-核心筒结构指周边稀柱框架与核心筒组成的结构；
　　3. 部分框支抗震墙结构指首层或底部两层为框支层的结构，不包括仅个别框支墙的情况；
　　4. 表中框架，不包括异形柱框架；
　　5. 板柱-抗震墙结构指板柱、框架和抗震墙组成抗侧力体系的结构；
　　6. 乙类建筑可按本地区抗震设防烈度确定其适用的最大高度；
　　7. 超过表内高度的房屋，应进行专门研究和论证，采取有效的加强措施；
　　8. "抗震墙"指结构抗侧力体系中的钢筋混凝土剪力墙，不包括只承担重力荷载的混凝土墙。

7.2.2　钢筋混凝土房屋适用的高宽比

建筑的高宽比，是对结构刚度、整体稳定、承载能力和经济合理性的宏观控制。在结构设计满足承载力、稳定、抗倾覆、变形和舒适度等基本要求后，高宽比限值还影响结构设计的经济性。表7.2为钢筋混凝土建筑结构适用的最大高宽比。

钢筋混凝土建筑结构适用的最大高宽比 表7.2

结构体系	非抗震设计	抗震设防烈度		
		6度、7度	8度	9度
框架	5	4	3	—
板柱-剪力墙	6	5	4	—
框架-剪力墙、剪力墙	7	6	5	4
框架-核心筒	8	7	6	4
筒中筒	8	8	7	5

在复杂体型的建筑中，一般情况下可按所考虑方向的最小宽度计算高宽比，但对突出建筑物平面很小的局部结构（如楼梯间、电梯间等），一般不应包含在计算宽度内；对于不宜采用最小宽度计算高宽比的情况，应由设计人员根据实际情况确定合理的计算方法；对于带有裙房的高层建筑，当裙房的面积和刚度相对于其上部塔楼的面积和刚度较大时，计算高宽比的房屋高度和宽度可按裙房以上塔楼考虑。

7.2.3　抗震等级的划分

钢筋混凝土房屋应根据设防类别、烈度、结构类型和房屋高度采用不同的抗震等级，并应符合相应的计算和构造措施要求。丙类建筑的抗震等级应按表7.3确定。

现浇钢筋混凝土房屋的抗震等级　　　　　　　　　　　表7.3

框架结构

结构类型	设防烈度	6		7		8		9
框架结构	高度(m)	≤24	>24	≤24	>24	≤24	>24	≤24
	框架	四	三	三	二	二	一	一
	大跨度框架	三		二		一		一

框架-抗震墙结构

结构类型	设防烈度	6		7			8			9	
框架-抗震墙结构	高度(m)	≤60	>60	≤24	25～60	>60	≤24	25～60	>60	≤24	25～50
	框架	四	三	四	三	二	三	二	一	二	一
	抗震墙	三		三	二		二			一	

抗震墙结构

结构类型	设防烈度	6		7			8			9	
抗震墙结构	高度(m)	≤80	>80	≤24	25～80	>80	≤24	25～80	>80	≤24	25～60
	抗震墙	四	三	四	三	二	三	二	一	二	一

部分框支抗震墙结构

结构类型		设防烈度	6		7			8		9
部分框支抗震墙结构		高度(m)	≤80	>80	≤24	25～80	>80	≤24	25～80	
	抗震墙	一般部位	四	三	四	三	二	三	二	
		加强部位	三	二	三	二	一	二	一	
	框支层框架		二		二			一		

框架-核心筒结构

结构类型	设防烈度	6	7	8	9
框架-核心筒结构	框架	三	二	一	一
	核心筒	二	二	一	一

筒中筒结构

结构类型	设防烈度	6	7	8	9
筒中筒结构	外筒	三	二	一	一
	内筒	三	二	一	一

板柱-抗震墙结构

结构类型	设防烈度	6		7		8	
板柱-抗震墙结构	高度(m)	≤35	>35	≤35	>35	≤35	>35
	框架、板柱的柱	三	二	二	二	一	一
	抗震墙	二	二	二	二	二	一

注：1. 建筑场地为I类时，除6度外应允许按表内降低一度所对应的抗震构造措施采取抗震构造措施，但相应的计算要求不应降低；

2. 接近或等于高度分界时，应允许结合房屋不规则程度及场地、地基条件确定抗震等级；

3. 大跨度框架指跨度不小于18m的框架；

4. 高度不超过60m的框架-核心筒结构按框架-抗震墙的要求设计时，应按表中框架-抗震墙结构的规定确定其抗震等级。

钢筋混凝土房屋抗震等级的确定，尚应符合下列要求：

（1）设置少量抗震墙的框架结构，在规定的水平力作用下，底层框架部分所承担的地震倾覆力矩大于结构总地震倾覆力矩的50%时，其框架的抗震等级应按框架结构确定，抗震墙的抗震等级可与其框架的抗震等级相同。

注：底层指计算嵌固端所在的层。

（2）裙房与主楼相连，除应按裙房本身确定抗震等级外，相关范围不应低于主楼的抗震等级；主楼结构在裙房顶板对应的相邻上下各一层应适当加强抗震构造措施。裙房与主楼分离时，应按裙房本身确定抗震等级。

（3）当地下室顶板作为上部结构的嵌固部位时，地下一层的抗震等级应与上部结构相同，地下一层以下抗震构造措施的抗震等级可逐层降低一级，但不应低于四级。地下室中无上部结构的部分，抗震构造措施的抗震等级可根据具体情况采用三级或四级。

（4）当甲乙类建筑按规定提高一度确定其抗震等级而房屋的高度超过表7.3相应规定的上界时，应采取比一级更有效的抗震构造措施。

注："一、二、三、四级"即"抗震等级为一、二、三、四级"的简称。

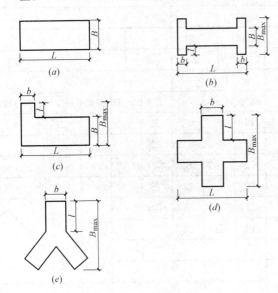

图7.17　建筑平面示意图

7.2.4　结构选型与结构布置

从结构抗震设计角度来说，应尽可能使结构在水平和竖向符合规则性，合理布置抗震缝。

1. 结构平面布置

平面布置宜规则、对称，使结构的质心与刚心尽可能重合，从而减小地震作用引起的扭转反应。

对于10层和10层以上或高度大于28m的高层钢筋混凝土建筑，平面长度L不宜过长，如图7.17所示，L/B应符合表7.4中要求。

平面突出部分的长度l不宜过大，宽度b不宜过小，应符合表7.4要求。

平面尺寸及突出部位尺寸的比值限值　　表7.4

设防烈度	L/B	l/B_{max}	l/B
6、7度	≤6.0	≤0.35	≤2.0
8、9度	≤5.0	≤0.30	≤1.5

2. 结构竖向布置

竖向布置宜做到规则、均匀，尽量使其体型、侧向刚度、强度均匀变化不出现较大的突变，从而不形成薄弱层，此外，抗侧力构件上下要连续贯通。

对框架结构，楼层与其相邻上层的侧向刚度比，本层与相邻上层的比值不宜小于0.7，与相邻上部三层刚度平均值的比值不宜小于0.8。

为避免形成薄弱层，A级高度高层建筑的楼层间抗侧力结构的层间受剪承载力不宜小于其相邻上一层受剪承载力的80%，不应小于其相邻上一层受剪承载力的65%，B级高度建筑的楼层抗侧力结构的层间受剪承载力不应小于其相邻上一层受剪承载力的75%。

抗震设计时，当结构上部楼层收进部位到室外地面的高度H_1与房屋高度H之比大于0.2时，上部楼层收进后的水平尺寸B_1不宜小于下部楼层水平尺寸B的75%，当上部结构楼层相对于下部楼层外挑时，上部楼层水平尺寸B_1不宜大于下部楼层的水平尺寸B的1.1倍，且水平外挑尺寸a不宜大于4m，如图7.18所示。

3. 防震缝的设置

体型复杂，平立面不规则的建筑，应根据不规则程度、地基基础条件和技术经济等因素的比较分析，确定是否设置防震缝，并分别符合下列要求：

（1）当不设置防震缝时，应采用符合实际的计算模型，分析判明其应力集中、变形集中或地震扭转效应等导致的易损部位，采取相应的加强措施；

74

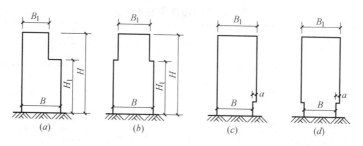

图 7.18　结构竖向收进和外挑示意图

（2）当在适当部位设置防震缝时，宜形成多个较规则的抗侧力结构单元。防震缝应根据抗震设防烈度、结构材料种类、结构类型、结构单元的高度和高差以及可能的地震扭转效应的情况，留有足够的宽度，其两侧的上部结构应完全分开；

（3）当设置伸缩缝和沉降缝时，其宽度应符合防震缝的要求。

钢筋混凝土房屋需要设置防震缝时，应符合下列规定：

（1）防震缝宽度应分别符合下列要求：

1）框架结构（包括设置少量抗震墙的框架结构）房屋的防震缝宽度，当高度不超过15m时不应小于100mm；高度超过15m时，6度、7度、8度和9度分别每增加高度5m、4m、3m和2m，宜加宽20mm；

2）框架-抗震墙结构房屋的防震缝宽度不应小于1）项规定数值的70%，抗震墙结构房屋的防震缝宽度不应小于1）项规定数值的50%，且均不宜小于100mm；

3）防震缝两侧结构类型不同时，宜按需要较宽防震缝的结构类型和较低房屋高度确定缝宽。

（2）8、9度框架结构房屋防震缝两侧结构层高相差较大时，防震缝两侧框架柱的箍筋应沿房屋全高加密，并可根据需要在缝两侧沿房屋全高各设置不少于两道垂直于防震缝的抗撞墙。抗撞墙的布置宜避免加大扭转效应，其长度可不大于1/2层高，抗震等级可同框架结构；框架构件内力应按设置和不设置抗撞墙两种计算模型中较不利情况取值。

7.2.5　结构布置一般要求

1. 抗侧力构件的布置

框架结构和框架-抗震墙结构中，框架和抗震墙均应双向设置，柱中线与抗震墙中线、梁中线与柱中线之间偏心距大于柱宽的1/4时，应计入偏心的影响。

甲、乙类建筑以及高度大于24m的丙类建筑，不应采用单跨框架结构；高度不大于24m的丙类建筑不宜采用单跨框架结构。

2. 对楼盖的刚度要求

楼、屋盖平面内的变形，将影响楼层水平地震剪力在各个抗侧力构件之间的分配。为使楼、屋盖具有传递水平地震剪力的刚度，规范当中规定了不同烈度下抗震墙之间不同类型楼盖、屋盖的长宽比限值。超过这一限值需考虑楼、屋盖平面内变形对楼层水平地震剪力分配的影响。

框架-抗震墙、板柱-抗震墙结构以及框支层中，抗震墙之间无大洞口的楼、屋盖的长宽比，不宜超过表 7.5 的规定。

楼、屋盖类型		设防烈度			
		6	7	8	9
框架-抗震墙结构	现浇或叠合楼、屋盖	4	4	3	2
	装配整体式楼、屋盖	3	3	2	不宜采用
板柱-抗震墙结构的现浇楼、屋盖		3	3	—	—
框支层的现浇楼、屋盖		2.5	2.5	2	—

抗震墙之间楼屋盖的长宽比   表 7.5

采用装配整体式楼、屋盖时，应采取措施保证楼、屋盖的整体性及其与抗震墙的可靠连接。装配整体式楼、屋盖采用配筋现浇面层加强时，其厚度不应小于 50mm。

3. 抗震墙的布置要求

框架-抗震墙结构和板柱-抗震墙结构中的抗震墙设置，宜符合下列要求：

(1) 抗震墙宜贯通房屋全高；

(2) 楼梯间宜设置抗震墙，但不宜造成较大的扭转效应；

(3) 抗震墙的两端（不包括洞口两侧）宜设置端柱或与另一方向的抗震墙相连；

(4) 房屋较长时，刚度较大的纵向抗震墙不宜设置在房屋的端开间；

(5) 抗震墙洞口宜上下对齐；洞边距端柱不宜小于 300mm。

抗震墙结构和部分框支抗震墙结构中的抗震墙设置，应符合下列要求：

(1) 抗震墙的两端（不包括洞口两侧）宜设置端柱或与另一方向的抗震墙相连；框支部分落地墙的两端（不包括洞口两侧）应设置端柱或与另一方向的抗震墙相连；

(2) 较长的抗震墙宜设置跨高比大于 6 的连梁形成洞口，将一道抗震墙分成长度较均匀的若干墙段，各墙段的高宽比不宜小于 3；

(3) 墙肢的长度沿结构全高不宜有突变；抗震墙有较大洞口时，以及一、二级抗震墙的底部加强部位，洞口宜上下对齐；

(4) 矩形平面的部分框支抗震墙结构，其框支层的楼层侧向刚度不应小于相邻非框支层楼层侧向刚度的 50%；框支层落地抗震墙间距不宜大于 24m，框支层的平面布置宜对称，且宜设置抗震筒体；底层框架部分承担的地震倾覆力矩，不应大于结构总地震倾覆力矩的 50%。结构设计中，应控制框支层以上结构抗震墙的数量，避免框支层上下结构的侧向刚度比过大，见图 7.19。

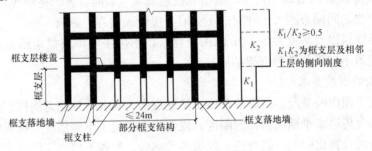

图 7.19　框支结构示意图

抗震墙底部加强部位的范围，应符合下列规定：

(1) 底部加强部位的高度，应从地下室顶板算起。

（2）部分框支抗震墙结构的抗震墙，其底部加强部位的高度，可取框支层加框支层以上两层的高度及落地抗震墙总高度的 1/10 二者的较大值。其他结构的抗震墙，房屋高度大于 24m 时，底部加强部位的高度可取底部两层和墙体总高度的 1/10 二者的较大值；房屋高度不大于 24m 时，底部加强部位可取底部一层。

（3）当结构计算嵌固端位于地下一层的底板或以下时，底部加强部位尚宜向下延伸到计算嵌固端。

4. 基础结构与地下室的设计要求

基础设计必须根据建筑物的用途和安全等级、建筑布置和上部结构类型，充分考虑建筑场地和地基岩土条件，结合施工条件以及工期、造价等方面要求，合理选择地基基础的方案，因地制宜、精心设计，以保证建筑物的安全和正常使用。

单独柱基适用于地基土质较好、层数不多的框架结构，框架单独柱基有下列情况之一时，宜沿两个主轴方向设置基础系梁：

（1）一级框架和Ⅳ类场地的二级框架；

（2）各柱基础底面在重力荷载代表值作用下的压应力差别较大；

（3）基础埋置较深，或各基础埋置深度差别较大；

（4）地基主要受力层范围内存在软弱黏性土层、液化土层或严重不均匀土层；

（5）桩基承台之间。

框架-抗震墙结构、板柱-抗震墙结构中的抗震墙基础和部分框支抗震墙结构的落地抗震墙基础，应有良好的整体性和抗转动的能力。

主楼与裙房相连且采用天然地基，除应符合地基承载力验算的要求外，在多遇地震作用下主楼基础底面不宜出现零应力区。

地下室顶板作为上部结构的嵌固部位时，应符合下列要求：

（1）地下室顶板应避免开设大洞口；地下室在地上结构相关范围的顶板应采用现浇梁板结构，相关范围以外的地下室顶板宜采用现浇梁板结构；其楼板厚度不宜小于 180mm，混凝土强度等级不宜小于 C30，应采用双层双向配筋，且每层每个方向的配筋率不宜小于 0.25%；

（2）结构地上一层的侧向刚度，不宜大于相关范围地下一层侧向刚度的 0.5 倍；地下室周边宜有与其顶板相连的抗震墙；

（3）地下室顶板对应于地上框架柱的梁柱节点除应满足抗震计算要求外，尚应符合下列规定之一：

1）地下一层柱截面每侧纵向钢筋不应小于地上一层柱对应纵向钢筋的 1.1 倍，且地下一层柱上端和节点左右梁端实配的抗震受弯承载力之和应大于地上一层柱下端实配的抗震受弯承载力的 1.3 倍；

2）地下一层梁刚度较大时，柱截面每侧的纵向钢筋面积应大于地上一层对应柱每侧纵向钢筋面积的 1.1 倍；同时梁端顶面和底面的纵向钢筋面积均应比计算增大 10% 以上；

（4）地下一层抗震墙墙肢端部边缘构件纵向钢筋的截面面积，不应少于地上一层对应墙肢端部边缘构件纵向钢筋的截面面积。

5. 楼梯间的设计要求

发生强烈地震时，楼梯间是重要的紧急逃生竖向通道，楼梯间（包括楼梯板）的破坏会延误人员撤离及救援工作，从而造成严重伤亡。因而，楼梯间设计应符合下列要求：

（1）宜采用现浇钢筋混凝土楼梯；

（2）对于框架结构，楼梯间的布置不应导致结构平面特别不规则；楼梯构件与主体结构整浇时，应计入楼梯构件对地震作用及其效应的影响，应进行楼梯构件的抗震承载力验算；宜采取构造措施，减少楼梯构件对主体结构刚度的影响；

（3）楼梯间两侧填充墙与柱之间应加强拉结。

对于框架结构，楼梯构件与主体结构整浇时，梯板起到斜支撑的作用，对结构刚度、承载力、规则性的影响比较大，应参与抗震计算；当采取措施，如梯板滑动支撑于平台板，楼梯构件对结构刚度等的影响较小，是否参与整体抗震计算差别不大。对于楼梯间设置刚度足够大的抗震墙的结构，楼梯构件对结构刚度的影响较小，也可不参与整体抗震计算。

7.3 框架结构抗震计算

钢筋混凝土结构抗震设计时，一般情况下应考虑结构沿两个主轴方向的水平地震作用并进行抗震验算。

质量与刚度分布明显不对称、不均匀的结构，应计算双向水平地震作用下的扭转影响，其他情况，应采用调整作用方向考虑扭转影响。

8、9度抗震设计时，结构中的大跨度、长悬臂结构还应考虑竖向地震作用。

7.3.1 地震作用计算

框架结构在水平地震作用下，应根据不同情况，采用不同的计算方法：

（1）对高度不超过40m，以剪切变形为主且质量和刚度沿高度分布比较均匀的结构，可采用底部剪力法；

（2）对质量和刚度不均匀、不对称以及高度超过100m的高层建筑结构应采用考虑扭转耦联振动影响的振型分解反应谱法；

（3）对结构竖向布置不规则，质量竖向分布不均匀的复杂高层结构应采用时程分析法进行分析。

1. 结构自振周期

采用底部剪力法需求出结构的基本自振周期；采用振型分解反应谱法，应根据需要求出若干自振周期和振型。结构自振周期求解的常用计算方法有能量法、等效质量法和顶点位移法等，其中顶点位移法更简便一些。

对质量与刚度沿高度分布较为均匀的框架，框架-抗震墙结构，可采用顶点位移法计算其基本自振周期。

$$T_1 = 1.7\psi_T \sqrt{u_T} \tag{7.1}$$

式中 u_T——结构顶点假想位移（m），假设将集中在各层楼板标高处的重力荷载代表值 G_i 视作水平荷载，在其作用下按弹性方法求得的结构顶点位移；

ψ_T——考虑填充墙对结构刚度影响的自振周期的修正系数，可在 0.6～0.8 范围内取值。

2. 水平地震作用

框架结构的水平地震作用一般采用底部剪力法计算，详细计算方法见第6章。

地震作用下各楼层水平地震层间剪力为：

$$V_i = \sum_{i=1}^{n} F_i \qquad (7.2)$$

式中　F_i——第 i 层所受水平地震作用。

抗震验算时，结构任一楼层的水平地震剪力标准值应符合下式要求：

$$V_{eki} = \lambda \sum_{j=1}^{n} G_j \qquad (7.3)$$

式中　V_{eki}——第 i 层对应于水平地震作用标准值的楼层剪力；

　　　λ——剪力系数，不应小于表7.6规定的楼层最小地震剪力系数值，对竖向不规则结构的薄弱层，尚应乘以1.15的增大系数；

　　　G_j——第 j 层的重力荷载代表值。

楼层最小地震剪力系数值　　　　　　　　　　表 7.6

类别	6 度	7 度	8 度	9 度
扭转效应明显或基本周期 小于 3.5s 的结构	0.008	0.016(0.024)	0.032(0.048)	0.064
基本周期大于 5.0s 的结构	0.006	0.012(0.018)	0.024(0.036)	0.048

注：1. 基本周期介于 3.5s 和 5s 之间的结构，按插入法取值；
　　2. 括号内数值分别用于设计基本地震加速度为 0.15g 和 0.30g 的地区。

7.3.2　框架抗震变形验算

1. 各类结构应进行多遇地震作用下的抗震变形验算，其楼层内最大的弹性层间位移按式（6.19）计算，即：

$$\Delta u_e \leqslant [\theta_e] h$$

2. 结构在罕遇地震作用下薄弱层的弹塑性变形验算，应符合下列要求：

（1）下列结构应进行弹塑性变形验算

1）8度Ⅲ、Ⅳ类场地和9度时，高大的单层钢筋混凝土柱厂房的横向排架；

2）7～9度时楼层屈服强度系数小于0.5的钢筋混凝土框架结构和框排架结构；

3）高度大于150m的结构；

4）甲类建筑和9度时乙类建筑中的钢筋混凝土结构和钢结构；

5）采用隔震和消能减震设计的结构。

（2）下列结构宜进行弹塑性变形验算

1）规范中所列竖向不规则类型的高层建筑结构；

2）7度Ⅲ、Ⅳ类场地和8度时乙类建筑中的钢筋混凝土结构和钢结构；

3）板柱-抗震墙结构和底部框架砌体房屋；

4）高度不大于150m的其他高层钢结构；

5）不规则的地下建筑结构及地下空间综合体。

注：楼层屈服强度系数为按钢筋混凝土构件实际配筋和材料强度标准值计算的楼层受剪承载力和按

罕遇地震作用标准值计算的楼层弹性地震剪力的比值；对排架柱，指按实际配筋面积、材料强度标准值和轴向力计算的正截面受弯承载力与按罕遇地震作用标准值计算的弹性地震弯矩的比值。

（3）结构在罕遇地震作用下薄弱层（部位）弹塑性变形计算，可用下列方法：

1）不超过 12 层且层刚度无突变的钢筋混凝土框架和框排架结构、单层钢筋混凝土柱厂房可采用规范中提供的简化计算法；

2）除上述外的建筑结构，可采用静力弹塑性分析方法或弹塑性时程分析法等；

3）规则结构可采用弯剪层模型或平面杆系模型，属于规范中规定的不规则结构应采用空间结构模型。

（4）结构薄弱层部位弹塑性层间位移的简化计算，宜符合下列要求：

1）结构薄弱层部位的位置可按下列情况确定：

① 楼层屈服强度系数沿高度分布均匀的结构，可取底层；

② 楼层屈服强度系数沿高度分布不均匀的结构，可取该系数最小的楼层（部位）和相对较小的楼层，一般不超过 2～3 处；

③ 单层厂房，可取上柱。

2）弹塑性层间位移可按下列公式计算：

$$\Delta u_p = \eta_p \Delta u_e \text{ 或 } \Delta u_p = \mu \Delta u_y = \frac{\eta_p}{\xi_y} \Delta u_y \tag{7.4}$$

式中 Δu_p——弹塑性层间位移；

     Δu_e——罕遇地震作用下按弹性分析的层间位移；

     η_p——弹塑性层间位移增大系数，当薄弱层（部位）的屈服强度系数不小于相邻层（部位）该系数平均值的 0.8 时，可按表 7.7 采用。当不大于该平均值的 0.5 时，可按表内相应数值的 1.5 倍采用；其他情况可采用内插法取值；

     Δu_y——层间屈服位移；

     μ——楼层延性系数；

     ξ_y——楼层屈服强度系数。

弹塑性层间位移增大系数   表 7.7

结构类型	总层数 n 或部位	ξ_y		
		0.5	0.4	0.3
多层均匀框架结构	2～4	1.30	1.40	1.60
	5～7	1.50	1.65	1.80
	8～12	1.80	2.00	2.20
单层厂房	上柱	1.30	1.60	2.00

（5）结构薄弱层（部位）弹塑性层间位移应符合式（6.22）的要求，即：

$$\Delta u_p \leqslant [\theta_p] h$$

7.3.3 内力计算

1. 水平荷载作用下结构的内力计算

在水平地震作用下框架的内力计算可以采用电算法，如采用手算，一般采用 D 值法和反弯点法。当梁柱的线刚度比大于3时，可以采用反弯点法；当梁柱的线刚度比小于3时，可以采用D值法。D值法是改良的反弯点法，考虑了框架节点转动和反弯点位置的变化的影响。

（1）反弯点法

框架在水平荷载作用下，节点将同时产生转角和侧移。梁的线刚度 k_p 和柱的线刚度 k_c 之比大于3时，转角 θ 很小，对框架内力影响不大。通常为简化计算，假定 $\theta=0$，如图7.20所示，把框架横梁简化为刚性梁，计算误差不超过5%。

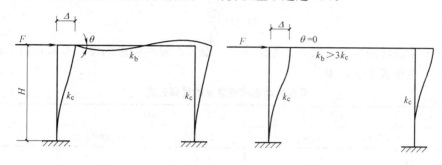

图7.20　反弯点法

采用上述假定，对一般层柱，在其1/2高度处截面弯矩为零，形成反弯点。反弯点距柱底的距离称为反弯点高度。对于首层柱，取柱的2/3高度处为反弯点高度。反弯点法如图7.21所示。

柱端弯矩可由柱的剪力和反弯点高度确定，边节点梁端弯矩可由节点力矩平衡条件确定，中间节点两侧梁端弯矩则可将柱端弯矩按梁的转动刚度分配求得。

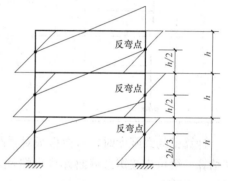

图7.21　反弯点位置

由结构力学可知，柱的侧移刚度为：

$$d=\frac{12k_c}{h^2} \qquad (7.5)$$

式中　h——层高；

k_c——柱的线刚度，$k_c=\dfrac{EI}{h}$。

假定楼板平面内刚度无限大，楼板将各平面抗侧力构件连接在一起共同承受水平力，当不考虑结构扭转变形时，同一楼层柱端侧移相等。根据上述假定，框架各柱所分配的剪力与其侧移刚度成正比，即第 i 层第 j 根柱所分配的剪力为：

$$V_{ij}=\frac{d_{ij}}{\sum\limits_{j=1}^{m}d_{ij}}V_i(j=1,\cdots,m) \qquad (7.6)$$

式中　d_{ij}——第 i 层第 j 根柱的侧移刚度；

V_i——第 i 层剪力。

反弯点适用于层数较少的框架结构，因为此时柱截面尺寸较小，容易满足梁柱线刚度

81

比大于 3 的条件。

随着结构层数的增加，柱截面加大，梁柱线刚度比值减小，反弯点法误差较大，此时需用改良的反弯点法，即 D 值法。

（2）D 值法

D 值法近似考虑了框架节点转动对柱的侧移刚度和反弯点高度的影响，是分析框架内力简单而又较为精确的方法。D 值法的计算步骤为：

1）计算各层柱的侧移刚度 D

$$D = \alpha \frac{12k_c}{h^2} \tag{7.7}$$

式中 α——节点转动影响系数，是考虑柱上下端节点弹性约束的修正系数，由梁柱线刚度按表 7.8 选用。

节点转动影响系数 α 的计算公式　　　　表 7.8

楼层	边柱		中柱		α
	计算简图	梁柱线刚度比	计算简图	梁柱线刚度比	
一般层	k_1 k_2	$\overline{K} = \dfrac{k_1 + k_2}{2k_c}$	k_1 k_2 k_3 k_4	$\overline{K} = \dfrac{k_1 + k_2 + k_3 + k_4}{2k_c}$	$\alpha = \dfrac{\overline{K}}{2 + \overline{K}}$
底层	k_2	$\overline{K} = \dfrac{k_2}{k_c}$	k_1 k_2	$\overline{K} = \dfrac{k_1 + k_2}{k_c}$	$\alpha = \dfrac{0.5 + \overline{K}}{2 + \overline{K}}$

计算梁的线刚度时，考虑楼板对梁刚度的有利影响，即将部分宽度板视为梁的翼缘参加估算。梁可先按矩形截面计算出惯性矩 I_0，然后再乘以表 7.9 中的增大系数，以考虑翼缘的影响。

框架梁截面惯性矩增大系数　　　　表 7.9

结构类型	中框架	边框架
现浇整体梁板结构	2.0	1.5
装配整体式叠合梁	1.5	1.2

2）计算各柱所分配的剪力 V_{ij}

$$V_{ij} = \frac{D_{ij}}{\sum\limits_{j=1}^{m} D_{ij}} V_i \quad (j = 1, \cdots, m) \tag{7.8}$$

式中 D_{ij}——第 i 层第 j 根柱的侧移刚度；

V_{ij}——第 i 层第 j 根柱所分配的剪力。

3）确定反弯点高度 h'

影响柱反弯点高度的主要因素是柱上下端的约束条件。影响柱梁端约束刚度的主要因素有：结构总层数及该层所在的位置；梁柱的线刚度比；上下层的梁刚度比；上下层层高变化。因此，框架柱反弯点高度确定要按下式进行计算：

$$h' = (y_0 + y_1 + y_2 + y_3)h \tag{7.9}$$

式中 y_0——标准反弯点高度比，取决于结构总层数，该柱所在层数及梁柱的线刚度比，查附录一表 7.12 确定；

y_1——某层上、下梁线刚度不同时，该层柱反弯点高度比的修正值。当 $k_1 + k_2 < k_3 + k_4$ 时，令 $\alpha_1 = \dfrac{k_1 + k_2}{k_3 + k_4}$，根据比值 α_1 和梁柱线刚度比 $\overline{K}$，由附录一表 7.13 查得，这时反弯点上移，故 y_1 取正值；当 $k_1 + k_2 > k_3 + k_4$ 时，令 $\alpha = \dfrac{k_3 + k_4}{k_1 + k_2}$，查附录一表 7.13，这时反弯点下移，故 y_1 取负值；对于首层不考虑 y_1 值；

y_2——上层高度 $h_\text{上}$ 与本层高度 h 不同时，如图 7.22 所示，反弯点高度比的修正值。根据 $\alpha_2 = \dfrac{h_\text{上}}{h}$ 和梁柱线刚度比 $\overline{K}$，查附录一表 7.14 得到；

y_3——下层高度 $h_\text{下}$ 与本层高度 h 不同时，如图 7.22 所示，反弯点高度比的修正值。根据 $\alpha_3 = \dfrac{h_\text{下}}{h}$ 和梁柱线刚度比 $\overline{K}$，查附录一表 7.14 得到。

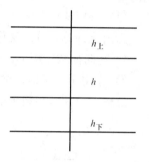

图 7.22 上、下层高度与本层高度不同时的情况

用 D 值法或反弯点法求得各柱的剪力并确定了反弯点位置之后，梁柱内力就可以求得了。

4）计算柱端弯矩 M_{ij}

i 层 j 柱上端弯矩：

$$M_{ij}^\text{t} = V_{ij} \times (h - h') \tag{7.10}$$

i 层 j 柱下端弯矩

$$M_{ij}^\text{b} = V_{ij} \times h' \tag{7.11}$$

5）计算梁端弯矩 M_b

根据节点平衡计算梁端弯矩之和，再按左右梁的线刚度将弯矩分配到梁端。

i 层顶部节点左侧梁端弯矩：

$$M_\text{b}^l = (M_{ij}^\text{t} + M_{i+1,j}^\text{b}) \frac{k_\text{b}^l}{k_\text{b}^l + k_\text{b}^\text{r}} \tag{7.12}$$

i 层顶部节点右侧两端弯矩：

$$M_\text{b}^\text{r} = (M_{ij}^\text{t} + M_{i+1,j}^\text{b}) \frac{k_\text{b}^\text{r}}{k_\text{b}^l + k_\text{b}^\text{r}} \tag{7.13}$$

式中 M_{ij}^b——i 层 j 柱上端弯矩；

$M_{i+1,j}^\text{b}$——$i+1$ 层 j 柱下端弯矩；

k_b^l——节点左侧梁的线刚度；

k_b^r——节点右侧梁的线刚度。

6）计算梁端剪力 V_b

$$V_{\mathrm{b}} = \frac{M_{\mathrm{b}}^l + M_{\mathrm{b}}^{\mathrm{r}}}{l} \tag{7.14}$$

式中　M_{b}^l——梁左端弯矩；

　　　$M_{\mathrm{b}}^{\mathrm{r}}$——梁右端弯矩；

　　　　l——梁的计算跨度。

7）计算柱轴力 N_{c}

边柱轴力为各层梁端剪力按层叠加；中柱轴力为柱两侧梁端剪力之差，也按层叠加。

2. 竖直荷载作用下结构的内力计算

在竖向荷载作用下，手算框架内力时一般采用力矩分配法或分层法。为了简化计算，对现浇框架或整体装配式框架在施工中预制梁有可靠支撑时，可以按全部荷载一次性计算内力值。

（1）分层法

为简化计算，分层法作如下假定：

1）竖向荷载作用下，多层多跨框架的侧向位移忽略不计；

2）作用于每层框架梁上的竖向荷载对其他层梁、柱的弯矩、剪力的影响忽略不计。

这样，分层法可将 n 层框架分解为 n 个单层敞口框架，用力矩分配法分别计算。

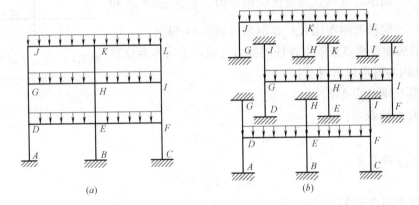

图 7.23　整体框架分解为一系列开口框架

分层法计算框架时，还需注意以下问题：

1）分层后，均假定上下柱端为固定端，而实际中除底层柱的下端外，其余各层柱的柱端为弹性支撑，是有转角的。为减少由此引起的误差，除底层柱外，其余各层柱的线刚度均乘以折减系数 0.9，并将柱的弯矩传递系数由 1/2 改为 1/3，底层柱不作修正。

2）分层法一般适用于节点梁、柱线刚度比大于 3，且结构与竖向荷载沿高度分布较均匀的多层、高层框架，若不满足此条件，则计算误差较大。

分层计算得到的梁弯矩为其最后弯矩，除底层柱外，其余各层柱的最终弯矩为上下两层弯矩之和。上下层柱的弯矩叠加后，在刚节点处可能不平衡，对不平衡弯矩可再分配一次，但不传递，一旦求出弯矩，即可用结构力学的方法确定框架结构其他内力。

（2）二次弯矩分配法

二次弯矩分配法是对无侧移框架弯矩分配法的简化，具体步骤为：

1）由梁柱线刚度计算各节点杆件弯矩分配系数；

2）计算各跨梁在竖向荷载作用下的固端弯矩；

3）计算各节点不平衡弯矩，同时进行分配并向远端传递，传递系数均为 1/2；

4）传递后再对各节点作一次弯矩分配。

在竖向荷载作用下，需进行弯矩调幅来降低梁端负弯矩。梁端负弯矩降低后，跨中弯矩要相应地增加，也就是使调幅后的梁端弯矩与简支梁弯矩图叠加，可得到梁的跨中弯矩。为保证跨中下部钢筋不至于过少，跨中弯矩不应小于简支梁跨中弯矩的 50%。

对现浇框架，调幅系数可取 0.8～0.9；装配式整体框架，可取 0.7～0.8。

只有在竖向荷载下的梁端弯矩可以调幅，水平荷载作用下的梁端不能调幅。所以，将竖向荷载下的梁端弯矩调幅后再与水平荷载下的弯矩进行组合。

7.3.4 内力组合

通过框架内力分析，可获得不同荷载作用下结构构件的荷载作用效应。进行结构构件截面设计时，应根据可能出现的最不利情况进行荷载效应组合。在框架抗震设计时，一般应考虑如下基本组合。

（1）非抗震设计时，应按下面公式进行荷载组合的效应计算。持久设计状况和短暂设计状况下，当荷载与荷载效应按线性关系考虑时，荷载基本组合的效应设计值应按下式确定：

$$S_d = \gamma_G S_{GK} + \gamma_L \psi_Q \gamma_Q S_{Qk} + \psi_w \gamma_w S_{wk} \tag{7.15}$$

式中 S_d——荷载组合的效应设计值；

γ_G——永久荷载分项系数；

γ_Q——楼面活荷载分项系数；

γ_w——风荷载的分项系数；

γ_L——考虑结构设计使用年限的荷载调整系数，设计使用年限为 50 年时取 1.0，设计使用年限为 100 年时取 1.1；

S_{Gk}——永久荷载效应标准值；

S_{Qk}——楼面活荷载效应标准值；

S_{wk}——风荷载效应标准值；

ψ_Q、ψ_w——分别为楼面活荷载组合值系数和风荷载组合值系数，当永久荷载效应起控制作用时应分别取 0.7 和 0.0；当可变荷载效应起控制作用时应分别取 1.0 和 0.6 或 0.7 和 1.0。

注：对书库、档案库、储藏室、通风机房和电梯机房，本条楼面活荷载组合值系数取 0.7 的场合应取为 0.9。

此外，在持久设计状况和短暂设计状况下，荷载基本组合的分项系数应符合下列规定：

1）永久荷载分项系数 γ_G：当其效应对结构承载力不利时，对由可变荷载效应控制的组合应取 1.2，对由永久荷载效应控制的组合应取 1.35；当其效应对结构承载力有利时，应取 1.0；

2）楼面活荷载的分项系数 γ_Q：一般情况下应取 1.4；

3）风荷载的分项系数 γ_w 应取 1.4。

（2）地震设计状况下，当作用与作用效应按线性关系考虑时，荷载和地震作用基本组合的效应设计值应按下式确定：

$$S_d = \gamma_G S_{GE} + \gamma_{Eh} S_{Ehk} + \gamma_{Ev} S_{Evk} + \psi_w \gamma_w S_{wk} \tag{7.16}$$

式中 S_d——荷载和地震作用组合的效应设计值；

S_{GE}——重力荷载代表值的效应；

S_{Ehk}——水平地震作用标准值的效应，尚应乘以相应的增大系数、调整系数；

S_{Evk}——竖向地震作用标准值效应，尚应乘以相应的增大系数、调整系数；

γ_G——重力荷载分项系数；

γ_w——风荷载分项系数；

γ_{Eh}——水平地震作用分项系数；

γ_{Ev}——竖向地震作用分项系数；

ψ_w——风荷载组合值系数，应取 0.2。

地震设计状况中，荷载和地震作用基本组合的分项系数应按表 7.10 采用，当重力荷载效应对结构的承载力有利时，γ_G 不应大于 1.0。

有地震作用效应组合时荷载和作用分项系数　　表 7.10

所考虑的组合	γ_G	γ_{Eh}	γ_{Ev}	γ_w	说明
重力荷载及水平地震作用	1.2	1.3	—	—	
重力荷载及竖向地震作用	1.2	—	1.3	—	9 度抗震设计时考虑；水平长悬臂结构 8 度、9 度抗震设计时考虑
重力荷载、水平地震及竖向地震作用	1.2	1.3	0.5	—	9 度抗震设计时考虑；水平长悬臂结构 8 度、9 度抗震设计时考虑
重力荷载、水平地震作用及风荷载	1.2	1.3	—	1.4	80m 以上的高层建筑考虑
重力荷载、水平地震作用、竖向地震作用及风荷载	1.2	1.3	0.5	1.4	80m 以上的高层建筑，9 度抗震设计时考虑；水平长悬臂结构 8 度、9 度抗震设计时考虑 γ

（3）框架梁的内力组合设计值

框架梁端一般是在考虑地震作用的组合时出现最不利的内力，而跨间正弯矩则是在考虑和不考虑地震作用的组合时均有可能发生最不利的内力。

梁端负弯矩设计值：

$$-M = -(1.2M_{GE} + 1.3M_{Ehk}) \tag{7.17}$$

梁端正弯矩设计值（重力荷载效应往往有利，取 $\gamma_{GE} = 1.0$）：

$$+M = 1.3M_{Ehk} - 1.0M_{GE} \tag{7.18}$$

梁端剪力设计值：

$$V = 1.2V_{GE} + 1.3V_{Ehk} \tag{7.19}$$

跨间正弯矩设计值，应比较：

$$+M = 1.2M_{Gk} + 1.4M_{Qk} \tag{7.20}$$

$$+M=M_{EGE} \tag{7.21}$$

式中 M_{GE}、V_{GE}——重力荷载代表值作用下的梁端弯矩和剪力;

M_{Ehk}、V_{Ehk}——水平地震作用下的梁端弯矩和剪力标准值;

M_{GK}、M_{Qk}——永久荷载、可变荷载作用下梁跨间最大正弯矩标准值;

M_{EGE}——水平地震作用和重力荷载代表值共同作用下梁跨间最大正弯矩组合设计值。

M_{EGE} 的计算可采用如图 7.24 所示的方法。在框架梁隔离体图中,梁上重力荷载为均布荷载 q,地震作用方向自左向右,梁端在水平地震作用和重力荷载代表值作用下的弯矩设计值分别为 M_{EA}、M_{GA} 和 M_{EB}、M_{GB},左支座处的支反力为 R_A。由此,按力矩平衡可写出距离支座为 x 处的梁截面正弯矩为:

$$M_x=R_A x-\frac{qx^2}{2}-M_{GA}+M_{EA} \tag{7.22}$$

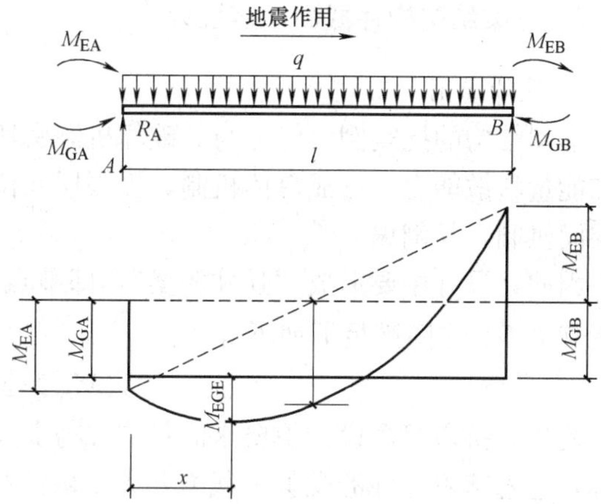

图 7.24 框架梁地震作用组合跨间最大正弯矩计算示意

根据极值条件 $\mathrm{d}M_x/\mathrm{d}x=0$,可求出跨间最大正弯矩的位置与左支座的距离应为 $x=R_A/q$。将其代入上式 (7.22) 即可得到:

$$M_{EGE}=\frac{RA^2}{2q}-M_{GA}+M_{EA} \tag{7.23}$$

(4) 框架柱的内力组合设计值

当框架柱在竖向荷载作用下仅沿结构某一主轴方向偏心受压,且所考虑的水平地震作用方向也与此方向平行时,框架柱沿此方向单向偏心受压。应考虑的内力组合设计值为(设此方向为 x 方向):

无地震作用的组合:

$$M_x=1.2M_{xGk}+1.4M_{xQk} \tag{7.24}$$

$$N=1.2N_{Gk}+1.4N_{Qk} \tag{7.25}$$

有地震作用的组合:

$$M_x=1.2M_{xGE}+1.4M_{xEhk} \tag{7.26}$$

$$N=1.2N_{GE}+1.4N_{Ehk} \tag{7.27}$$

式中 N_{GE}、N_{Ehk}——重力荷载代表值作用下、水平地震作用下的柱轴力标准值;

N_{Gk}、N_{Qk}——永久荷载、可变荷载作用下的柱轴力标准值。

当框架柱在竖向荷载作用下沿结构两个主轴方向均为偏心受压,或仅沿某一主轴方向偏心受压、但所考虑的水平地震作用沿另一主轴方向时,则框架柱处于双向偏心受压,应考虑的内力组合设计值为(设水平地震作用方向为 x 方向):

无地震作用的组合:

$$M_x=1.2M_{xGk}+1.4M_{xQk} \tag{7.28}$$

$$M_y = 1.2M_{yGk} + 1.4M_{yQk} \tag{7.29}$$

$$N = 1.2N_{Gk} + 1.4N_{Qk} \tag{7.30}$$

有地震作用的组合：

$$M_x = 1.2M_{xGE} + 1.3M_{xEhk} \tag{7.31}$$

$$M_y = 1.2M_{yGE} \tag{7.32}$$

$$N = 1.2N_{GE} + 1.3N_{Ehk} \tag{7.33}$$

7.3.5 框架结构构件截面抗震设计

1. 设计原则

框架结构的抗震倒塌能力与其破坏机制密切相关。梁端屈服型框架有较大的内力重分布和能量耗散能力，形成总体机制，极限层间位移大，抗震性能较好；柱端屈服型框架形成层间机制，易倒塌。

因此，设计中要形成"强柱弱梁"，即节点处梁端实际受弯承载力 M_{by}^a 和柱端实际受弯承载力 M_{cy}^a 之间满足下列不等式：

$$\sum M_{cy}^a > \sum M_{by}^a$$

此外，抗震概念设计中要求满足"强剪弱弯"，防止梁、柱等在弯曲屈服前出现剪切破坏，它意味着构件的受剪承载力要大于构件弯曲时实际达到的剪力。

2. 框架柱的截面抗震设计

（1）柱的正截面承载力计算

1）柱端弯矩设计值调整

根据"强柱弱梁"的原则，一、二、三、四级框架的梁柱节点处，除框架顶层和柱轴压比小于 0.15 者及框支梁与框支柱的节点外，柱端组合的弯矩设计值应符合下式要求：

$$\sum M_c = \eta_c \sum M_b$$

一级的框架结构和 9 度的一级框架可不符合上式要求，但应符合下式要求：

$$\sum M_c = 1.2 \sum M_{bua}$$

式中　$\sum M_c$——节点上下柱端截面顺时针或反时针方向组合的弯矩设计值之和，上下柱端的弯矩设计值，可按弹性分析分配；

　　　$\sum M_b$——节点左右梁端截面反时针或顺时针方向组合的弯矩设计值之和，一级框架节点左右梁端均为负弯矩时，绝对值较小的弯矩应取零；

　　$\sum M_{bua}$——节点左右梁端截面反时针或顺时针方向实配的正截面抗震受弯承载力所对应的弯矩值之和，根据实配钢筋面积（计入梁受压筋和相关楼板钢筋）和材料强度标准值确定；

　　　　η_c——框架柱端弯矩增大系数；对框架结构，一、二、三、四级可分别取 1.7、1.5、1.3、1.2；其他结构类型中的框架，一级可取 1.4，二级可取 1.2，三、四级可取 1.1。

当反弯点不在柱的层高范围内时，说明这些层的框架梁相对较弱。为避免在竖向荷载和地震共同作用下变形集中，压曲失稳，柱端截面组合的弯矩设计值可乘以上述柱端弯矩增大系数。

对于轴压比小于 0.15 的柱，包括顶层柱在内，因其具有比较大的变形能力，可不满足上述要求；对框支柱，《建筑抗震设计规范》另有要求。

框架结构计算嵌固端所在层即底层的柱下端过早出现塑性屈服，将影响整个结构的抗震倒塌能力。一、二、三、四级框架结构的底层，柱下端截面组合的弯矩设计值，应分别乘以增大系数 1.7、1.5、1.3 和 1.2，这样避免框架结构柱下端过早屈服。对其他结构中的框架，其主要抗侧力构件为抗震墙，对其框架部分的嵌固端截面可不作要求。

当仅用插筋满足柱嵌固端截面弯矩增大的要求时，可能造成塑性铰向底层柱的上部转移，对抗震不利，故底层柱纵向钢筋应按上下端的不利情况配置。

2）柱的正截面承载力计算

考虑地震作用组合的框架柱和框支柱，其正截面受压、受拉承载力，可按钢筋混凝土偏心受压或偏心受拉构件计算，但在其所有的承载力计算公式右边，均应除以相应的正截面承载力抗震调整系数。

承载力抗震调整系数　　　　　　　　　　　表 7.11

材料	结构构件	受力状态	γ_{RE}
混凝土	梁	受弯	0.75
	轴压比小于 0.15 的柱	偏压	0.75
	轴压比不小于 0.15 的柱	偏压	0.80
	抗震墙	偏压	0.85
	各类构件	受剪、偏拉	0.85

（2）柱的斜截面承载力计算

1）柱端剪力设计值调整

根据"强剪弱弯"的原则，一、二、三、四级的框架柱和框支柱组合的剪力设计值应按下式调整：

$$V = \eta_{vc}(M_c^b + M_c^t)/H_n \qquad (7.34)$$

一级的框架结构和 9 度的一级框架可不按上式调整，但应符合下式要求：

$$V = 1.2(M_{cua}^b + M_{cua}^t)/H_n$$

式中　　V——柱端截面组合的剪力设计值；框支柱的剪力设计值尚应符合《建筑结构抗震设计规范》关于部分框支抗震墙结构的框支柱的内力调整要求；

H_n——柱的净高；

M_c^b、M_c^t——分别为柱的上下端顺时针或反时针方向截面组合的弯矩设计值，应符合强柱弱梁和底层柱底的调整要求；框支柱的剪力设计值尚应符合《建筑结构抗震设计规范》关于部分框支抗震墙结构的框支柱的内力调整要求；

M_{cua}^b、M_{cua}^t——分别为偏心受压柱的上下端顺时针或反时针方向实配的正截面抗震受弯承载力所对应的弯矩值，根据实配钢筋面积、材料强度标准值和轴压力等确定；

η_{vc}——柱剪力增大系数；对框架结构，一、二、三、四级可分别取 1.5、1.3、1.2、1.1；对其他结构类型的框架，一级可取 1.4，二级可取 1.2，三、四级可取 1.1。

2）柱截面尺寸限制

如果剪压比过大，混凝土就会过早地产生脆性破坏，使箍筋不能充分发挥作用。因此，必须限制剪压比，实质上就是构件最小截面尺寸的限制条件。

剪跨比大于2的柱：

$$V \leqslant \frac{1}{\gamma_{RE}}(0.20 f_c bh_0) \tag{7.35}$$

剪跨比不大于2的柱：

$$V \leqslant \frac{1}{\gamma_{RE}}(0.15 f_c bh_0) \tag{7.36}$$

剪跨比应按下式计算：

$$\lambda = M^c/(V^c h_0) \tag{7.37}$$

式中　λ——剪跨比，应按柱端截面组合的弯矩计算值 M^c、对应的截面组合剪力计算值 V^c 及截面有效高度 h_0 确定，并取上下端计算结果的较大值；反弯点位于柱高中部的框架柱可按柱净高与2倍柱截面高度之比计算；

　　　　V——调整后的柱端截面组合的剪力设计值；

　　　　f_c——混凝土轴心抗压强度设计值；

　　　　b——柱截面宽度；圆形截面柱可按面积相等的方形截面柱计算；

　　　　h_0——截面有效高度。

3）斜截面承载力验算

考虑地震组合的矩形截面框架柱和框支柱，其斜截面受剪承载力应符合：

$$V \leqslant \frac{1}{\gamma_{RE}}\left(\frac{1.05}{\lambda+1}f_t bh_0 + f_{yv}\frac{A_{sv}}{s}h_0 + 0.056N\right) \tag{7.38}$$

式中　λ——框架柱的剪跨比；当 $\lambda<1$ 时，取 $\lambda=1$；当 $\lambda>3$ 时，取 $\lambda=3$；

　　　　N——考虑风荷载或地震作用组合的框架柱轴向压力设计值，当 N 大于 $f_c A_c$ 时，取 $0.3 f_c A_c$；

　　　　A_c——柱的横截面面积。

　　　　f_{yv}——箍筋抗拉强度设计值。

　　　　A_{sv}——配置在柱的同一截面内箍筋各肢的全部截面面积。

　　　　s——沿柱高方向上箍筋的间距。

考虑地震组合的框架柱出现拉力时，其斜截面承载力应符合：

$$V \leqslant \frac{1}{\gamma_{RE}}\left(\frac{1.05}{\lambda+1}f_t bh_0 + f_{yv}\frac{A_{sv}}{s}h_0 - 0.2N\right) \tag{7.39}$$

式中　N——考虑风荷载或地震作用组合的框架柱轴向拉力设计值，当右边括号内的计算值小于 $f_{yv}\dfrac{A_{sv}}{s}h_0$ 时，取 $f_{yv}\dfrac{A_{sv}}{s}h_0$，且 $f_{yv}\dfrac{A_{sv}}{2s}h_0$ 不应小于 $0.36 f_t bh_0$。

3. 框架梁的抗震截面设计

（1）梁的正截面承载力计算

考虑地震作用组合的梁，其正截面受弯承载力，可按钢筋混凝土受弯构件计算，但在其所有的承载力计算公式右边，均应除以相应的正截面承载力抗震调整系数。

（2）梁的斜截面承载力计算

1）梁端剪力设计值调整

根据"强剪弱弯"的原则，一、二、三级的框架梁，其梁端截面组合的剪力设计值应按下式调整：

$$V = \eta_{vb}(M_b^l + M_b^r)/l_n + V_{Gb} \tag{7.40}$$

一级的框架结构和9度的一级框架梁可不按上式调整，但应符合下式要求：

$$V = 1.1(M_{bua}^l + M_{bua}^r)/l_n + V_{Gb}$$

式中 V——梁端截面组合的剪力设计值；

         l_n——梁的净跨；

       V_{Gb}——梁在重力荷载代表值（9度时高层建筑还应包括竖向地震作用标准值）作用下，按简支梁分析的梁端截面剪力设计值；

M_b^l、M_b^r——分别为梁左右端反时针或顺时针方向组合的弯矩设计值，一级框架两端弯矩均为负弯矩时，绝对值较小的弯矩应取零；

M_{bua}^l、M_{bua}^r——分别为梁左右端反时针或顺时针方向实配的正截面抗震受弯承载力所对应的弯矩值，根据实配钢筋面积（计入受压筋和相关楼板钢筋）和材料强度标准值确定；

      η_{vb}——梁端剪力增大系数，一级可取1.3，二级可取1.2，三级可取1.1。

2）梁截面尺寸限制

跨高比大于2.5的梁调整后的梁端截面组合的剪力设计值 V 满足式（7.35），即：

$$V \leqslant \frac{1}{\gamma_{RE}}(0.20f_c bh_0)$$

跨高比不大于2.5的梁调整后的梁端截面组合的剪力设计值 V 满足式（7.36），即：

$$V \leqslant \frac{1}{\gamma_{RE}}(0.15f_c bh_0)$$

式中 V——调整后的梁端截面组合的剪力设计值；

         b——梁截面宽度；

       h_0——截面有效高度。

3）斜截面承载力验算

考虑地震组合的矩形、T形和I形截面框架梁，其斜截面受剪承载力应符合：

$$V \leqslant \frac{1}{\gamma_{RE}}\left(0.6\alpha_{cv}f_t bh_0 + f_{yv}\frac{A_{sy}}{s}h_0\right) \tag{7.41}$$

式中 α_{cv}——斜截面混凝土受剪承载力系数，对于一般受弯构件取0.7；对集中荷载作用下（包括作用有多种荷载，其中集中荷载对支座截面或节点边缘所产生的剪力值占总剪力的75%以上的情况）的独立梁，取 α_{cv} 为 $\frac{1.75}{\lambda+1}$，λ 为计算截面的剪跨比，可取 λ 等于 $\frac{a}{h_0}$，当 λ 小于1.5时，取1.5，当 λ 大于3时，取3，a 取集中荷载作用点至支座截面或节点边缘的距离。

4. 框架节点核芯区抗震设计

一、二、三级框架的节点核芯区应进行抗震验算；四级框架节点核芯区可不进行抗震验算，但应符合抗震构造措施的要求。

（1）框架节点剪力设计值

根据"强节点"的原则,一、二、三级框架梁柱节点核芯区组合的剪力设计值,应按下式确定:

$$V_j = \frac{\eta_{jb} \sum M_b}{h_{b0} - a'_s} \left(1 - \frac{h_{b0} - a'_s}{H_c - h_b}\right) \tag{7.42}$$

一级框架结构和 9 度的一级框架可不按上式调整,但应符合下式要求:

$$V_j = \frac{1.15 \sum M_{bua}}{h_{b0} - a'_s} \left(1 - \frac{h_{b0} - a'_s}{H_c - h_b}\right)$$

式中　V_j——梁柱节点核芯区组合的剪力设计值;

$\quad\quad h_{b0}$——梁截面的有效高度,节点两侧梁截面刚度不等时采用平均值;

$\quad\quad a'_s$——梁受压钢筋合力点至受压边缘的距离;

$\quad\quad H_c$——柱的计算高度,可采用节点上、下柱反弯点之间的距离;

$\quad\quad h_b$——梁的截面高度,节点两侧梁截面高度不等时可采用平均值;

$\quad\quad \eta_{jb}$——强节点系数,对于框架结构,一级宜取 1.5,二级宜取 1.35,三级宜 1.2;对于其他结构中的框架,一级宜取 1.35,二级宜取 1.2,三级宜取 1.1。

$\quad \sum M_b$——节点左右梁端反时针或顺时针方向组合弯矩设计值之和,一级框架节点左右梁端均为负弯矩时,绝对值较小的弯矩应取零;

$\sum M_{bua}$——节点左右梁端截面反时针或顺时针方向实配的正截面抗震受弯承载力所对应的弯矩值之和,根据实配钢筋面积(计入受压钢筋)和材料强度标准值确定。

(2) 核芯区截面有效验算宽度

核芯区截面有效验算宽度,当验算方向的梁截面宽度不小于该侧柱截面宽度的 1/2 时可采用下列二者的较小值:

$$\begin{cases} b_j = b_b + 0.5 h_c \\ b_j = b_c \end{cases} \tag{7.43}$$

式中　b_j——节点核芯区的截面有效验算宽度;

$\quad\quad b_b$——梁截面宽度;

$\quad\quad h_c$——验算方向的柱截面高度;

$\quad\quad b_c$——验算方向的柱截面宽度。

当梁、柱的中线不重合且偏心距不大于柱宽的 1/4 时,核芯区的截面有效宽度可采用下式计算结果的较小值:

$$\begin{cases} b_j = 0.5(b_b + b_c) + 0.25 h_c - e \\ b_j = b_b + 0.5 h_c \\ b_j = b_c \end{cases} \tag{7.44}$$

式中　e——梁和柱中线的偏心距。

(3) 节点受剪水平截面限制条件

防止节点截面太小,核芯区混凝土承受过大的斜压应力,致使节点混凝土首先被压碎而破坏,要求剪力设计值符合:

$$V \leqslant \frac{1}{\gamma_{RE}} (0.30 \eta_j f_c b_j h_j) \tag{7.45}$$

式中　η_j——正交梁的约束影响系数；楼板为现浇、梁柱中线重合、四侧各梁截面宽度不小于该侧柱截面宽度的 1/2，且正交方向梁高度不小于框架梁高度的 3/4 时，可采用 1.5，9 度的一级宜采用 1.25；其他情况均采用 1.0；

h_j——节点核芯区的截面高度，可采用验算方向的柱截面高度；

γ_{RE}——承载力抗震调整系数，可采用 0.85。

（4）节点核芯区截面抗震受剪承载力验算

节点核芯区抗震受剪承载力应按下式计算：

$$V \leqslant \frac{1}{\gamma_{RE}}\left(1.1\eta_j f_t b_j h_j + 0.05\eta_j N \frac{b_j}{b_c} + f_{yv}A_{svj}\frac{h_{b0}-\alpha'_s}{s}\right) \tag{7.46}$$

其中 9 度的一级按下式计算：

$$V \leqslant \frac{1}{\gamma_{RE}}\left(0.9\eta_j f_t b_j h_j + f_{yv}A_{svj}\frac{h_{b0}-\alpha'_s}{s}\right)$$

式中　N——对应于组合剪力设计值的上柱组合轴向压力较小值，其取值不应大于柱的截面面积和混凝土轴心抗压强度设计值的乘积的 50%，当 N 为拉力时，取 $N=0$；

f_{yv}——箍筋的抗拉强度设计值；

f_t——混凝土轴心抗拉强度设计值；

A_{svj}——核芯区有效验算宽度范围内同一截面验算方向箍筋的总截面面积；

s——箍筋间距。

7.4　框架结构抗震构造措施

7.4.1　框架梁抗震构造措施

1. 梁截面尺寸

合理控制混凝土结构构件的尺寸，是框架抗震设计的基本要求。梁的截面尺寸应从整个框架结构中梁、柱的相互关系出发，在"强柱弱梁"的基础上提高梁的变形能力。框架梁的截面尺寸，宜符合下列各项要求：

（1）截面宽度不宜小于 200mm；

（2）截面高宽比不宜大于 4；

（3）净跨与截面高度之比不宜小于 4。

对于梁宽大于柱宽的扁梁，为了使宽扁梁端部在柱外的纵向钢筋有足够的锚固，应在两个主轴方向都设置宽扁梁。为了避免或减小扭转的不利影响，扁梁中线宜与柱中线重合，采用扁梁的楼、屋盖应现浇，且不宜用于一级框架结构。

扁梁的截面尺寸应符合下列要求，并应满足规范中对挠度和裂缝宽度的规定：

$$\begin{cases} b_b \leqslant 2b_c \\ b_b \leqslant b_c + h_b \\ h_b \geqslant 16d \end{cases} \tag{7.47}$$

式中　b_c——柱截面宽度，圆形截面取柱直径的 0.8 倍；

b_b、h_b——分别为梁截面宽度和高度;

　　　　d——柱纵筋直径。

　　2. 梁内纵筋配置

　　梁的变形能力主要取决于梁端塑性铰的转动量,而梁的塑性转动量与截面混凝土相对受压区高度有关。计算梁端截面纵向受拉钢筋时,应采用与柱交界面的组合弯矩设计值,并应计入受压钢筋。计算梁端相对受压区高度时,宜按梁端截面实际受拉和受压钢筋面积进行计算。

　　梁端底面和顶面纵向钢筋比值,同样对梁的变形能力有较大影响。梁端底面的钢筋可增加负弯矩时的塑性转动能力,还能防止在地震中梁底出现正弯矩时过早屈服或破坏过重,从而影响承载力和变形能力的正常发挥。

　　所以,梁的钢筋配置,应符合下列各项要求:

　　(1) 梁端计入受压钢筋的混凝土受压区高度和有效高度之比,一级不应大于 0.25,二、三级不应大于 0.35;

　　(2) 梁端截面的底面和顶面纵向钢筋配筋量的比值,除按计算确定外,一级不应小于 0.5,二、三级不应小于 0.3。

　　此外,梁的钢筋配置,还应符合下列规定:

　　(1) 梁端纵向受拉钢筋的配筋率不宜大于 2.5%。沿梁全长顶面、底面的配筋,一、二级不应少于 $2\phi14$,且分别不应少于梁顶面、底面两端纵向配筋中较大截面面积的 1/4;三、四级不应少于 $2\phi12$;

　　(2) 一、二、三级框架梁内贯通中柱的每根纵向钢筋直径,对框架结构不应大于矩形截面柱在该方向截面尺寸的 1/20,或纵向钢筋所在位置圆形截面柱弦长的 1/20;对其他结构类型的框架不宜大于矩形截面柱在该方向截面尺寸的 1/20,或纵向钢筋所在位置圆形截面柱弦长的 1/20。

　　3. 梁端箍筋配置

　　根据试验和震害经验,梁端的破坏主要集中于 1.5~2.0 倍梁高的长度范围内,当箍筋间距小于 $6d$~$8d$ 时,混凝土压溃前受压钢筋一般不致压屈,延性较好。

　　所以,梁端箍筋加密区的长度、箍筋最大间距和最小直径应按表 7.12 采用,当梁端纵向受拉钢筋配筋率大于 2% 时,表中箍筋最小直径数值应增大 2mm。

　　梁端加密区的箍筋肢距,一级不宜大于 200mm 和 20 倍箍筋直径的较大值,二、三级不宜大于 250mm 和 20 倍箍筋直径的较大值,四级不宜大于 300mm。

梁端箍筋加密区的长度、箍筋的最大间距和最小直径　　　　表 7.12

抗震等级	加密区长度 (采用较大值)(mm)	箍筋最大间距 (采用最小值)(mm)	箍筋最小直径 (mm)
一	$2h_b$,500	$h_b/4,6d,100$	10
二	$1.5h_b$,500	$h_b/4,8d,100$	8
三	$1.5h_b$,500	$h_b/4,8d,150$	8
四	$1.5h_b$,500	$h_b/4,8d,150$	6

　　注:1. d 为纵向钢筋直径,h_b 为梁截面高度;
　　　　2. 箍筋直径大于 12mm、数量不少于 4 肢且肢距不大于 150mm 时,一、二级的最大间距允许适当放宽,但不得大于 150mm。

7.4.2 框架柱抗震构造措施

1. 柱截面尺寸

为了实现"强柱弱梁"的设计原则，柱的截面尺寸，宜符合下列各项要求：

（1）截面的宽度和高度，四级或不超过 2 层时不宜小于 300mm，一、二、三级且超过 2 层时不宜小于 400mm；圆柱的直径，四级或不超过 2 层时不宜小于 350mm，一、二、三级且超过 2 层时不宜小于 450mm；

（2）剪跨比宜大于 2；

（3）截面长边与短边的边长比不宜大于 3。

2. 柱轴压比限制

限制框架柱的轴压比主要是为了保证柱的塑性变形能力和保证框架的抗倒塌能力。抗震设计时，通常希望框架柱最终为大偏心受压破坏。

利用箍筋对混凝土进行约束，可以提高混凝土的轴心抗压强度和混凝土的受压极限变形能力。但在计算柱的轴压比时，仍取无箍筋约束的混凝土的轴心抗压强度设计值，不考虑箍筋约束对混凝土轴心抗压强度的提高作用。

柱轴压比不宜超过表 7.13 的规定；建造于Ⅳ类场地且较高的高层建筑，柱轴压比限值应适当减小。

柱轴压比限值　　　　　　　　　　　　　　　　表 7.13

结构类型	抗震等级			
	一	二	三	四
框架结构	0.65	0.75	0.85	0.90
框架-抗震墙、板柱-抗震墙、框架-核心筒，筒中筒	0.75	0.85	0.90	0.95
部分框支抗震墙	0.60	0.70	—	

注：1. 轴压比指柱组合的轴压力设计值与柱的全截面面积和混凝土轴心抗压强度设计值乘积之比值；对规范规定不进行地震作用计算的结构，可取无地震作用组合的轴力设计值计算；

2. 表内限值适用于剪跨比大于 2、混凝土强度等级不高于 C60 的柱；剪跨比不大于 2 的柱，轴压比限值应降低 0.05；剪跨比小于 1.5 的柱，轴压比限值应专门研究并采取特殊构造措施；

3. 沿柱全高采用井字复合箍且箍筋肢距不大于 200mm、间距不大于 100mm、直径不小于 12mm，或沿柱全高采用复合螺旋箍、螺旋间距不大于 100mm、箍筋肢距不大于 200mm、直径不小于 12mm，或沿柱全高采用连续复合矩形螺旋箍、螺旋净距不大于 80mm、箍筋肢距不大于 200mm、直径不小于 10mm，轴压比限值均可增加 0.10；上述三种箍筋的最小配箍特征值均应按增大的轴压比由规范确定；

4. 在柱的截面中部附加芯柱，其中另加的纵向钢筋的总面积不少于柱截面面积的 0.8%，轴压比限值可增加 0.05；此项措施与注 3 的措施共同采用时，轴压比限值可增加 0.15，但箍筋的体积配箍率仍可按轴压比增加 0.10 的要求确定；

5. 柱轴压比不应大于 1.05。

3. 柱内纵筋配置

柱纵向受力钢筋的最小总配筋率应按表 7.14 采用，同时每侧配筋率不应小于 0.2%；对建造于Ⅳ类场地且较高的高层建筑，最小总配筋率应增加 0.1%。

柱截面纵向钢筋的最小总配筋率（百分率）　　　　　　表 7.14

类别	抗震等级			
	一	二	三	四
中柱和边柱	0.9(1.0)	0.7(0.8)	0.6(0.7)	0.5(0.6)
角柱、框支柱	1.1	0.9	0.8	0.7

注：1. 表中括号内数值用于框架结构的柱；

2. 钢筋强度标准值小于 400MPa 时，表中数值应增加 0.1，钢筋强度标准值为 400MPa 时，表中数值应增加 0.05；

3. 混凝土强度等级高于 C60 时，上述数值应相应增加 0.1。

柱的纵向钢筋配置，尚应符合下列规定：

（1）柱的纵向钢筋宜对称配置；

（2）截面边长大于 400mm 的柱，纵向钢筋间距不宜大于 200mm；

（3）柱总配筋率不应大于 5%；剪跨比不大于 2 的一级框架的柱，每侧纵向钢筋配筋率不宜大于 1.2%；

（4）边柱、角柱及抗震墙端柱在小偏心受拉时，柱内纵筋总截面面积应比计算值增加 25%，主要是为了避免柱的受拉纵筋屈服后再受压时，由于包辛格效应导致纵筋压屈；

（5）柱纵向钢筋的绑扎接头应避开柱端的箍筋加密区。

4. 柱内箍筋配置

框架柱的弹塑性变形能力，主要与柱的轴压比和箍筋对混凝土的约束程度有关。为了具有大体上相同的变形能力，轴压比大的柱，要求的箍筋约束程度高。

箍筋对混凝土的约束程度，主要与箍筋形式、体积配箍率、箍筋抗拉强度及混凝土轴心抗压强度等因素有关，而体积配箍率、箍筋强度及混凝土强度三者又可以用配箍特征值表示，配箍特征值相同时，螺旋箍、复合螺旋箍及连续复合螺旋箍的约束程度，比普通箍和复合箍对混凝土的约束更好。因此，轴压比大的柱，其配箍特征值大于轴压比低的柱；轴压比相同的柱，采用普通箍或复合箍时的配箍特征值，大于采用螺旋箍、复合螺旋箍或连续复合螺旋箍时的配箍特征值。

柱常用的箍筋形式如图 7.25 所示。

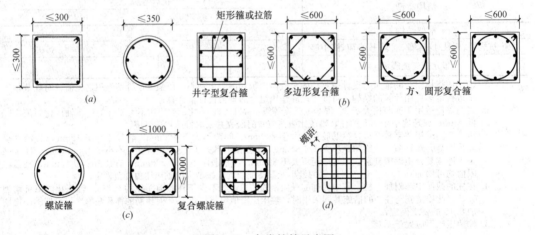

图 7.25　各类箍筋示意图

柱箍筋在规定的范围内应加密，加密区的箍筋间距和直径，应符合下列要求：

（1）一般情况下，箍筋的最大间距和最小直径，应按表 7.15 采用。

柱箍筋加密区的箍筋最大间距和最小直径　　　　　　　表 7.15

抗震等级	箍筋最大间距（采用较小值，mm）	箍筋最小直径（mm）
一	6d，100	10
二	8d，100	8
三	8d，150（柱根 100）	8
四	8d，150（柱根 100）	6（柱根 8）

注：1. d 为柱纵筋最小直径；

2. 柱根指底层柱下端箍筋加密区。

（2）一级框架柱的箍筋直径大于12mm且箍筋肢距不大于150mm及二级框架柱的箍筋直径不小于10mm且箍筋肢距不大于200mm时，除底层柱下端外，最大间距应允许采用150mm；三级框架柱的截面尺寸不大于400mm时，箍筋最小直径应允许采用6mm；四级框架柱剪跨比不大于2时，箍筋直径不应小于8mm。

（3）框支柱和剪跨比不大于2的框架柱，箍筋间距不应大于100mm。

（4）柱的箍筋加密范围，应按下列规定采用：

1）柱端，取截面高度（圆柱直径）、柱净高的1/6和500mm三者的最大值；

2）底层柱的下端不小于柱净高的1/3；

3）刚性地面上下各500mm；

4）剪跨比不大于2的柱、因设置填充墙等形成的柱净高与柱截面高度之比不大于4的柱、框支柱、一级和二级框架的角柱，取全高。

（5）柱箍筋加密区的箍筋肢距，一级不宜大于200mm，二、三级不宜大于250mm，四级不宜大于300mm。至少每隔一根纵向钢筋宜在两个方向有箍筋或拉筋约束；采用拉筋复合箍时，拉筋宜紧靠纵向钢筋并钩住箍筋。

（6）柱箍筋加密区的体积配箍率，应按下列规定采用：

1）柱箍筋加密区的体积配箍率应符合下式要求：

$$\rho_v \geqslant \lambda_v f_c / f_{yv} \tag{7.48}$$

式中 ρ_v——柱箍筋加密区的体积配箍率，一级不应小于0.8%，二级不应小于0.6%，三、四级不应小于0.4%；计算复合螺旋箍的体积配箍率时，其非螺旋箍的箍筋体积应乘以折减系数0.80；

f_c——混凝土轴心抗压强度设计值，强度等级低于C35时，应按C35计算；

f_{yv}——箍筋或拉筋抗拉强度设计值；

λ_v——最小配箍特征值，宜按表7.16采用。

2）框支柱宜采用复合螺旋箍或井字复合箍，其最小配箍特征值应比表7.20内数值增加0.02，且体积配箍率不应小于1.5%。

3）剪跨比不大于2的柱宜采用复合螺旋箍或井字复合箍，其体积配箍率不应小于1.2%，9度一级时不应小于1.5%。

考虑到框架柱在层高范围内剪力不变及可能的扭转影响，为避免箍筋非加密区的受剪能力突然降低很多，导致柱中段破坏，柱箍筋非加密区箍筋配置，应符合下列要求：

（1）柱箍筋非加密区的体积配箍率不宜小于加密区的50%；

（2）箍筋间距，一、二级框架柱不应大于10倍纵向钢筋直径，三、四级框架柱不应大于15倍纵向钢筋直径。

柱箍筋加密区的箍筋最小配箍特征值　　表7.16

抗震等级	箍筋形式	柱轴压比								
		≤0.3	0.4	0.5	0.6	0.7	0.8	0.9	1.0	1.05
一	普通箍、复合箍	0.10	0.11	0.13	0.15	0.17	0.20	0.23	—	—
	螺旋箍、复合或连续复合矩形螺旋箍	0.08	0.09	0.11	0.13	0.15	0.18	0.21	—	—

抗震等级	箍筋形式	柱轴压比								
		≤0.3	0.4	0.5	0.6	0.7	0.8	0.9	1.0	1.05
二	普通箍、复合箍	0.08	0.09	0.11	0.13	0.15	0.17	0.19	0.22	0.24
	螺旋箍、复合或连续复合矩形螺旋箍	0.06	0.07	0.09	0.11	0.13	0.15	0.17	0.20	0.22
三、四	普通箍、复合箍	0.06	0.07	0.09	0.11	0.13	0.15	0.17	0.20	0.22
	螺旋箍、复合或连续复合矩形螺旋箍	0.05	0.06	0.07	0.09	0.11	0.13	0.15	0.18	0.20

注：普通箍指单个矩形箍和单个圆形箍，复合箍指由矩形、多边形、圆形箍或拉筋组成的箍筋；复合螺旋箍指由螺旋箍与矩形、多边形、圆形箍或拉筋组成的箍筋；连续复合矩形螺旋箍指用一根通长钢筋加工而成的箍筋。

7.4.3 梁柱节点核芯区

为使框架的梁柱纵向钢筋有可靠的锚固条件，框架梁柱节点核芯区的混凝土要具有良好的约束。考虑到核芯区内箍筋作用与柱端有所不同，其构造要求与柱端有所区别。

框架节点核芯区箍筋的最大间距和最小直径宜按框架柱端加密区要求采用；一、二、三级框架节点核芯区配箍特征值分别不宜小于 0.12、0.10 和 0.08，且体积配箍率分别不宜小于 0.6%、0.5% 和 0.4%。柱剪跨比不大于 2 的框架节点核芯区，体积配箍率不宜小于核芯区上、下柱端的较大体积配箍率。

7.5 抗震墙结构的抗震设计

抗震墙结构的抗震设计中，首先按照抗震设计的一般规定进行结构布置，其次进行地震作用效应计算并与其他内力进行组合，最后进行抗震墙截面设计，并采用抗震构造措施。

7.5.1 抗震墙的分类与受力特点

为满足使用要求，抗震墙上通常开有门洞。抗震墙的受力特性与变形特点主要取决于抗震墙的开洞情况，洞口的大小、形状及位置不同都将影响抗震墙的受力性能。抗震墙按受力特性不同主要可以分为整体抗震墙、小开口整体抗震墙、联肢抗震墙和壁式框架等几种类型。

1. 整体抗震墙

凡墙面不开洞或开洞面积较小，且孔洞间净距及洞边至墙边的净距大于洞口长边尺寸时，可忽略洞口的影响，作为整体抗震墙来考虑，平面假定仍然适用，因而截面应力可按材料力学公式计算，变形属于弯曲变形。

2. 小开口整体抗震墙

当抗震墙上所开洞口面积稍大且超过墙体面积的 15% 时，平面假定得到的应力应加以修正，此时，用平面假定得到的应力加上修正应力即可，变形基本属于弯曲变形。

3. 联肢抗震墙

洞口开得比较大，截面的整体性已经破坏，横截面上正应力的分布远不是遵循沿一根直线的规律。但墙肢的线刚度比同列两孔间所形成的连梁的线刚度大得多，每根连梁中部都有反弯点。这种抗震墙可视为由连梁把墙肢联结起来的结构体系，故称为联肢抗震墙。其中，仅有一列连梁把两个墙肢联结起来的称为双肢抗震墙；由两列以上的连梁把三个以上的墙肢联结起来的称为多肢抗震墙。

当抗震墙沿竖向开有一列或多列较大的洞口时，由于洞口较大，抗震墙截面的整体性已被破坏，抗震墙截面变形已不再符合平截面假定。

4. 壁式框架

洞口开得比联肢抗震墙更宽，墙肢宽度较小，墙肢与连梁刚度接近时，墙肢明显出现局部弯矩，在许多楼层内有反弯点。抗震墙的内力分布接近框架，故称壁式框架。壁式框架实质是介于抗震墙和框架之间的一种过渡形式，它的变形已经很接近剪切型。只不过壁柱和壁梁都较宽，因而在梁柱交接区形成不产生变形的刚域。

7.5.2 各类抗震墙内力与位移计算要点

抗震墙类型不同，计算方法和计算简图也不同。整体抗震墙和小开口整体抗震墙的计算简图基本上是单根竖向悬臂杆，计算方法按材料力学公式（对整体抗震墙不修正，对小开口整体抗震墙修正）计算。联肢抗震墙和壁式框架，其计算简图均无法用单根竖向悬臂杆代表，而应按反映其性态的结构体系计算。

1. 整体抗震墙

对整体抗震墙，在水平荷载作用下，可视为悬臂弯曲构件，用材料力学中悬臂梁的内力和变形公式计算。

（1）内力计算

计算简图为上端自由、下端固定的悬臂构件，总水平荷载可以按各片抗震墙的等效抗弯刚度分配，然后进行单片抗震墙计算。

抗震墙的等效抗弯刚度就是将墙的弯曲、剪切和轴向变形之后的顶点位移，按顶点位移相等的原则，折算成一个只考虑弯曲变形的等效竖向悬臂杆的刚度。

（2）位移计算

整体抗震墙的位移，如墙顶端处的侧向位移，同样可以用材料力学的公式计算，但由于抗震墙的截面高度较大，故应考虑剪切变形对位移的影响。当开洞时，还应考虑洞口对位移增大的影响。

2. 小开口整体抗震墙

小开口整体抗震墙的洞口总面积虽超过墙总面积的 15%，但仍属于洞口很小的开孔抗震墙。通过试验发现，小开口整体抗震墙在水平荷载作用下的受力性能接近整体抗震墙，这就为利用材料力学公式计算内力和侧移提供了条件，再考虑局部弯曲应力的影响，进行修正。

（1）内力计算

首先，将小开口整体抗震墙作为一个悬臂杆件，按材料力学公式算出标高 z 处的总弯矩 M_{FZ}、总剪力 V_{FZ} 和基底剪力 V_0。

其次，将总弯矩分为两部分：产生整体弯曲的总弯矩（占总弯矩的85%），产生局部弯曲的总弯矩（占总弯矩的15%）。

1) 墙肢弯矩计算

第 i 墙肢受到弯矩 M_{zi} 为：

$$M_{zi} = 0.85 M_{Fz} \frac{I_i}{I} + 0.15 M_{Fz} \frac{I_i}{\sum I_i} \tag{7.49}$$

式中 I_i——第 i 墙肢的惯性矩；

I——整个抗震墙截面对组合形心的惯性矩。

2) 墙肢剪力计算

墙肢剪力，底层按墙肢截面面积分配；其余各层墙肢剪力，可按材料力学公式计算截面面积和惯性矩比例的平均值分配剪力，第 i 墙肢分配到的剪力 V_{zi} 可近似表达为：

$$V_{zi} = 0.5 V_{Fz} \left(\frac{A_i}{\sum A_i} + \frac{I_i}{\sum I_i} \right) \tag{7.50}$$

式中 A_i——墙肢截面面积。

（2）位移计算

考虑开洞后刚度的削弱，应将整体抗震墙的水平位移计算结果乘以1.20。

3. 联肢抗震墙

（1）双肢墙

双肢墙由于连梁的联结，使双肢墙结构在内力分析时成为一个高次超静定的问题。为了简化计算，一般可用解微分方程的方法（连续连杆法）计算。

1) 基本假定

① 将每一楼层处的连系梁简化为均匀分布的连杆；

② 忽略连系梁的轴向变形，即假定两墙肢在同一标高处的水平位移相等；

③ 假定两墙肢在同一标高处的转角和曲率相等，即变形曲线相同；

④ 假定各连系梁的反弯点在该连系梁的中点；

⑤认为双肢墙的层高 h、惯性矩 J_1、J_2；截面积 A_1、A_2；连系梁的截面积 A_l 和惯性矩 J_l 等参数，沿墙高度方向均为常数。

2) 内力及位移计算

将连续化的连续梁沿中线切开，由于跨中为反弯点，故切开后在截面上只有剪力集度 $V(z)$ 及轴力集度 $N_l(z)$。根据外荷载、$V(z)$ 及 $N_l(z)$ 共同作用下，沿 $V(z)$ 方向的相对位移等于零的变形协调条件，可建立一个二阶常系数非齐次线性微分方程，考虑边界条件后，可求得微分方程的解，进而可求得双肢剪力墙在水平荷载作用下内力和侧移。

（2）多肢墙

具有多于一排且排列整齐的洞口时，就成为多肢抗震墙。多肢墙也可以采用连续连杆求解，基本假定和基本体系取法都和双肢墙类似。由于墙肢及洞口数目比双肢墙多，因此沿竖向切口的基本未知量将相应增多。在每个连梁切口处建立一个变形协调方程，在建立第 i 个切口处协调方程时，除了 i 跨连梁内力影响外，还要考虑第 $i-1$ 跨连梁内力和第 $i+1$ 跨连梁内力对 i 墙肢的影响，这是与双肢墙的重要区别。

7.5.3 抗震墙截面抗震设计

1. 设计原则

为了实现延性抗震墙的理念，抗震墙的抗震设计应符合下列原则：

（1）强墙弱梁

连梁屈服先于墙肢屈服，使塑性变形和耗散分散于连梁中，避免因墙肢过早屈服使塑性变形集中在某一层而形成薄弱层。

（2）强剪弱弯

1）墙肢的强剪弱弯

侧向力作用下变形曲线为弯曲型和弯剪型的抗震墙，一般会在墙肢底部一定高度内屈服形成塑性铰，通过适当提高塑性铰范围及其以上相邻范围的墙肢的抗剪承载力，实现墙肢的强剪弱弯，避免墙肢剪切破坏。

2）连梁的强剪弱弯

对于连梁，与框架梁相同，通过剪力增大系数调整剪力设计值，实现强剪弱弯。

2. 墙肢截面抗震设计

（1）墙肢正截面承载力计算

1）墙肢弯矩调整

抗震墙各墙肢截面组合的内力设计值，应按下列规定采用：

① 一级抗震墙的底部加强部位以上部位，墙肢的组合弯矩设计值应乘以增大系数，其值可采用1.2，剪力相应调整；

② 部分框支抗震墙结构的落地抗震墙墙肢不应出现小偏心受拉；

③ 双肢抗震墙中，墙肢不宜出现小偏心受拉；当任一墙肢为偏心受拉时，另一墙肢的剪力设计值、弯矩设计值应乘以增大系数1.25。

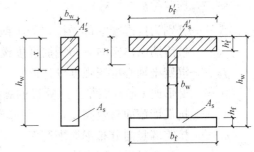

图 7.26 抗震墙横截面

2）墙肢正截面受压承载力计算

矩形、T形、I形偏心受压抗震墙墙肢的正截面受压承载力可按下列规定计算：

① 持久、短暂设计状况

$$N \leqslant A'_s f'_y - A_s \sigma_s - N_{sw} + N_c \tag{7.51}$$

$$N\left(e_0 + h_{w0} - \frac{h_w}{2}\right) \leqslant A'_s f'_y (h_{w0} - a'_s) - M_{sw} + M_c \tag{7.52}$$

当 $x > h'_f$ 时，

$$N_c = \alpha_1 f_c b_w x + \alpha_1 f_c (b'_f - b_w) h'_f \tag{7.53}$$

$$M_c = \alpha_1 f_c b_w \left(h_{w0} - \frac{x}{2}\right) + \alpha_1 f_c (b'_f - b'_w) h'_f \left(h_{w0} - \frac{jh'_f}{2}\right) \tag{7.54}$$

当 $x \leqslant h'_f$ 时，

$$N_c = \alpha_1 f_c b_f' x \tag{7.55}$$

$$M_c = \alpha_1 f_c b_f' \left(h_{w0} - \frac{x}{2} \right) \tag{7.56}$$

当 $x \leqslant \xi_b h_{w0}$ 时，

$$\sigma_s = f_y \tag{7.57}$$

$$N_{sw} = (h_{w0} - 1.5x) b_w f_{yw} \rho_w \tag{7.58}$$

$$M_{sw} = \frac{1}{2} (h_{w0} - 1.5x)^2 b_w f_{yw} \rho_w \tag{7.59}$$

当 $x > \xi_b h_{w0}$ 时，

$$\sigma_s = \frac{f_y}{\xi_b - 0.8} \left(\frac{x}{h_{w0}} - \beta_c \right) \tag{7.60}$$

$$N_{sw} = 0$$

$$M_{sw} = 0$$

$$\xi_b = \frac{\beta_c}{1 + \dfrac{f_y}{E_s \varepsilon_{cu}}} \tag{7.61}$$

式中　a_s'——抗震墙受压区端部钢筋合力点到受压区边缘的距离；

b_f'——T 形或 I 形截面受压翼缘宽度；

e_0——偏心距，$e_0 = \dfrac{M}{N}$；

f_y、f_y'——分别为抗震墙端部受拉、受压钢筋强度设计值；

f_{yw}——抗震墙墙体竖向分布钢筋强度设计值；

f_c——混凝土轴心抗压强度设计值；

h_f'——T 形或 I 形截面受压区翼缘的高度；

h_{w0}——抗震墙截面有效高度，$h_{w0} = h_w - a_s'$；

ρ_w——抗震墙竖向分布钢筋配筋率；

ξ_b——界限相对受压区高度；

α_1——受压区混凝土矩形应力图的应力与混凝土轴心抗压强度设计值的比值，混凝土强度等级不超过 C50 时，取 1.0，混凝土强度等级为 C80 时取 0.94，混凝土强度等级在 C50 和 C80 之间时可按线性内插取值；

β_c——混凝土强度影响系数；

ε_{cu}——混凝土极限压应变，应按现行国家标准《混凝土结构设计规范》的有关规定采用。

② 地震设计状况

$$N \leqslant \frac{1}{\gamma_{RE}} (A_s' f_y') - A_s \sigma_s - N_{sw} + N_c \tag{7.62}$$

$$N \left(e_0 + h_{w0} - \frac{h_w}{2} \right) \leqslant \frac{1}{\gamma_{RE}} \left[A_s' f_y' (h_{w0} - a_s') - M_{sw} + M_c \right] \tag{7.63}$$

式中　γ_{RE}——承载力抗震调整系数，取 0.85。

3）墙肢正截面受拉承载力计算

矩形截面偏心受拉抗震墙的正截面受拉承载力应符合下列规定：

① 永久、短暂设计状况

$$N \leqslant \cfrac{1}{\cfrac{1}{N_{0u}} + \cfrac{e_0}{M_{wu}}} \tag{7.64}$$

② 地震设计状况

$$N \leqslant \cfrac{1}{\gamma_{RE}} \left[\cfrac{1}{\cfrac{1}{N_{0u}} + \cfrac{e_0}{M_{wu}}} \right] \tag{7.65}$$

N_{0u} 和 M_{wu} 可分别按下列公式计算：

$$N_{0u} = 2A_s f_y + A_{sw} f_{yw} \tag{7.66}$$

$$M_{wu} = A_s f_y (h_{w0} - a_s') + A_{sw} f_{yw} \frac{(h_{w0} - a_s')}{2} \tag{7.67}$$

式中 A_{sw}——抗震墙竖向分布钢筋的截面面积。

（2）墙肢斜截面承载力计算

1）墙肢剪力设计值调整

一、二、三级的抗震墙底部加强部位，其截面组合的剪力设计值应按下式调整：

$$V = \eta_{vw} V_w \tag{7.68}$$

9度的一级可不按上式调整，但应符合下式要求：

$$V = 1.1 \frac{M_{wua}}{M_w} V_w \tag{7.69}$$

式中 V——抗震墙底部加强部位截面组合的剪力设计值；

    V_w——抗震墙底部加强部位截面组合的剪力计算值；

    M_{wua}——抗震墙底部截面按实配纵向钢筋面积、材料强度标准值和轴力等计算的抗震受弯承载力所对应的弯矩值；有翼墙时应计入墙两侧各一倍翼墙厚度范围内的纵向钢筋；

    M_w——抗震墙底部截面组合的弯矩设计值；

    η_{vw}——抗震墙剪力增大系数，一级可取1.6，二级可取1.4，三级可取1.2。

2）剪压比限制

抗震墙墙肢截面剪力设计值应符合下列规定：

剪跨比大于2的抗震墙：

$$V \leqslant \frac{1}{\gamma_{RE}} (0.20 \beta_c f_c b_w h_{w0}) \tag{7.70}$$

剪跨比不大于2的抗震墙：

$$V \leqslant \frac{1}{\gamma_{RE}} (0.15 \beta_c f_c b_w h_{w0}) \tag{7.71}$$

剪跨比应按下式计算：

$$\lambda = M^c / (V^c h_{w0}) \tag{7.72}$$

式中 λ——剪跨比，其中 M^c、V^c 应取同一组合的、未调整的墙肢截面弯矩、剪力设计值，并取墙肢上、下端截面计算的剪跨比的较大值；

    V——调整后抗震墙墙肢的剪力设计值；

    f_c——混凝土轴心抗压强度设计值；

b_{w}——抗震墙墙肢长度；

h_{w0}——抗震墙截面有效高度；

β_{c}——混凝土强度影响系数。

3）斜截面承载力验算

① 偏心受压抗震墙的斜截面受剪承载力应符合下列规定：

$$V \leqslant \frac{1}{\gamma_{RE}} \left[\frac{1}{\lambda - 0.5} \left(0.4 f_{t} b_{w} h_{w0} + 0.1 N \frac{A_{w}}{A} \right) + 0.8 f_{yh} \frac{A_{sh}}{s} h_{w0} \right] \tag{7.73}$$

式中　N——抗震墙截面轴向压力设计值，N 大于 $0.2 f_{c} b_{w} h_{w}$ 时，应取 $0.2 f_{c} b_{w} h_{w}$；

　　　A——抗震墙全截面面积；

　　　A_{w}——T 形或 I 形截面抗震墙腹板的面积，矩形截面时应取 A；

　　　λ——计算截面的剪跨比，λ 小于 1.5 时应取 1.5，λ 大于 2.2 时，应取 2.2，计算截面与墙底之间的距离小于 $0.5 h_{w0}$ 时，λ 应按距墙底 $0.5 h_{w0}$ 处的弯矩值与剪力值计算；

　　　s——抗震墙水平分布钢筋间距；

　　　A_{sh}——配置在同一截面内的水平分布钢筋截面面积之和；

　　　f_{yh}——水平分布钢筋抗拉强度设计值。

② 偏心受拉抗震墙的斜截面受剪承载力应符合下列规定：

$$V \leqslant \frac{1}{\gamma_{RE}} \left[\frac{1}{\lambda - 0.5} \left(0.4 f_{t} b_{w} h_{w0} - 0.1 N \frac{A_{w}}{A} \right) + 0.8 f_{yh} \frac{A_{sh}}{s} h_{w0} \right] \tag{7.74}$$

且该式右端方括号内的计算值小于 $0.8 f_{yh} \frac{A_{sh}}{s} h_{w0}$，应取等于 $0.8 f_{yh} \frac{A_{sh}}{s} h_{w0}$。

（3）抗震墙水平施工缝的受剪承载力验算

抗震等级为一级的抗震墙，水平施工缝的抗滑移应符合下列要求：

$$V_{wj} \leqslant \frac{1}{\gamma_{RE}} (0.6 f_{y} A_{s} + 0.8 N) \tag{7.75}$$

式中　V_{wj}——抗震墙水平施工缝处剪力设计值；

　　　A_{s}——水平施工缝处抗震墙腹板内竖向分布钢筋和边缘构件中的竖向钢筋总面积（不包括两侧翼缘），以及在墙体中有足够锚固长度附加竖向插筋面积；

　　　f_{y}——竖向钢筋抗拉强度设计值；

　　　N——水平施工缝处考虑地震作用组合轴向力设计值，压力取正，拉力取负。

3. 连梁截面抗震设计

（1）连梁的正截面承载力计算

连梁可按普通梁的计算方法计算受弯承载力。连梁通常采用对称配筋（$A_{s} = A_{s}'$），验算公式可简化为下列式：

$$M \leqslant \frac{1}{\gamma_{RE}} f_{y} A_{s} (h_{0} - a') \tag{7.76}$$

式中　M——连梁弯矩设计值；

　　　A_{s}——受力纵向钢筋面积；

　　$(h_{0} - a')$——上下受力钢筋重心之间的距离。

（2）连梁的斜截面承载力计算

1）梁端剪力设计值调整

一、二、三级抗震墙的连梁，其梁端截面组合的剪力设计值按下式调整：

$$V = \eta_{vb} \frac{M_b^l + M_b^r}{l_n} + V_{Gb} \tag{7.77}$$

9度时一级抗震墙的连梁应按下式确定：

$$V = 1.1 \frac{M_{bua}^l + M_{bua}^r}{l_n} + V_{Gb}$$

式中 M_b^l、M_b^r——分别为连梁左右端截面顺时针或逆时针方向的弯矩设计值；

M_{bua}^l、M_{bua}^r——分别为连梁左右端截面顺时针或逆时针方向实配的抗震受弯承载力所对应的弯矩值，应按实配钢筋面积（计入受压钢筋）和材料强度标准值并考虑承载力抗震调整系数计算；

l_n——连梁的净跨；

V_{Gb}——在重力荷载代表值作用下按简支梁计算的梁端截面剪力设计值；

η_{vb}——连梁剪力增大系数，一级取 1.3，二级取 1.2，三级取 1.1。

2）梁截面尺寸限制

跨高比大于 2.5 的梁：

$$V \leqslant \frac{1}{\gamma_{RE}} (0.20 \beta_c f_c b h_0) \tag{7.78}$$

跨高比不大于 2.5 的梁：

$$V \leqslant \frac{1}{\gamma_{RE}} (0.15 \beta_c f_c b h_0) \tag{7.79}$$

式中 V——调整后的连梁端截面组合的剪力设计值；

f_c——混凝土轴心抗压强度设计值；

b——连梁截面宽度；

h_0——连梁截面有效高度；

β_c——混凝土强度影响系数。

3）斜截面承载力验算

考虑地震组合连梁斜截面承载力应符合：

跨高比大于 2.5 的连梁：

$$V \leqslant \frac{1}{\gamma_{RE}} \left(0.42 f_t b h_0 + f_{yv} \frac{A_{sv}}{s} h_0 \right) \tag{7.80}$$

跨高比不大于 2.5 的连梁：

$$V \leqslant \frac{1}{\gamma_{RE}} \left(0.38 f_t b h_0 + 0.9 f_{yv} \frac{A_{sv}}{s} h_0 \right) \tag{7.81}$$

式中 V——调整后的连梁截面剪力设计值。

（3）配置斜向交叉钢筋时连梁受剪承载力计算

对于一、二级抗震等级的连梁，当跨高比不大于 2.5 时，除普通箍筋外宜另配置斜向交叉钢筋，其截面限制条件及斜截面受剪承载力可按下列规定计算：

1）当洞口连梁截面宽度不小于 250mm 时，可采用交叉斜筋配筋，如图 7.27 所示，其截面限制条件及斜截面受剪承载力应符合下列规定：

① 受剪截面应符合下列要求：

$$V_{wb} \leqslant \frac{1}{\gamma_{RE}}(0.25\beta_c f_c bh_0) \qquad (7.82)$$

② 斜截面受剪承载力应符合下列要求：

$$V_{wb} \leqslant \frac{1}{\gamma_{RE}}[0.4f_t bh_0 + (2.0\sin\alpha + 0.6\eta)f_{yd}A_{sd}] \qquad (7.83)$$

$$\eta = (f_{sv}A_{sv}h_0)/(sf_{yd}A_{yd}) \qquad (7.84)$$

式中　η——箍筋与对角斜筋的配筋强度比，当小于 0.6 时取 0.6，当大于 1.2 时取 1.2；

　　　α——对角斜筋与梁纵轴的夹角；

　　　f_{yd}——对角斜筋的抗拉强度设计值；

　　　A_{sd}——单向对角斜筋的截面面积；

　　　A_{sv}——同一截面内箍筋各肢的全部截面面积。

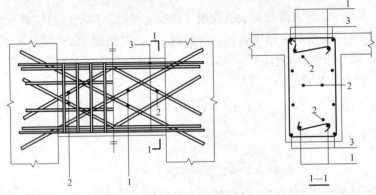

图 7.27　交叉斜筋配筋连梁
1—对角配筋；2—折线筋；3—纵向钢筋

2）当连梁截面宽度不小于 400mm 时，可采用集中对角斜筋配筋，如图 7.28 所示，或对角暗撑配筋，如图 7.29 所示，其截面限制条件及斜截面受剪承载力应符合下列规定：

① 受剪截面应符合式（7.83）的要求；

② 斜截面受剪承载力应符合下列要求：

$$V_{wb} \leqslant \frac{2}{\gamma_{RE}}f_{yd}A_{sd}\sin\alpha \qquad (7.85)$$

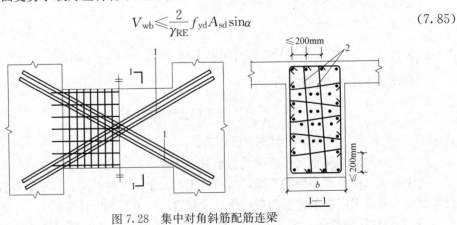

图 7.28　集中对角斜筋配筋连梁
1—对角斜筋；2—连梁

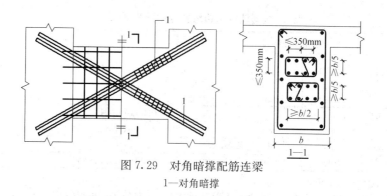

图 7.29 对角暗撑配筋连梁

1—对角暗撑

7.5.4 抗震墙结构的抗震构造措施

1. 抗震墙的厚度

抗震墙的厚度，一、二级不应小于 160mm 且不宜小于层高或无支长度的 1/20，三、四级不应小于 140mm 且不宜小于层高或无支长度的 1/25；无端柱或翼墙时，一、二级不宜小于层高或无支长度的 1/16，三、四级不宜小于层高或无支长度的 1/20。

底部加强部位的墙厚，一、二级不应小于 200mm 且不宜小于层高或无支长度的 1/16，三、四级不应小于 160mm 且不宜小于层高或无支长度的 1/20；无端柱或翼墙时，一、二级不宜小于层高或无支长度的 1/12，三、四级不宜小于层高或无支长度的 1/16。

2. 墙肢轴压比

一、二、三级抗震墙在重力荷载代表值作用下墙肢的轴压比，一级时，9 度不宜大于 0.4，7、8 度不宜大于 0.5；二、三级时不宜大于 0.6。

注：墙肢轴压比指墙轴压力设计值与墙全截面面积和混凝土轴心抗压强度设计值乘积之比值。

3. 边缘构件

抗震墙两端和洞口两侧应设置边缘构件，边缘构件包括暗柱、端柱和翼墙，并应符合下列要求：

（1）对于抗震墙结构，底层墙肢底截面的轴压比不大于表 7.17-1 规定的一、二、三级抗震墙及四级抗震墙，墙肢两端可设置构造边缘构件，构造边缘构件的范围可按图 7.30-1 采用，构造边缘构件的配筋除应满足受弯承载力要求外，并符合表 7.17-2 要求。

抗震墙设置构造边缘构件的最大轴压比　　　　　　　　　　表 7.17-1

抗震等级或烈度	一级（9 度）	一级（7、8 度）	二、三级
轴压比	0.1	0.2	0.3

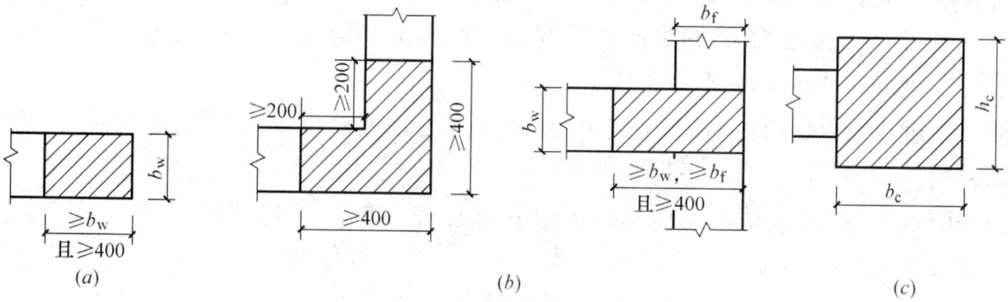

图 7.30-1 抗震墙的构造边缘构件范围

（a）暗柱　（b）翼柱　（c）端柱

抗震等级	底部加强部位			其他部位		
	纵向钢筋最小量（取较大值）	箍筋最小直径（mm）	箍筋沿竖向最大间距（mm）	纵向钢筋最小量（取较大值）	箍筋最小直径（mm）	箍筋沿竖向最大间距（mm）
一	$0.010A_c$，$6\phi16$	8	100	$0.008A_c$，$6\phi14$	8	150
二	$0.008A_c$，$6\phi14$	8	150	$0.006A_c$，$6\phi12$	8	200
三	$0.006A_c$，$6\phi12$	6	150	$0.005A_c$，$4\phi12$	6	200
四	$0.005A_c$，$4\phi12$	6	200	$0.004A_c$，$4\phi12$	6	250

注：1. A_c 为边缘构件的截面面积；

　　2. 其他部位的拉筋，水平间距不应大于纵筋间距的 2 倍；转角处宜采用箍筋；

　　3. 当端柱承受集中荷载时，其纵向钢筋、箍筋直径和间距应满足柱的相应要求。

（2）底层墙肢底截面的轴压比大于表 7.17-1 规定的一、二、三级抗震墙，以及部分框支抗震墙结构的抗震墙，应在底部加强部位及相邻的上一层设置约束边缘构件，在以上的其他部位可设置构造边缘构件。约束边缘构件沿墙肢的长度、配箍特征值、箍筋和纵向钢筋宜符合表 7.17-3 的要求（图 7.30-2）。

项目	一级（9度）		一级（8度）		二、三级	
	$\lambda\leqslant0.2$	$\lambda>0.2$	$\lambda\leqslant0.3$	$\lambda>0.3$	$\lambda\leqslant0.4$	$\lambda>0.4$
l_c（暗柱）	$0.20h_w$	$0.25h_w$	$0.15h_w$	$0.20h_w$	$0.15h_w$	$0.20h_w$
l_c（翼墙或端柱）	$0.15h_w$	$0.20h_w$	$0.10h_w$	$0.15h_w$	$0.10h_w$	$0.15h_w$
λ_v	0.12	0.20	0.12	0.20	0.12	0.20
纵向钢筋（取较大值）	$0.012A_c$，$8\phi16$		$0.012A_c$，$8\phi16$		$0.010A_c$，$6\phi16$（三级 $6\phi14$）	
箍筋或拉筋沿竖向间距	100mm		100mm		150mm	

注：1. 抗震墙翼墙长度小于其 3 倍厚度或端柱截面边长小于 2 倍墙厚时，按无翼墙、无端柱查表；

　　2. l_c 为约束边缘构件沿墙肢长度，且不小于墙厚和 400mm；有翼墙或端柱时不应小于翼墙厚度或端柱沿墙肢方向截面高度加 300mm；

　　3. λ_v 为约束边缘构件的配箍特征值，体积配箍率可按规范计算，并可适当计入满足构造要求且在墙端有可靠锚固的水平分布钢筋的截面面积；

　　4. h_w 为抗震墙墙肢长度；

　　5. λ 为墙肢轴压比；

　　6. A_c 为图 7.30-2 中约束边缘构件阴影部分的截面面积。

（3）墙肢分布钢筋

抗震墙竖向、横向分布钢筋的配筋，应符合下列要求：

1）一、二、三级抗震墙的竖向和横向分布钢筋最小配筋率均不应小于 0.25%，四级抗震墙分布钢筋最小配筋率不应小于 0.20%。

注：高度小于 24m 且剪压比很小的四级抗震墙，其竖向分布筋最小配筋率应允许按 0.15% 采用。

2）部分框支抗震墙结构的落地抗震墙底部加强部位，竖向和横向分布钢筋配筋率均不应小于 0.3%。

抗震墙竖向和横向分布钢筋的配置，尚应符合下列规定：

1）抗震墙的竖向和横向分布钢筋的间距不宜大于 300mm，部分框支抗震墙结构的落

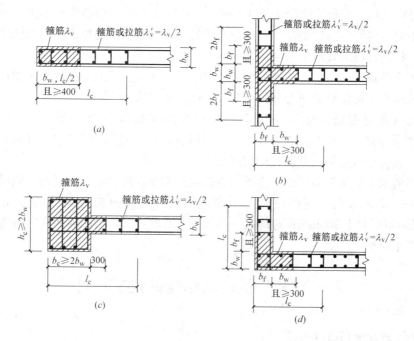

图 7.30-2　抗震墙的约束边缘构件

(*a*) 暗柱　(*b*) 有翼墙　(*c*) 有端柱　(*d*) 转角墙（L形墙）

地抗震墙底部加强部位，竖向和横向分布钢筋的间距不宜大于 200mm；

2）抗震墙厚度大于 140mm 时，其竖向和横向分布钢筋应双排布置，双排分布钢筋间拉筋的间距不宜大于 600mm，直径不应小于 6mm；

3）抗震墙竖向和横向分布钢筋的直径，均不宜大于墙厚的 1/10 且不应小于 8mm；竖向钢筋直径不宜小于 10mm。

（4）小墙肢配筋

抗震墙的墙肢长度不大于墙厚的 3 倍时，应按柱的有关要求进行设计；矩形墙肢的厚度不大于 300mm 时，尚宜全高加密箍筋。

（5）连梁构造

跨高比较小的高连梁，可设水平缝形成双连梁、多连梁或采取其他加强受剪承载力的构造。顶层连梁的纵向钢筋伸入墙体的锚固长度范围内，应设置箍筋。

抗震墙连梁的纵向钢筋、斜筋及箍筋的构造应符合下列要求：

连梁沿上、下边缘单侧纵向钢筋的最小配筋率不应小于 15%，且配筋不宜少于 2φ12；交叉斜筋配筋连梁单向对角斜筋不宜少于 2φ12，单组折线筋的截面面积可取为单向对角斜筋截面面积的一半，且直径不宜小于 12mm；集中对角斜筋配筋连梁和对角暗撑连梁中每组对角斜筋应至少由 4 根直径不小于 14mm 的钢筋组成。

交叉斜筋配筋连梁的对角斜筋在梁端部位应设置不少于 3 根拉筋，拉筋的间距不应大于连梁宽度和 200mm 的较小值，直径不应小于 6mm；集中对角斜筋配筋连梁应在梁截面内沿水平方向及竖直方向设置双向拉筋，拉筋应勾住外侧纵向钢筋，间距不应大于 200mm，直径不应小于 8mm；对角暗撑配筋连梁中暗撑箍筋的外缘沿梁截面宽度方向不宜小于梁宽的一半，另一方向不宜小于梁宽的 1/5；对角暗撑约束箍筋的间距不宜大于暗撑钢筋直径的 6 倍，当计算间距小于 100mm 时可取 100mm，箍筋肢距不应大于 350mm。

除集中对角斜筋配筋连梁以外，其余连梁的水平钢筋及箍筋形成的钢筋网之间应采用拉筋拉结，拉筋直径不宜小于 6mm，间距不宜大于 400mm。

沿连梁全长箍筋的构造宜按规范中框架梁梁端加密区箍筋的构造要求采用；对角暗撑配筋连梁沿连梁全长箍筋的间距可按规范规定值的两倍取用。

连梁纵向受力钢筋、交叉斜筋伸入墙内的锚固长度不应小于 l_{aE}，且不应小于 600mm；顶层连梁纵向钢筋伸入墙体的长度范围内，应配置间距不大于 150mm 的构造箍筋，箍筋直径应与该连梁的箍筋直径相同。

抗震墙的水平分布钢筋可作为连梁的纵向构造钢筋在连梁范围内贯通。当梁的腹板高度 h_w 不小于 450mm 时，其两侧面沿梁高范围设置的纵向构造钢筋的直径不应小于 10mm，间距不应大于 200mm；对跨高比不大于 2.5 的连梁，梁两侧的纵向构造钢筋的面积配筋率尚不应小于 0.3%。

7.6 框架-抗震墙结构的抗震设计

7.6.1 框架-抗震墙的设计方法

1. 框架-抗震墙结构受力特点

框架-抗震墙结构是由框架和抗震墙两种不同的抗侧力结构组成。这两种结构的受力特点和变形性质都不相同，框架在水平力作用下属于剪切型变形的竖向空腹悬臂构件，而抗震墙在水平力作用下属弯曲型变形的竖向悬臂构件，由于有刚性楼盖将框架和抗震墙连接成一个整体，使框剪结构成为一个空间结构受力体系，其变形既非剪切型亦非弯曲型而是剪弯型在框架和抗震墙结构的下部楼层，抗震墙的位移较小，它拉着框架按弯曲型曲线变形，抗震墙承受大部分水平力，上部楼层则相反，抗震墙位移越来越大，有外侧的趋势，而框架则有内收的趋势，框架拉抗震墙按剪切型曲线变形，框架除了负担外荷载产生的水平力外，还额外负担了把剪力拉回来的附加水平力，抗震墙不但不承受荷载产生的水平力，还因为给框架一个附加水平力而承受负剪力，所以，上部楼层即使外荷载产生的楼层剪力很小，框架中也出现相当大的剪力。

2. 框架部分抗震等级、房屋适用高度和高宽比调整

抗震设计时，地震引起的对房屋的倾覆力矩由框架和剪力墙共同承担，若由框架承担的部分大于总倾覆力矩的 50% 以上，说明框架部分已居于主要地位，应加强其抗震储备。具体要求是：按纯框架结构的要求来确定其抗震等级，轴压比也按纯框架结构的规定来限制。至于适用高度和高宽比则可取框架结构和抗震墙结构两者之间的值，视框架部分承担总倾覆力矩的百分比而定；当框架部分承担的百分比接近 0 时取抗震墙结构的适用高度和高宽比，当框架部分承担的百分比接近 100% 时取框架结构的适用高度和高宽比。

3. 剪力调整

《建筑抗震设计规范》GB 50011—2010 中对框架-抗震墙、框架-核心筒结构中框架部分承担剪力的调整沿用了原规范的规定。当框架-抗震墙、框架-核心筒结构计算分析的框架部分各层地震剪力的最大值小于结构底部总地震剪力的 10% 时，规范规定"任意一层

框架结构部分承担的地震剪力不应小于结构底部总地震剪力的 15%"。在实际工程中，部分设计人根据一些结构分析程序上设定的选项，对框架柱的剪力调整设置了上限，如最多调整到计算剪力值的 2.0 倍，这种做法是不妥的，应按实际需要进行调整以满足规范要求。

7.6.2 框架-抗震墙的抗震计算

1. 框架-抗震墙协同工作体系

框架-抗震墙结构不同于框架结构的一个重要特点在于结构整体分析时要进行框架与抗震墙协同工作计算。

基本假定：

（1）楼板在自身平面内的刚度为无限大。这保证了楼板将整个结构单元内的所有框架和剪力墙连为整体，不产生相对变形；

（2）房屋的刚度中心与作用在结构上的水平荷载（风荷载或水平地震作用）的合力作用点重合，在水平荷载作用下房屋不产生绕竖轴的扭转。

注：1. 在这两个基本假定的前提下，同一楼层标高处，各榀框架和剪力墙的水平位移相等。
2. 可将结构单元内所有剪力墙综合在一起，形成一榀假想的总剪力墙，总剪力墙的弯曲刚度等于各榀剪力墙弯曲刚度之和；把结构单元内所有框架综合起来，形成一榀假想的总框架，总框架的剪切刚度等于各榀框架剪切刚度之和。

2. 计算模型

（1）框架-剪力墙铰结体系

对于图 7.31（a）所示结构单元平面，如沿房屋横向的 3 榀剪力墙均为双肢墙，因连梁的转动约束作用已考虑在双肢墙的刚度内，则总框架与总剪力墙之间可按铰结考虑。连杆是刚性的（即 $EA \to \infty$），反映了刚性楼板的假定，保证总框架与总剪力墙在同一楼层标高处的水平位移相等。

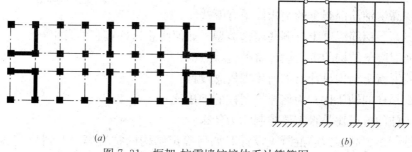

（a）   （b）

图 7.31　框架-抗震墙铰接体系计算简图

（2）框架-剪力墙刚结体系

对于图 7.32（a）所示结构单元平面，沿房屋横向有 3 片剪力墙，剪力墙与框架之间有连梁联结，当考虑连梁的转动约束作用时，连梁两端可按刚结考虑，其横向计算简图如图 7.32（b）所示。总连梁代表②⑤⑧轴线 3 列连梁的综合。

7.6.3 框架-抗震墙抗震构造措施

框架-抗震墙的构造与框架结构和抗震墙结构的相应要求基本相同。框架-抗震墙结构的抗震墙厚度和边框设置、配筋还应符合下列要求：

111

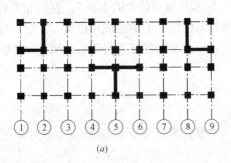
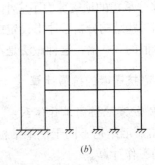

(a) (b)

图 7.32　框架-抗震墙刚接体系计算简图

1. 框架-抗震墙结构中抗震墙的厚度不应小于 160mm 且不宜小于层高或无支长度的 1/20，底部加强部位的抗震墙厚度不应小于 200mm 且不宜小于层高或无支长度的 1/16；

2. 有端柱时，墙体在楼盖处宜设置暗梁，暗梁的截面高度不宜小于墙厚和 400mm 的较大值；端柱截面宜与同层框架柱相同，并应满足规范对框架柱的要求；抗震墙底部加强部位的端柱和紧靠抗震墙洞口的端柱宜按柱箍筋加密区的要求沿全高加密箍筋；

3. 抗震墙的竖向和横向分布钢筋，配筋率均不应小于 0.25%，钢筋直径不宜小于 10mm，间距不宜大于 300mm，并应双排布置，双排分布钢筋间设置拉筋；

4. 楼面梁与抗震墙平面外连接时，不宜支承在洞口连梁上；沿梁轴线方向宜设置与梁连接的抗震墙，梁的纵筋应锚固在墙内；也可在支承梁的位置设置扶壁柱或暗柱，并应按计算确定其截面尺寸和配筋；

5. 框架-抗震墙结构的其他抗震构造措施，应符合规范的有关要求。

思 考 题

1. 多、高层钢筋混凝土的结构体系有哪些？
2. 多、高层钢筋混凝土有哪些震害类型？如何防止这些震害的发生？
3. 钢筋混凝土结构的抗震设计有哪些特点？
4. 钢筋混凝土结构设计时如何体现概念设计？
5. 什么是柱的轴压比？为何要控制柱的轴压比？
6. 梁、柱的剪压比是否需要控制？为什么？
7. 在进行多、高层钢筋混凝土设计时如何确定结构的抗震等级？划分抗震等级有什么意义？
8. 钢筋混凝土框架和框架-剪力墙结构应如何布置？
9. 受剪构件的破坏特征有哪些？
10. 如何实现"强柱弱梁"、"强剪弱弯"设计原则？
11. 抗震设计时如何确保梁、柱在延性破坏之前不会发生其他的脆性破坏？
12. 多、高层钢筋混凝土结构的抗震设计对纵向钢筋的配筋率有哪些要求？
13. 如何验算框架节点核心区受剪承载力？

第8章 钢结构抗震设计

8.1 震害描述

　　钢结构房屋主要是指以钢结构构件为主要承重构件的结构体系。钢材的特点是强度高、自重轻、整体刚性好、变形能力强，故常用于建造大跨度和超高、超重型的建筑物；其次由于钢材的材料匀质性和各向同性好，属理想弹性体，最符合一般工程力学的基本假定，塑性、韧性好，可有较大变形，能很好地承受动力荷载，所以钢结构房屋的抗震性能是优于钢筋混凝土结构的。简言之，由于钢材优异的力学性能，所以钢结构房屋的抗震性能要比混凝土结构好，但是如果钢结构房屋在结构设计，材料选择和施工制作以及后期维护上出现问题，依然会在地震作用下发生破坏，出现各种震害现象。

　　下面简要介绍一下常见的钢结构房屋的结构类型。通常的钢结构体系主要有框架体系、框架-支撑体系、框架-剪力墙板体系、筒体体系和巨型框架体系等。

　　1. 框架体系

　　框架结构体系指整栋结构都是由梁、柱组成的框架来承受竖向荷载和侧向荷载的结构体系。框架体系的钢结构房屋是一个几何不变体，其所有连接点均是节点；在竖向荷载作用下，梁和柱相互制约可以减少横梁的跨中弯矩，而在水平力作用下，梁柱的刚接可提高柱子的抗推刚度，因而具有较好的整体性和抗震能力。

　　2. 框架-支撑体系

　　在框架结构基础上，沿着结构的纵横方向布置一定数量的支撑就形成了框架-支撑体系。支撑的类型又包括中心支撑和偏心支撑两种。

　　(1) 中心支撑

　　中心支撑（图8.1）体系是现在中高层钢结构建筑的常用形式，其主要特征是支撑斜

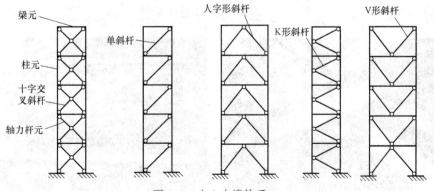

图 8.1 中心支撑体系

（图中从左至右分别为 X 形支撑、单斜支撑、人字形支撑、K 形支撑、V 形支撑）

杆连接于框架梁柱节点上，即无论斜杆与梁还是柱交于一点时，都不产生偏心距。它具有较大的抗侧刚度，在小震作用下拥有很好的抗震性能；但在大震作用下，支撑容易屈曲失稳，造成刚度及耗能能力急剧下降。因此，中心支撑较适于设防烈度较低的抗震。图 8.2 所示为北京电视中心就是中心支撑体系。

图 8.2　X形支撑体系

（2）偏心支撑

偏心支撑框架（图 8.3）的主要特点是在构造上使支撑轴线偏离梁和柱轴线的交点，进而在支撑和柱之间或支撑和支撑之间形成一段耗能梁段。耗能梁段的设置改变了支撑斜杆与梁（耗能梁段）的先后屈服顺序，即在罕遇地震时，一方面通过耗能梁段的非弹性变形进行耗能，另一方面使耗能梁段的剪切屈服在先保证支撑斜杆不屈曲或屈曲在后，从而相应地延长结构抗震能力的持续时间。因而偏心支撑体系具有更大的抗侧移刚度和极限承载力，能适用于罕遇地震下的抗震要求。图 8.4 为两种典型偏心支撑体系结构。

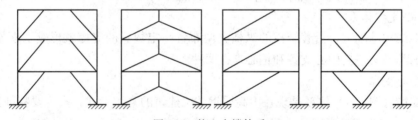

图 8.3　偏心支撑体系

图 8.4　偏心支撑体系结构实例

114

3. 框架-抗震墙板体系

在钢框架中嵌入一定数量的抗震墙板就形成了框架抗震墙板体系，这类结构体系具有更大的侧移刚度。常见的抗震墙板有带竖缝的钢筋混凝土墙板（图8.5）、内藏钢支撑混凝土墙板（图8.6）和钢抗震墙板。带竖缝墙板在地震作用下由弹性阶段向塑性屈服阶段逐步过渡，保证结构在各种强度地震作用下的承载力；内藏钢板支撑混凝土墙板实质是以钢板为支撑构件外包钢筋混凝土墙板的一种支撑体系结构，并在支撑节点做钢框架连接。钢抗震墙板是一种用钢板或带加劲肋的钢板制成的墙板。通常在多高层建筑中，结合楼梯间、竖向防火通道等的设置，较多采用钢筋混凝土墙板。图8.7为某钢抗震墙板实体图。

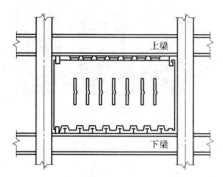

图8.5　带竖缝剪力墙板与框架的连接

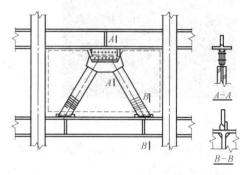

图8.6　内藏钢板剪力墙板与框架的连接

4. 筒体体系

筒体结构由框架-剪力墙结构与全剪力墙结构综合演变和发展而来。它是将剪力墙或密柱框架集中到房屋的内部和外围而形成的空间封闭式的筒体。由于其剪力墙集中而可以获得较大的使用空间，所以多用于写字楼等建筑。

筒体结构按布置方式和构造可分为四种基本形式。

（1）框筒结构

框筒结构是外圈由密柱和深梁组成的框架围成的封闭式筒体，如图8.10（a）所示。在框筒钢结构中主要由梁和柱刚接连接形成的外围刚接框架筒承受横

图8.7　某实际工程中的钢抗震墙板

向水平荷载，而内部柱只承受垂直荷载，可以灵活布置。总体来说框筒结构具有较高的抗侧移刚度，被广泛应用于超高层建筑。图8.8所示的北京银泰中心主楼就采用了框筒结构体系。

（2）桁架筒结构

桁架筒体系结构只是在框筒结构中，将其外围框筒增加大型交叉的支撑构成桁架筒。其示意图如图8.10（c）所示。

（3）筒中筒结构

筒中筒结构体系是由两个以上的同心框筒组成。内外筒体可以选用不同的平面设置，如内圆外方等不同的平面组合。通常情况下，外筒是由密柱和深梁组成的刚框筒，具有较大的整体抗弯刚度和抗弯能力；内筒亦可采用深梁密柱的钢框筒，并增设竖向支撑，以提高整个

图 8.8 北京银泰中心主楼

图 8.9 天津津塔

结构的整体抗侧能力。图 8.9 所示的高达 336.9m 的天津津塔就采用了筒中筒结构体系。

（4）束筒结构

即组合筒结构。它是由多个筒体并列组合形成的框筒束。这种结构体系在平面设置中比较多样，可适用于不规则平面，可组成任何建筑外形，并能适应不同高度的体型组合的需要，丰富了建筑的外观。同时由于将各个筒体组合起来，其具有更好的整体性和更大的整体侧向刚度以及抗扭能力，能适用于超高层建筑和高等级抗震要求。图 8.10（b）为束筒体系示意图，而图 8.10（d）所示的美国芝加哥 110 层的西尔斯大厦就是采用束筒结构体系。

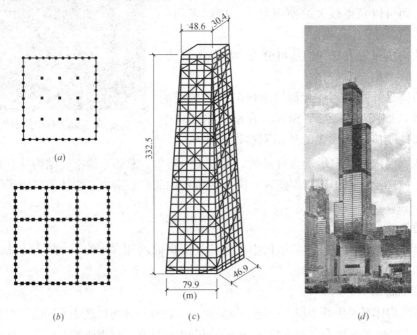

图 8.10 筒体体系

（a）框架筒；（b）束筒；（c）桁架筒；（d）西尔斯大厦

116

5. 巨型框架体系

巨型框架结构也称为主次框架结构，它是由大型构件巨型梁、巨型柱等组成的主结构与由常规梁、柱构件组成的次结构共同工作的结构体系。主结构中的巨型柱和梁由立体桁架柱和梁组成，而次结构就位于由主结构中巨型梁沿纵横向布置所形成的空间桁架层中，用来承受空间桁架层之间的各层楼面荷载，并将其传递给巨型梁和柱。巨型框架体系能够在保证结构具有较大的刚度和强度的前提下，提供较大的使用空间。图 8.11 所示的上海证券大厦就属于巨型框架体系。

图 8.11　上海证券大厦（巨型框架体系）

8.2　钢结构震害及其分析

虽然钢结构比钢筋混凝土结构具有更好的抗震性，但在强烈地震作用下也会出现破坏，根据其不同的破坏形式，其震害大致可以分为结构倒塌、构件破坏，节点破坏和基础锚固破坏。

（1）结构侧向大变形甚至倒塌

结构倒塌是钢结构房屋在地震作用下最严重的破坏形式，但是在实际中发生的概率比较小。更多的破坏则是结构的侧向变形，而过量的侧向变形会影响建筑使用。钢结构房屋整体倒塌或发生侧向变形的主要原因是结构存在一个或多个薄弱层。地震作用下，结构首先从薄弱层发生较大的层间位移，进而由于 p-δ 效应导致薄弱层以上的结构整体倒塌。薄弱层的位置可以根据楼层屈服强度系数判定，它与结构侧向刚度沿高度的具体分布有关。其次还有原因，即个别构件在地震作用下首先失效，从而引起连锁反应，如果较多的结构承载构件连接发生破坏，那么也有可能导致结构楼层的连续倒塌。

图 8.12　支撑屈曲失稳

（2）构件破坏

构件的破坏包括主要支撑构件的破坏和失稳以及梁柱的局部破坏。

1）支撑构件的破坏和失稳。钢结构的支撑构件在地震的往返力作用下受到反复拉压的轴力作用，当该轴力作用超过构件的屈曲临界力时，会导致构件发生压曲破坏。图 8.12 为支撑的屈曲失稳。

2）梁柱局部破坏。柱的局部屈曲破坏主要表现为翼缘屈曲、翼缘撕裂和框架柱水平裂缝和断裂破坏。而对于框架梁，会发生翼缘屈曲、腹板屈曲和开裂、扭转屈曲等破坏方式。图 8.13 和图 8.14 为某钢结构厂房的横梁和柱发生屈曲破坏。图 8.15 为日本阪神地震中某高层钢结构住宅的梁柱支撑节点附近，箱形截面柱子发生断裂破坏。

图 8.13　钢梁屈曲破坏　　　　　　　　　　图 8.14　钢柱屈曲破坏坏失稳

（3）节点破坏

在钢结构中，在节点处常用的连接方式是焊接、拴接和混合连接。对于焊接，在地震作用下，在焊接处应力过大，焊缝可能被撕开，导致构件脱落破坏，或者如果焊缝出现任何缺陷，则在外力作用下也可能会因应力集中和受力不均匀发生节点破坏。对于拴接，如果承载力不够，可能导致部分或全部螺栓脱落，而如果螺栓强度过大，则构件可能会被螺栓挤压发生破坏。图 8.16 为某钢结构厂房节点处发生断裂。

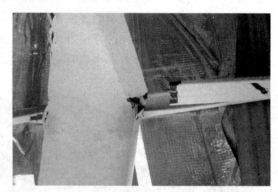

图 8.15　钢柱水平裂缝破坏　　　　　　　　图 8.16　节点破坏

（4）基础锚固破坏

钢构件与基础的锚固破坏形式主要有柱脚螺栓脱开，混凝土锚固失效以及连接板断裂等。这些破坏产生的原因主要是在设计构造、材料质量或施工等环节出现了问题。图 8.17 为某厂房柱脚出现的锚固破坏。

综上所述，虽然钢结构房屋的震害形式多样，但其原因最终可以归结为设计、结构构

图 8.17　钢柱脚破坏

造、施工质量、材料质量和日常维护等方面存在问题。因此，在设计和建造钢结构房屋以及后期维护中，必须严格遵守相关规程，才能保证结构的安全性和可靠性。

8.3　抗震设计的一般规定

8.3.1　高层钢结构的布置原则

1. 钢结构的最大适用高度

在钢结构中，如果结构高度越大，需要的抗侧能力越大，如果结构过高，则从经济和安全性上考虑是不合适的，所以需要确定钢结构的最大适用高度。根据规范，钢结构民用房屋的结构类型和最大高度应符合表 8.1 的规定。平面和竖向均不规则的钢结构，适用的最大高度宜适当降低。

钢结构房屋使用的最大高度（m）　　　　　　　表 8.1

结构类型	6、7度 (0.10g)	7度 (0.15g)	8度		9度 (0.40g)
			(0.20g)	(0.30g)	
框架	110	90	90	70	50
框架-中心支撑	220	200	180	150	120
框架-偏心支撑（延性墙板）	240	220	200	180	160
筒体（框筒，筒中筒，桁架筒，束筒）和巨型框架	300	280	260	240	180

注：1. 房屋高度指室外地面到主要屋面板板顶的高度（不包括局部突出屋顶部分）；
　　2. 超过表内高度的房屋，应进行专门研究和论证，采取有效的加强措施；
　　3. 表内的筒体不包括混凝土筒。

2. 高层钢结构的高宽比限值

钢结构民用房屋使用的最大高宽比　　　　　　　表 8.2

抗震设防烈度	6、7度	8度	9度
最大高宽比	6.5	6	5.5

注：塔形建筑的底部有大底盘时，高宽比可按大底盘以上计算。

8.3.2 防震缝设置

钢结构房屋需要设置防震缝时，缝宽应不小于相应钢筋混凝土结构房屋的 1.5 倍。

8.3.3 支撑设置

一、二级的钢结构房屋，宜采用含偏心支撑、带竖缝钢筋混凝土抗震墙板、内藏钢支撑钢筋混凝土墙板或屈曲约束支撑等消能支撑的框架-支撑结构或筒体结构。采用框架结构时，甲、乙类建筑和高层的丙类建筑不应采用单跨框架，多层的丙类建筑不宜采用单跨框架。

采用框架-支撑结构的钢结构房屋应符合下列规定：

1. 支撑框架在两个方向的布置均宜基本对称，支撑框架之间楼盖的长宽比不宜大于 3；

2. 三、四级且高度不大于 50m 的钢结构宜采用中心支撑，也可采用偏心支撑、屈曲约束支撑等消能支撑；

3. 中心支撑框架宜采用交叉支撑，也可采用人字支撑或单斜杆支撑，不宜采用 K 形支撑；支撑的轴线宜交汇于梁柱构件轴线的交点，偏离交点时的偏心距不应超过支撑杆件宽度，并应计入由此产生的附加弯矩。当中心支撑采用只能受拉的单斜杆体系时，应同时设置不同倾斜方向的两组斜杆，且每组中不同方向单斜杆的截面面积在水平方向的投影面积之差不应大于 10%；

4. 偏心支撑框架的每根支撑应至少有一端与框架梁连接，并在支撑与梁交点和柱之间或同一跨内另一支撑与梁交点之间形成消能梁段；

5. 采用屈曲约束支撑时，宜采用人字支撑、成对布置的单斜杆支撑等形式，不应采用 K 形或 X 形，支撑与柱的夹角宜在 $35°\sim55°$ 之间。屈曲约束支撑受压时，其设计参数、性能检验及作为一种消能部件的计算方法可按相关要求设计。钢框架-筒体结构，必要时可设置由筒体外伸臂或外伸臂和周边桁架组成的加强层。

8.3.4 楼盖设计

钢结构房屋的楼盖应符合下列要求：

1. 宜采用压型钢板现浇钢筋混凝土组合楼板或钢筋混凝土楼板，并应与钢梁有可靠连接；

2. 对 6、7 度时不超过 50m 的钢结构，尚可采用装配整体式钢筋混凝土楼板，也可采用装配式楼板或其他轻型楼盖；但应将楼板预埋件与钢梁焊接，或采取其他保证楼盖整体性的措施；

3. 对转换层楼盖或楼板有大洞口等情况，必要时可设置水平支撑。

8.3.5 地下室设置

钢结构房屋的地下室设置，应符合下列要求：

1. 设置地下室时，框架-支撑（抗震墙板）结构中竖向连续布置的支撑（抗震墙板）应延伸至基础；钢框架柱应至少延伸至地下一层，其竖向荷载应直接传至基础；

120

2. 超过 50m 的钢结构房屋应设置地下室。其基础埋置深度，当采用天然地基时不宜小于房屋总高度的 1/15，如图 8.18 所示；当采用桩基时，桩承台埋深不宜小于房屋总高度的 1/20。

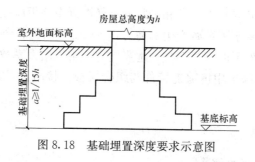

图 8.18　基础埋置深度要求示意图

8.4　钢结构抗震计算

8.4.1　结构计算模型的技术要点

1. 钢结构抗震计算的阻尼比宜符合下列规定：

（1）多遇地震下的计算，高度不大于 50m 时可取 0.04；高度大于 50m 且小于 200m 时，可取 0.03；高度不小于 200m 时，宜取 0.02；

（2）当偏心支撑框架部分承担的地震倾覆力矩大于结构总地震倾覆力矩的 50% 时，其阻尼比可比本条 1 款相应增加 0.005；

（3）在罕遇地震下的弹塑性分析，阻尼比可取 0.05。

2. 钢结构在地震作用下的内力和变形分析，应符合下列规定：

（1）按规范相关规定计入重力二阶效应。进行二阶效应的弹性分析时，应按现行国家标准《钢结构设计规范》GB 50017 的有关规定，在每层柱顶附加假想水平力；

（2）框架梁可按梁端截面的内力设计。对工字形截面柱，宜计入梁柱节点域剪切变形对结构侧移的影响；对箱形柱框架、中心支撑框架和不超过 50m 的钢结构，其层间位移计算可不计入梁柱节点域剪切变形的影响，近似按框架轴线进行分析；

（3）钢框架-支撑结构的斜杆可按端部铰接杆计算；其框架部分按刚度分配计算得到的地震层剪力应乘以调整系数，达到不小于结构底部总地震剪力的 25% 和框架部分计算最大层剪力 1.8 倍二者的较小值；

（4）中心支撑框架的斜杆轴线偏离梁柱轴线交点不超过支撑杆件的宽度时，仍可按中心支撑框架分析，但应计及由此产生的附加弯矩；

（5）偏心支撑框架中与消能梁段相连构件的内力设计值，应按下列要求调整：

1）支撑斜杆的轴力设计值，应取与支撑斜杆相连接的消能梁段达到受剪承载力时支撑斜杆轴力与增大系数的乘积；其增大系数，一级不应小于 1.4，二级不应小于 1.3，三级不应小于 1.2；

2）位于消能梁段同一跨的框架梁内力设计值，应取消能梁段达到受剪承载力时框架梁内力与增大系数的乘积；其增大系数，一级不应小于 1.3，二级不应小于 1.2，三级不应小于 1.1；

3）框架柱的内力设计值，应取消能梁段达到受剪承载力时柱内力与增大系数的乘积；其增大系数，一级不应小于 1.3，二级不应小于 1.2，三级不应小于 1.1；

（6）内藏钢支撑钢筋混凝土墙板和带竖缝钢筋混凝土墙板应按有关规定计算，带竖缝钢筋混凝土墙板可仅承受水平荷载产生的剪力，不承受竖向荷载产生的压力；

（7）钢结构转换构件下的钢框架柱，地震内力应乘以增大系数，其值可采用 1.5。

3. 钢框架梁的上翼缘采用抗剪连接件与组合楼板连接时，可不验算地震作用下的整体稳定。

8.4.2 抗震承载力验算

1. 钢框架节点的承载力验算

（1）节点左右梁端和上下柱端的全塑性承载力除下列情况之一外，应符合式（8.1）和式（8.2）的要求：

1）柱所在楼层的受剪承载力比相邻上一层的受剪承载力高出 25%；

2）柱轴压比不超过 0.4，$N_2 \leqslant \varphi A_c f$ 或（N_2 为 2 倍地震作用组合轴力设计值）；

3）与支撑斜杆相连的节点。

等截面梁：

$$\sum W_{pc}(f_{yc} - N/A_c) \geqslant \eta \sum W_{pb} f_{yb} \qquad (8.1)$$

端部翼缘变截面的梁：

$$\sum W_{pc}(f_{yc} - N/A_c) \geqslant \sum (\eta W_{pb1} f_{yb} + V_{bp} s) \qquad (8.2)$$

式中　W_{pc}、W_{pb} ——分别为交汇于节点的柱和梁的塑性截面模量；

W_{bp1} ——梁塑性铰所在截面的梁塑性截面模量；

f_{yc}、f_{yb} ——分别为柱和梁的钢材屈服强度；

N ——地震组合的柱轴力；

A_c ——框架柱的截面面积；

η ——强柱系数；一级取 1.15，二级取 1.10，三级取 1.05；

V_{bp} ——梁塑性铰剪力；

s ——塑性铰至柱面距离，塑性铰取梁端部变截面翼缘的最小处。

（2）节点域的屈服承载力应符合下列要求：

$$\psi(M_{pb1} + M_{pb2})/V_p \leqslant (4/3) f_{yv} \qquad (8.3)$$

工字形截面柱：

$$V_p = h_{b1} h_{c1} t_w$$

箱形截面柱：

$$V_p = 1.8 h_{b1} h_{c1} t_w$$

圆形截面柱：

$$V_p (\pi/2) h_{b1} h_{c1} t_w$$

（3）工字形截面柱和箱形截面柱的节点域应按下列公式验算：

$$t_w \geqslant (h_b + h_c)/90 \qquad (8.4)$$

$$(M_{b1}+M_{b2})/V_p \leqslant (4/3)f_v\gamma_{RE} \tag{8.5}$$

式中 M_{pb1}、M_{pb2}——分别为节点域两侧梁的全塑性受弯承载力;

$\quad V_p$——节点域的体积;

$\quad f_v$——钢材的抗剪强度设计值;

$\quad f_{yv}$——钢材的屈服抗剪强度,取钢材屈服强度的 0.58 倍;

$\quad \psi$——折减系数;三、四级取 0.6,一、二级取 0.7;

$\quad h_{b1}$、h_{c1}——分别为梁翼缘厚度中点间的距离和柱翼缘(或钢管直径线上管壁)厚度中点间的距离;

$\quad t_w$——柱在节点域的腹板厚度;

$\quad M_{b1}$、M_{b2}——分别为节点域两侧梁的弯矩设计值;

$\quad \gamma_{RE}$——节点域承载力抗震调整系数,取 0.75。

2. 中心支撑框架构件的抗震承载力验算,应符合下列规定

(1) 支撑斜杆的受压承载力应按下式验算:

$$N/(\varphi A_{br}) \leqslant \psi f/\gamma_{RE} \tag{8.6}$$

$$\psi = 1/(1+0.35\lambda_n)$$

$$\lambda_n = (\lambda/\pi)\sqrt{f_{ay}E}$$

式中 N——支撑斜杆的轴向力设计值;

$\quad A_{br}$——支撑斜杆的截面面积;

$\quad \varphi$——轴心受压构件的稳定系数;

$\quad \psi$——受循环荷载时的强度降低系数;

$\quad \lambda$、λ_n——支撑斜杆的长细比和正则化长细比;

$\quad E$——支撑斜杆钢材的弹性模量;

$\quad f$、f_{ay}——分别为钢材强度设计值和屈服值;

$\quad \gamma_{RE}$——支撑稳定破坏承载力抗震调整系数。

(2) 人字支撑和 V 形支撑的框架梁在支撑连接处应保持连续,并按不计入支撑支点作用的梁验算重力荷载和支撑屈曲时不平衡力作用下的承载力;不平衡力应按受拉支撑的最小屈服承载力和受压支撑最大屈曲承载力的 0.3 倍计算。必要时,人字支撑和 V 形支撑可沿竖向交替设置或采用拉链柱。顶层和出屋面房间的梁则不需要按该要求。

3. 偏心支撑框架构件的抗震承载力验算,应符合下列规定:

(1) 消能梁段的受剪承载力应符合下列要求:

当 $N \leqslant 0.15Af$ 时:

$$V \leqslant \phi V_l/\gamma_{RE} \tag{8.7}$$

$$V_l = 0.58A_w f_{ay} \text{ 或 } V_l = 2M_{lp}/a,\text{取较小值}$$

$$A_w = (h-2t_f)t_w$$

$$M_{lp} = fW_p$$

当 $N \geqslant 0.15Af$ 时:

$$V \leqslant \phi V_{lc}/\gamma_{RE} \tag{8.8}$$

$$V_{l_c} = 0.58A_w f_{ay}\sqrt{1-[N/(Af)^2]}$$

$$或 V_{lc}=2.4M_{lp}[1-N/(Af)]/a，取较小值$$

式中　N、V——分别为消能梁段的轴力设计值和剪力设计值；

　　V_l、V_{lc}——分别为消能梁段受剪承载力和计入轴力影响的受剪承载力；

　　　M_{lp}——消能梁段的全塑性受弯承载力；

　　A、A_w——分别为消能梁段的截面面积和腹板截面面积；

　　　W_p——消能梁段的塑性截面模量；

　　a、h——分别为消能梁段的净长和截面高度；

　　t_w、t_f——分别为消能梁段的腹板厚度和翼缘厚度；

　　f、f_{ay}——消能梁段钢材的抗压强度设计值和屈服强度；

　　　　ϕ——系数，可取 0.9；

　　　γ_{RE}——消能梁段承载力抗震调整系数，取 0.75。

（2）支撑斜杆与消能梁段连接的承载力不得小于支撑的承载力。若支撑需抵抗弯矩，支撑与梁的连接应按抗压弯连接设计。

4. 钢结构抗侧力构件的连接计算，应符合下列要求：

（1）钢结构抗侧力构件连接的承载力设计值，不应小于相连构件的承载力设计值；高强度螺栓连接不得滑移；

（2）钢结构抗侧力构件连接的极限承载力应大于相连构件的屈服承载力；

（3）梁与柱刚性连接的极限承载力，应按下列公式验算：

$$M_u^j \geqslant \eta_i M_p$$

$$V_u^j \geqslant 1.2(2M_p/l_n)+V_{Gb}$$

（4）支撑与框架连接和梁、柱、支撑的拼接极限承载力，应按下列公式验算：

支撑连接和拼接　　　　　　　　$N_{ubr}^j \geqslant \eta_j A_{br} f_v$

梁的拼接　　　　　　　　　　　$M_{ub,sp}^j \geqslant \eta_j M_p$

柱的拼接　　　　　　　　　　　$M_{uc,sp}^j \geqslant \eta M_{pc}$

（5）柱脚与基础的连接极限承载力，应按下列公式验算：

$$M_{u,base}^j \geqslant \eta_j M_{pc}$$

式中　　　M_p、M_{pc}——分别为梁塑性受弯承载力和考虑轴力影响柱塑性受弯承载力；

　　　　　　　V_{Gb}——梁在重力荷载代表值（9 度时高层建筑尚应包括竖向地震作用标准值）作用下，按简支梁分析的梁端截面剪力设计值；

　　　　　　　　l_n——梁的净跨；

　　　　　　　　A_{br}——支撑杆件的截面面积；

　M_u^j、N_u^j/V_u^j——分别为连接的极限受弯、压（拉）、剪承载力；

N_{ubr}^j、$M_{ub,sp}^j$、$M_{uc,sp}^j$——分别为支撑、梁、柱拼接的极限受弯承载力；

　　　　　　$M_{u,base}^j$——柱脚的极限受弯承载力。

　　　　　　　　η_j——连接系数，可按表 8.3 采用。

钢结构抗震设计的连接系数 表 8.3

母材牌号	梁柱连接		支撑连接,构件拼接		柱脚	
	焊接	螺栓连接	焊接	螺栓连接		
Q235	1.40	1.45	1.25	1.30	埋入式	1.2
Q345	1.30	1.35	1.20	1.25	外包式	1.2
Q345GJ	1.25	1.30	1.15	1.20	外露式	1.1

注：1. 屈服强度高于 Q345 的钢材，按 Q345 的规定采用；

2. 屈服强度高于 Q345GJ 的 GJ 材，按 Q345GJ 的规定采用；

3. 翼缘焊接腹板拴接时，连接系数分别按表中连接形式取用。

8.5 钢结构的抗震构造要求

8.5.1 钢框架结构构造措施

1. 框架柱的长细比，一级不应大于 $60\sqrt{235/f_{\mathrm{ay}}}$，二级不应大于 $80\sqrt{235/f_{\mathrm{ay}}}$，三级不应大于 $100\sqrt{235/f_{\mathrm{ay}}}$，四级时不应大于 $120\sqrt{235/f_{\mathrm{ay}}}$。

2. 框架梁、柱板件宽厚比，应符合表 8.4 的规定。

框架梁、柱的板件宽厚比限值 表 8.4

	板件名称	一级	二级	三级	四级
柱	工字形截面翼缘外伸部分	10	11	12	13
	工字形截面腹板	43	45	48	52
	箱形截面壁板	33	36	38	40
梁	工字形截面和箱形截面翼缘外伸部分	9	9	10	11
	箱形截面翼缘在两腹板之间部分	30	30	32	36
	工字形截面和箱形截面腹板	$(72\sim120)N_b/$ $(Af)\leqslant60$	$(72\sim100)N_b/$ $(Af)\leqslant65$	$(80\sim10)N_b/$ $(Af)\leqslant70$	$(85\sim120)N_b/$ $(Af)\leqslant75$

注：1. 表列数值适用于 Q235 钢，采用其他牌号钢材时，应乘以 $\sqrt{235/f_{\mathrm{ay}}}$；

2. $N_b/(Af)$ 为梁轴压比。

3. 梁柱构件的侧向支承应符合下列要求：

（1）梁柱构件受压翼缘应根据需要设置侧向支承；

（2）梁柱构件在出现塑性铰的截面，上下翼缘均应设置侧向支承；

（3）相邻两侧向支承点间的构件长细比，应符合现行国家标准《钢结构设计规范》GB 50017 的有关规定。

4. 梁与柱的连接构造应符合下列要求：

（1）梁与柱的连接宜采用柱贯通型；

（2）柱在两个互相垂直的方向都与梁刚接时宜采用箱形截面，并在梁翼缘连接处设置隔板；隔板采用电渣焊时，柱壁板厚度不宜小于 16mm，小于 16mm 时可改用工字形柱或采用贯通式隔板。当柱仅在一个方向与梁刚接时，宜用工字形截面，并将柱腹板置于刚接框架平面内；

（3）工字形柱（绕强轴）和箱形柱与梁刚接时（图8.19），应符合下列要求：

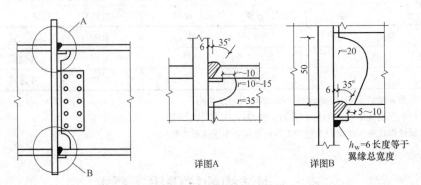

图8.19 框架梁与柱的现场连接

1）梁翼缘与柱翼缘间应采用全熔透坡口焊缝；一、二级时，应检验焊缝的V形切口冲击韧性，其恰帕冲击韧性在-20℃时不低于27J；

2）柱在梁翼缘对应位置应设置横向加劲肋（隔板），加劲肋（隔板）厚度不应小于梁翼缘厚度，强度与梁翼缘相同；

3）梁腹板宜采用摩擦型高强度螺栓与柱连接板连接（经工艺试验合格能确保现场焊接质量时，可用气体保护焊进行焊接）；腹板角部应设置焊接孔，孔形应使其端部与梁翼缘和柱翼缘间的全熔透坡口焊缝完全隔开。

4）腹板连接板与柱的焊接，当板厚不大于16mm时应采用双面角焊缝，焊缝有效厚度应满足等强度要求，且不小于5mm；板厚大于16mm时采用K形坡口对接焊缝。该焊缝宜采用气体保护焊，且板端应绕焊；

5）一级和二级时，宜采用能将塑性铰自梁端外移的端部的骨形连接、梁端加盖板或骨形连接；

6）框架梁采用悬臂梁段与柱刚性连接时（图8.20），悬臂梁段与柱应采用全焊接连接，此时上下翼缘焊接孔的形式宜相同；梁的现场拼接可采用翼缘焊接腹板螺栓连接或全部螺栓连接；

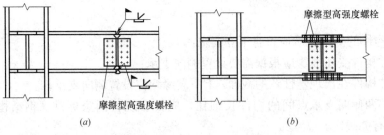

图8.20 框架柱与梁悬臂段的连接

7）箱形柱在与梁翼缘对应位置设置的隔板，应采用全熔透对接焊缝与壁板相连。工字形柱的横向加劲肋与柱翼缘，应采用全熔透对接焊缝连接，与腹板可采用角焊缝连接。

5. 当节点域的腹板厚度不满足钢框架节点处的抗震承载力验算要求时，应采取加厚柱腹板或采用贴焊补强板的措施。补强板的厚度及其焊缝应按传递补强板所分担剪力的要求设计。

6. 梁与柱刚性连接时，柱在梁翼缘上下各 500mm 的范围内，柱翼缘与柱腹板间或箱形柱壁板间的连接焊缝应采用全熔透坡口焊缝。

7. 框架柱的接头距框架梁上方的距离，可取 1.3m 和柱净高一半二者的较小值。上下柱的对接接头应采用全熔透焊缝，柱拼接接头上下各 100mm 范围内，工字形柱翼缘与腹板间及箱形柱角部壁板间的焊缝，应采用全熔透焊缝。

8. 钢结构的刚接柱脚宜采用埋入式，也可采用外包式；6、7 度且高度不超过 50m 时也可采用外露式。

8.5.2 钢框架-中心支撑结构抗震构造措施

1. 中心支撑的杆件长细比和板件宽厚比限值应符合下列规定：

（1）支撑杆件的长细比，按压杆设计时，不应大于 $120\sqrt{235/f_{ay}}$；一、二、三级中心支撑不得采用拉杆设计，四级采用拉杆设计时，其长细比不应大于 180；

（2）支撑杆件的板件宽厚比，不应大于表 8.5 规定的限值。采用节点板连接时，应注意节点板的强度和稳定。

钢结构中心支撑板件宽厚比限值 表 8.5

板件名称	一级	二级	三级	四级
翼缘外伸部分	8	9	10	13
工字形截面腹板	25	26	27	33
箱形截面壁板	18	20	25	30
圆管外径与壁厚比	38	40	40	42

注：表列数值适用于 Q235 钢，采用其他牌号钢材应乘以 $\sqrt{235/f_{ay}}$，圆管应乘以 $235/f_{ay}$。

2. 中心支撑节点的构造应符合下列要求：

（1）一、二、三级，支撑宜采用 H 型钢制作，两端与框架可采用刚接构造，梁柱与支撑连接处应设置加劲肋；一级和二级采用焊接工字形截面的支撑时，其翼缘与腹板的连接宜采用全熔透连续焊缝；

（2）支撑与框架连接处，支撑杆端宜做成圆弧；

（3）梁在其与 V 形支撑或人字支撑相交处，应设置侧向支承；该支承点与梁端支承点间的侧向长细比（λ_y）以及支承力，应符合现行国家标准《钢结构设计规范》GB 50017 关于塑性设计的规定；

（4）若支撑和框架采用节点板连接，应符合现行国家标准《钢结构设计规范》GB 50017 关于节点板在连接杆件每侧有不小于 30°夹角的规定；一、二级时，支撑端部至节点板最近嵌固点（节点板与框架构件连接焊缝的端部）在沿支撑杆件轴线方向的距离，不应小于节点板厚度的 2 倍。

3. 框架-中心支撑结构的框架部分，当房屋高度不高于 100m 且框架部分按计算分配的地震剪力不大于结构底部总地震剪力的 25%时，一、二、三级的抗震构造措施可按框架结构降低一级的相应要求采用。

8.5.3 钢框架-偏心支撑结构抗震构造措施

1. 偏心支撑框架消能梁段的钢材屈服强度不应大于 345MPa。消能梁段及与消能梁段同一跨内的非消能梁段，其板件的宽厚比不应大于表 8.6 规定的限值。

偏心支撑框架梁的板件宽厚比限值　　　　　　　　　表 8.6

板件名称		宽厚比限值
翼缘外伸部分		8
腹板	当 $N/(Af) \leqslant 0.14$ 时	$90[1-1.65\,N/(Af)]$
	当 $N/(Af) > 0.14$ 时	$33[2.3-N/(Af)]$

注：表列数值适用于 Q235 钢，当材料为其他钢号时应乘以 $\sqrt{235/f_{ay}}$，$N/(Af)$ 为梁轴压比。

2. 偏心支撑框架的支撑杆件长细比不应大于 $120\sqrt{235/f_{ay}}$，支撑杆件的板件宽厚比不应超过现行国家标准《钢结构设计规范》GB 50017 规定的轴心受压构件在弹性设计时的宽度比限值。

3. 消能梁段的构造应符合下列要求：

(1) 当 $N > 0.16Af$ 时，消能梁段的长度应符合下列规定：

当 $\rho\,(A_w/A) < 0.3$ 时，

$$a < 1.6M_{lp}/V_l$$

当 $\rho\,(A_w/A) \geqslant 0.3$ 时，

$$a \leqslant [0.15-0.5\rho\,(A_w/A)]\,1.6M_{lp}/V_l$$

$$\rho = N/V$$

式中　a——消能梁段的长度；

　　　ρ——消能梁段轴向力设计值与剪力设计值之比。

(2) 消能梁段的腹板不得贴焊补强板，也不得开洞。

(3) 消能梁段与支撑连接处，应在其腹板两侧配置加劲肋，加劲肋的高度应为梁腹板高度，一侧的加劲肋宽度不应小于 $(b_f/2-t_w)$，厚度不应小于 $0.75t_w$ 和 10mm 的较大值。

(4) 消能梁段应按下列要求在其腹板上设置中间加劲肋：

1) 当 $a \leqslant 1.6M_{lp}/V_l$ 时，加劲肋间距不大于 $(30t_w-h/5)$；

2) 当 $2.6M_{lp}/V_l < a \leqslant 5M_{lp}/V_l$ 时，应在距消能梁段端部 $1.5b_f$ 处配置中间加劲肋，且中间加劲肋间距不应大于 $(52t_w-h/5)$；

3) 当 $1.6M_{lp}/V_l < a \leqslant 2.6M_{lp}/V_l$ 时，中间加劲肋的间距宜在上述二者间线性插入；

4) 当 $a > 5M_{lp}/V_l$ 时，可不配置中间加劲肋；

5) 中间加劲肋应与消能梁段的腹板等高，当消能梁段截面高度不大于 640mm 时，可配置单侧加劲肋，消能梁段截面高度大于 640mm 时，应在两侧配置加劲肋，一侧加劲肋的宽度不应小于 $(b_f/2-t_w)$，厚度不应小于 t_w 和 10mm。

4. 消能梁段与柱的连接应符合下列要求：

(1) 消能梁段与柱连接时，其长度不得大于 $1.6M_{lp}/V_l$ 且应满足相关标准的规定；

(2) 消能梁段翼缘与柱翼缘之间应采用坡口全熔透对接焊缝连接，消能梁段腹板与柱

之间应采用角焊缝（气体保护焊）连接；角焊缝的承载力不得小于消能梁段腹板的轴向力、剪力和弯矩同时作用时的承载力；

（3）消能梁段与柱腹板连接时，消能梁段翼缘与横向加劲板间应采用坡口全熔透焊缝，其腹板与柱连接板间应采用角焊缝（气体保护焊）；角焊缝的承载力不得小于消能梁段腹板的轴力、剪力和弯矩同时作用时的承载力。

5. 消能梁段两端上下翼缘应设置侧向支撑，支撑的轴力设计值不得小于消能梁段翼缘轴向承载力设计值的 6%，即 $0.06b_f t_f f$。

6. 偏心支撑框架梁的非消能梁段上下翼缘，应设置侧向支撑，支撑的轴力设计值不得小于梁翼缘轴向承载力设计值的 2%，即 $0.02b_f t_f f$。

7. 框架-偏心支撑结构的框架部分，当房屋高度不高于 100m 且框架部分按计算分配的地震作用不大于结构底部总地震剪力的 25% 时，一、二、三级的抗震构造措施可按框架结构降低一级的相应要求采用。

思 考 题

1. 简述钢结构房屋在地震作用下的破坏特征。

2. 钢框架-中心支撑和钢框架-偏心支撑体系的抗震工作机理各有什么特点？

3. 为什么要限制钢结构房屋的最大高宽比？

4. 如何理解地震作用效应的调整？

5. 简述框架柱抗震验算的基本思路。

6. 钢结构支撑形式有几种？

7. 在设计和构造上如何保证钢框架-偏心支撑体系的塑性铰出现在消能梁端？

8. 对于框架-支撑结构体系，为什么要求框架任一楼层所承担的地震剪力不得小于一定的数值？

9. 钢框架-中心支撑结构的抗震设计应注意哪些问题？

第9章 砌体结构抗震设计

9.1 震 害 描 述

多层砌体房屋是指由普通砖、烧结多孔砖、粉煤灰砌块和混凝土中小型砌块通过砂浆砌筑而成的房屋。传统的砌体结构多采用黏土实心砖和混合砂浆砌筑，通过内外墙的咬砌达到具有一定整体性连接。楼板多采用预制钢筋混凝土空心板，梁和其他构件亦多用预制装配构件。

图 9.1 砌体结构   图 9.2 砌筑房屋

砌体结构有如下几大特点：

（1）容易就地取材；

（2）砌体具有较好的耐久性和耐火性；

（3）砌体既是较好的承重结构，也是较好的维护结构，其保温、隔声的效果良好。虽然目前，特别是城市内，钢筋混凝土结构和钢结构建筑迅速发展，但由于砌体结构建筑的优点，特别是成本低廉，多层砌体房屋仍是当前村镇建筑结构中使用最为广泛的一种建筑形式，并且在未来一段时间内还会长期存在。

9.2 砌体结构的震害分析

多层砌体结构的传力路径是荷载首先传给楼板屋盖，然后传给承重墙（承重墙由砖块、砌块砌筑而成），最后传递给基础。保证砌体结构在地震作用下的安全，首先是传力路径不被轻易破坏，其次是构件-结构的整体性要能得以保证。

大量震害表明传统的砌体结构抗震性能较差：1923 年日本关东大地震，东京约有砖石结构房屋 7000 栋，几乎全部遭到不同程度的破坏。1976 年唐山地震，对烈度为 10 度、

11度区的123栋2～8层砖混结构房屋调查，倒塌率为63.2％，严重破坏者为23.6％，尚能修复使用的4.2％，实际破坏率达95.8％。2008年汶川大地震的调查表明，未经抗震设计或是抗震设防标准较低的砌体房屋约80％以上整体倒塌，而抗震设计符合要求的砌体房屋较少有严重破坏者，合理的抗震设计能提高砌体结构的抗震性能。

砌体结构抗震性能差的原因主要有以下几点：

（1）砌体材料为脆性材料，其抗剪、抗拉、抗弯强度低，地震作用下极易出现裂缝；

（2）其自重大，继而地震惯性力也大，地震作用增强；

（3）整体性受施工质量的影响很大，譬如砂浆不饱满或等级不够，墙体易出现裂缝，达不到既定的抗震性能。

若能针对砌体结构的弱点进行合理设计，采用适当的构造措施，确保施工质量，砌体结构的抗震性能是有可能得到改善的。

砌体结构震害可以分为以下几种：

1. 倒塌

（1）整体倒塌。通常当底层强度不够或是施工质量不好存在缺陷时，地震时，结构容易在底层破坏，致使无法维持上部结构的稳定性，从而导致整体倒塌。

（2）局部倒塌。通常是由于局部构件承载力不够，导致砌体结构部分倒塌，如图9.4所示局部山墙倒塌；还有可能是结构顶部与底部之间某些层强度不够，导致了上部结构的全部倒塌；当个别部位的拉结性较差，纵墙与横墙间联系不好，平面或立面有显著的局部突出，抗震缝处理不当时，也会出现局部倒塌。

图9.3　汶川地震中房屋倒塌

图9.4　局部山墙倒塌

2. 裂缝

砌体结构中由于抗剪承载力不足会产生裂缝，主要有"X"形、水平和竖向三种类型。

（1）"X"形裂缝是墙体在竖向压力和反复水平剪力作用下产生的裂缝。"X"形裂缝的位置一般易在与主震方向平行的墙体上观测到，譬如房屋两端的山墙及窗间墙。

（2）水平裂缝一般发生于外纵墙窗口的附近。当房屋采用纵向承重方案时，横墙间距较大而屋盖刚度偏弱时，在纵墙处受弯易产生水平裂缝。

（3）竖向裂缝一般发生于纵横墙交叉处。

3. 其他破坏

（1）楼梯间破坏。楼梯间的墙体一般震害较重。通常是由于楼板开洞，横墙缺乏有效

图 9.5　房屋剪切裂缝　　　　　　　　　　　　　　图 9.6　墙体水平裂缝

拉结；而且有开窗采光，造成墙体的刚度不足，容易产生破坏。

图 9.7　楼梯间破坏　　　　　　　　　　　　　　图 9.8　预制板断裂

（2）房屋顶部突出物破坏。由于"鞭梢效应"，突出屋面的屋顶间（楼梯间房、水箱间等）、烟囱和女儿墙等，地震反应明显大于下部楼层，地震时容易首先产生破坏。这一点与规范中规定的底部剪力法计算地震作用时，突出物要乘以一个放大系数相适应。

（3）楼板和屋盖破坏。楼板和屋盖是地震时传递水平地震作用的主要构件。对于预制板楼板、楼盖，由于整体性较差、板缝偏小混凝土灌缝不够密实，地震时易于拉裂，有效性将无法保证。地震时，由于墙体承受地震作用产生较大位移，会导致楼板屋盖坠落，巨大的冲击作用将会破坏下部结构。预制板端部搁置长度过短或无可靠的板与板及板与墙的拉结措施。

9.3　抗震设计的一般规定

9.3.1　建筑结构体系要合理

1. 应优先采用横墙承重或纵横墙共同承重的结构体系。不应采用砌体墙和混凝土墙混合承重的结构体系。

2. 纵横墙的布置宜对称，沿水平面内宜对齐，沿竖向应上下连续；同一轴线上的窗间墙宜均匀；具体细节见图 9.9 和图 9.10。

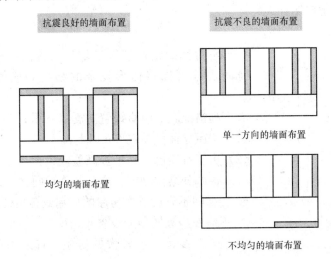

抗震良好的墙面布置　　　　　抗震不良的墙面布置

均匀的墙面布置

单一方向的墙面布置

不均匀的墙面布置

图 9.9　平面原则图

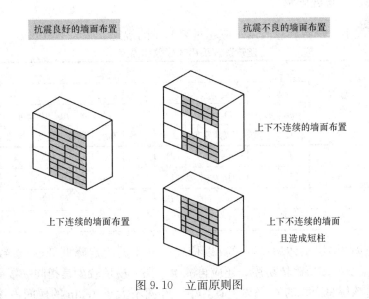

抗震良好的墙面布置　　　　　抗震不良的墙面布置

上下不连续的墙面布置

上下连续的墙面布置

上下不连续的墙面
且造成短柱

图 9.10　立面原则图

3. 纵横向砌体抗震墙的布置应符合下列要求：

（1）宜均匀对称，沿平面内宜对齐，沿竖向应上下连续；且纵横向墙体的数量不宜相差过大；

（2）平面轮廓凹凸尺寸，不应超过典型尺寸的 50%；当超过典型尺寸的 25% 时，房屋转角处应采取加强措施；

（3）楼板局部大洞口的尺寸不宜超过楼板宽度的 30%，且不应在墙体两侧同时开洞；

（4）房屋错层的楼板高差超过 500mm 时，应按两层计算；错层部位的墙体应采取加强措施；

（5）同一轴线上的窗间墙宽度宜均匀；墙面洞口的面积，6、7 度时不宜大于墙面总面积的 55%，8、9 度时不宜大于 50%；

（6）在房屋宽度方向的中部应设置内纵墙，其累计长度不宜小于房屋总长度的 60%（高宽比大于 4 的墙段不计入）。

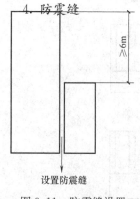

4. 防震缝

图 9.11　防震缝设置

体形不对称的结构较体形均匀对称的结构破坏更严重一些。加防震缝可以将体形复杂的结构划成体形对称均匀的结构。

有下列情况之一时宜设置防震缝（图 9.11）：

（1）房屋立面高差在 6m 以上；

（2）房屋有错层，且楼板高差较大；

（3）各部分结构刚度、质量截然不同。

5. 楼梯间不宜设置在房屋的尽端或转角处。

6. 不应在房屋转角处设置转角窗。

7. 横墙较少、跨度较大的房屋，宜采用现浇钢筋混凝土楼、屋盖。

9.3.2　房屋高度、层数限制

1. 一般情况下，层数和总高度不应超过表 9.1 的规定。

建筑适宜采用的层数和高度　　　　　　　　　　　表 9.1

房屋类别	最小（mm）	烈　　度										
		6		7				8				9
		0.05g		0.10g		0.15g		0.20g		0.30g		0.40g
		高度	层数	高度	层数	高度	层数	高度	层数	高度	层数	高度	层数
普通砖	240	21	7	21	7	21	7	18	6	15	5	12	4
多孔砖	240	21	7	21	7	18	6	18	6	15	5	9	3
	190	21	7	18	6	15	5	15	5	12	4		
小砌块	190	21	7	21	7	18	6	18	6	15	5	9	3

2. 横墙较少的多层砌体房屋，总高度应比表 9.1 的规定降低 3m，层数相应减少一层；各层横墙很少的多层砌体房屋，还应再减少一层。横墙较少是指同一楼层内开间大于 4.2m 的房间占该层总面积的 40% 以上；其中，开间不大于 4.2m 的房间占该层总面积不到 20% 且开间大于 4.8m 的房间占该层总面积的 50% 以上为横墙很少。

3. 6、7 度时，横墙较少的丙类多层砌体房屋，当按规定采取加强措施并满足抗震承载力要求时，其高度和层数应允许仍按表 9.3 的规定采用。

4. 采用蒸压灰砂砖和蒸压粉煤灰砖的砌体的房屋，当砌体的抗剪强度仅达到普通黏土砖砌体的 70% 时，房屋的层数应比普通砖房减少一层，总高度应减少 3m；当砌体的抗剪强度达到普通黏土砖砌体的取值时，房屋层数和总高度的要求同普通砖房屋。

5. 砖和砌块承重房屋的层高不应超过 3.6m。

9.3.3　房屋高宽比的限制

房屋高宽比指的是房屋总高度与总宽度的最大比值。

抗震规范对多层砌体房屋不要求作整体弯曲的承载力验算。为了使多层砌体房屋有足够的稳定性和整体抗弯能力，房屋的高宽比应满足表9.2。

房屋高宽比的限制表 表9.2

烈度	6	7	8	9
最大高宽比	2.5	2.5	2.0	1.5

9.3.4 抗震横墙间距的限制

横向地震作用主要由横墙承受。横墙间距较大时，楼盖水平刚度变小，不能将横向水平地震作用有效传递到横墙，致使纵墙发生较大出平面弯曲变形，造成纵墙倒塌。房屋抗震横墙最大间距见表9.3。

房屋抗震横墙最大间距（m） 表9.3

房屋类型	烈度			
	6	7	8	9
现浇或装配整体式钢筋混凝土楼、屋盖	15	15	11	7
装配式钢筋混凝土楼、屋盖	11	11	9	4
木屋盖	9	9	4	

9.3.5 房屋局部尺寸的限制

在强烈地震作用下，房屋首先在薄弱部位破坏。这些薄弱部位一般是，窗间墙、尽端墙段、突出屋顶的女儿墙等。房屋局部尺寸限值见表9.4。

房屋局部尺寸限值（m） 表9.4

部位	6度	7度	8度	9度
承重窗间墙最小宽度	1.0	1.0	1.2	1.5
承重外墙尽端至门窗洞边的最小距离	1.0	1.0	1.2	1.5
非承重外墙尽端至门窗洞边的最小距离	1.0	1.0	1.0	1.0
内墙阳角至窗洞至门窗洞边的最小距离	1.0	1.0	1.5	2.0
无锚固女儿墙（非出入口处）的最大高度	0.5	0.5	0.5	0.0

9.4 砌体结构的抗震计算

9.4.1 水平地震作用

砌体房屋的层数不多，质量和刚度沿高度方向分布比较均匀且高宽比受到限制，即房屋比较规则，质量和刚度不沿高度发生突变，一般高度不超过40m。房屋的整体侧移是以剪切变形为主，则可按底部剪力法来确定砌体房屋的地震作用。

1. 采用底部剪力法时，各楼层可仅取一个自由度。由于多层砌体房屋的水平侧移刚度较大，其基本自振周期一般小于0.3s，按照规范规定，其地震影响系数取最大值 $\alpha_1 = \alpha_{max}$。结构的水平地震作用标准值，应按下列公式确定：

$$F_{EK} = \alpha_{max} G_{eq} \tag{9.1}$$

$$F_i = \frac{G_i H_i}{\sum_{j=1}^{n} G_j H_j} F_{EK} \tag{9.2}$$

式中　F_{EK}——结构总水平地震作用标准值；

　　　α_{max}——地震影响系数最大值，按表 6.3 取值；

　　　G_{eq}——结构等效总重力荷载：单质点，取总重力荷载代表值；多质点，取总重力荷载代表值的 85%；

　　　F_i——质点 i 的水平地震作用标准值；

　G_i，G_j——分别为集中于质点 i，j 的重力荷载代表值；

　H_i，H_j——分别为集中于质点 i，j 的计算高度。

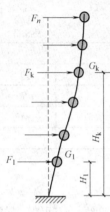

图 9.12　计算简图

2. 采用底部剪力法时，突出屋面的屋顶间、女儿墙、烟囱等的地震作用效应，宜乘以增大系数 3，此增大部分不应往下传递，但与该突出部分相连的构件应予计入。

3. 结构抗震计算，一般情况下可不计入地基与结构相互作用的影响；8 度和 9 度时建造于Ⅲ、Ⅳ类场地，采用箱基、刚性较好的筏基和桩箱联合基础的钢筋混凝土高层建筑，当结构基本自振周期处于特征周期的 1.2 倍至 5 倍范围时，若计入地基与结构动力相互作用的影响，对刚性地基假定计算的水平地震剪力可按下列规定折减，其层间变形可按折减后的楼层剪力计算。

(1) 高宽比小于 3 的结构，各楼层水平地震剪力的折减系数，可按下式计算：

$$\psi = \left(\frac{T_1}{T_1 + \Delta T}\right)^{0.9} \tag{9.3}$$

式中　ψ——计入地基与结构动力相互作用后的地震剪力折减系数；

　　　T_1——按刚性地基假定确定的结构基本自振周期（s）；

　　　ΔT——计入地基与结构动力相互作用的附加周期（s），可按表采用。

(2) 高宽比不小于 3 的结构，底部的地震剪力按第 1 款规定折减，顶部不折减，中间各层按线性插入值折减。

(3) 折减后各楼层的水平地震剪力，应大于该楼层以上重力荷载代表值之和与剪力系数 λ 的乘积。剪力系数 λ 不应小于《建筑抗震设计规范》GB 50011—2010 规定的楼层最小地震剪力系数值，对竖向不规则结构的薄弱层，尚应乘以 1.15 的增大系数。

4. 各楼层地震剪力的计算。楼层地震剪力是作用在整个房屋某一楼层上的剪力，根据力的平衡，取第 i 层以上为隔离体，如图 9.13 所示，则该层的地震剪力为：

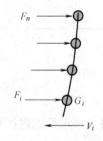

图 9.13　各楼层地震剪力计算简图

$$V_i = \sum_{j=i}^{n} F_j$$

9.4.2　抗震墙侧移刚度

计算出的楼层地震剪力是由该楼层所有墙段承担。要对墙体进行抗震验算，必须计算出每一道墙体承担的地震剪力，地震剪力的分配与楼盖的刚度、各墙体的抗侧刚度及负荷面积有关。下面介绍各墙体侧移刚度的计算方法。

1. 实心墙体的侧移刚度

墙顶产生单位水平位移所需水平力为墙体侧移刚度。根据墙段的净高宽比 ρ（$\rho=h/b$，h 为层高、b 为墙宽）的大小（对门窗洞边的小墙段指洞净高与洞边侧墙宽度之比）。侧移刚度分为三种情况：

（1）$\rho<1$，只考虑墙体的剪切变形；

（2）$\rho>4$，不考虑墙体的抗侧力侧移刚度（即侧移刚度 k 为零）；

（3）$1\leqslant\rho\leqslant4$，同时考虑墙体的剪切变形和弯曲变形。

侧移刚度计算式为：

$$K_\mathrm{m}=\frac{1}{\delta}=\frac{EA}{3H} \quad \text{（只考虑剪切变形）} \tag{9.4}$$

$$K_\mathrm{m}=\frac{1}{\delta}=\frac{EA}{H(3+H^2/b^2)} \quad \text{（考虑剪切变形和弯曲变形）} \tag{9.5}$$

式中　E——砌体弹性模量；

　　H、b——墙的高度与宽度；

　　A——墙的截面积。

2. 开洞墙体的侧移刚度

（1）规则洞口情况

如图 9.14 所示开洞墙体，四个洞口高度相同，且洞口上下都在同一水平线上，即为规则洞口。在单位力的作用下，其位移由三部分组成：$\delta=\delta_1+\delta_2+\delta_3$，

整个墙的侧移刚度为：$K=\dfrac{1}{\delta}=\dfrac{1}{\delta_1+\delta_2+\delta_3}=\dfrac{1}{\dfrac{1}{K_1}+\dfrac{1}{K_2}+\dfrac{1}{K_3}}$

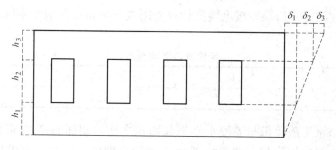

图 9.14　规则洞口墙体

对于中部和下部的水平实心墙带，可直接由其高度和截面积进行计算。对于五段窗间墙，可分别计算其刚度后，求和即得其第二部分的刚度。

（2）不规则洞口情况

如图 9.15 所示，为不规则洞口的墙体，其侧移刚度计算如下：

将其分为上下两部分进行计算，上部为不过洞口的实心墙体，用 K_3 表示其刚度；下部为过洞口的墙体，其中又可以分为窗间墙，分别用 K_{21}、K_{22}、K_{23} 到 K_{29} 表示其刚度和水平段实心墙体，分别用 K_{11}、K_{12} 和 K_{13} 表示其刚度。整个墙的侧移刚度为：

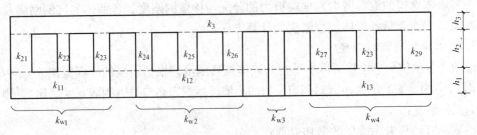

图 9.15 不规则洞口墙体

$$K = \cfrac{1}{\cfrac{1}{K_{w1}+K_{w2}+K_{w3}+K_{w4}}+\cfrac{1}{K_{w3}}}$$

其中，

$$K_{w1} = \cfrac{1}{\cfrac{1}{K_{21}+K_{22}+K_{23}}+\cfrac{1}{K_{11}}}$$

$$K_{w2} = \cfrac{1}{\cfrac{1}{K_{24}+K_{25}+K_{26}}+\cfrac{1}{K_{12}}}$$

$$K_{w4} = \cfrac{1}{\cfrac{1}{K_{27}+K_{28}+K_{29}}+\cfrac{1}{K_{13}}}$$

由图 9.15 可以看出，不规则墙体可以分为两类，一类为窗间墙，例如 w_1，w_2，w_4；另一类为门间墙，如 w_2；则墙抗侧移刚度可以表示为如下：

$$K = \cfrac{1}{\cfrac{1}{\sum K_{门}+\sum K_{窗}}+\cfrac{1}{K_3}} \tag{9.6}$$

对设置构造柱的小开口墙段按毛墙面计算的刚度，可根据开洞率乘以表 9.5 的墙段洞口影响系数。

墙段洞口影响系数   表 9.5

开洞率	0.10	0.20	0.30
影响系数	0.98	0.94	0.88

开洞率为洞口水平截面积与墙段水平毛截面积之比，相邻洞口之间净宽小于 500mm 的墙段视为洞口；洞口中线偏离墙段中线大于墙段长度的 1/4 时，表中影响系数值折减 0.9；门洞的洞顶高度大于层高 80% 时，表中数据不适用；窗洞高度大于 50% 层高时，按门洞对待。

9.4.3 墙体的地震剪力分配

1. 横墙的地震剪力

第 i 层的横向地震剪力由第 i 层所有横墙承受。地震剪力的分配与楼盖的刚度有关，楼盖分为刚性、柔性和中等刚度三种情况，其每道横墙地震剪力的分配为如下：

（1）刚性楼盖房屋

刚性楼盖指的是楼盖在平面内刚度无穷大，所以在水平地震作用下，楼盖不发生平面内变形，仅发生刚体位移。则横墙可认为是楼盖的弹性支座（图 9.16a）。在水平地震作用时，各横墙将产生相等的水平位移 Δ（图 9.16b），各横墙承担的地震剪力按各墙侧移刚度进行分配。对于现浇及装配整体式钢筋混凝土楼盖等可认为是刚性楼盖。

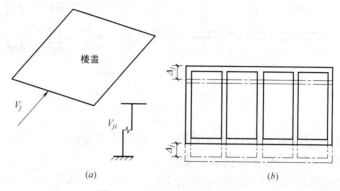

图 9.16　刚性楼盖计算简图

记第 m 道墙的侧移刚度为 K_{jm}，承受的剪力为 V_{jm}，由力的平衡可得：

$$\sum_{m=1}^{S} V_{jm} = V_j \quad (j=1,2,3,\cdots n)$$

由墙体的侧移刚度定义可得：

$$V_{jm} = \Delta_j K_{jm}$$

将上两式联立化简可得：

$$\Delta_j = \frac{V_j}{\sum_{m=1}^{S} K_{jm}}$$

将结果回代，进而可得：

$$V_{jm} = \frac{K_{jm}}{\sum_{m=1}^{n} K_{jm}} V_j \tag{9.7}$$

当 $\rho < 1$，只考虑墙体的剪切变形时，$K_m = \frac{1}{\delta} = \frac{EA}{3H}$，由于同一层各墙的高度都相同，材料也都相同，所以 H 和 E 都相同，代入上式有：

$$V_{jm} = \frac{A_{jm}}{\sum_{m=1}^{n} A_{jm}} V_j \tag{9.8}$$

式中　　A_{jm}——第 j 层第 m 道墙的净横截面面积；

$\sum_{m=1}^{n} A_{jm}$——第 j 层所有抗震横墙净横截面面积之和。

（2）柔性楼盖房屋

柔性楼盖指的是楼盖在平面内刚度可忽略不计，即每道墙在地震作用下变形是自由的，不受楼盖的任何约束。当水平地震作用时，可将整个楼盖视为分别简支于各段横墙的多跨简支梁（图 9.17），各墙段视为独立变形。计算时可认为各道墙承担的地震剪力与该道墙承担的重力荷载代表值成正比。例如，木结构等楼盖即是柔性楼盖。

第 m 道横墙所分配的地震剪力，按第 m 道横墙从属面积上重力荷载代表值的比例分配。

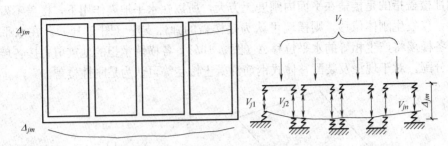

图 9.17 柔性楼盖计算简图

$$V_{jm} = \frac{G_{jm}}{G_j} V_j \qquad (9.9)$$

式中　G_{jm}——第 j 层第 m 道横墙从属面积上重力荷载代表值；

　　　G_j——第 j 层结构总重力荷载代表值。

当楼层单位面积上的重力荷载代表值相等时，可进一步简化为按各墙片所承担的地震作用的面积比进行分配：

$$V_{jm} = \frac{S_{jm}}{S_j} V_j \qquad (9.10)$$

式中　S_{jm}——第 j 层第 m 道横墙所应分配地震作用的建筑面积；

　　　S_j——第 j 层的建筑面积。

（3）中等刚度楼盖房屋

中等刚度楼盖是指介于刚性楼盖和柔性楼盖之间的楼盖，各段横墙承担的地震剪力不仅与横墙抗侧刚度有关，而且与楼盖的水平变形有关，精确计算非常复杂，在工程实践中按刚性楼盖和柔性楼盖结果的平均值确定。装配式钢筋混凝土楼盖就属于中等刚度楼盖。

其计算式如下：

$$V_{jm} = \frac{1}{2} \left[\frac{K_{jm}}{\sum_{s=1}^{n} K_{js}} + \frac{G_{jm}}{G_j} \right] \qquad (9.11)$$

2. 纵墙的地震剪力

当考虑地震作用时，无论何种楼盖，其纵向水平刚度都较大，所以对各种楼盖均按刚性楼盖横墙剪力确定方法确定。

3. 同一道墙各墙段地震剪力的分配

第 m 道墙第 r 墙段所分配的地震剪力为：

$$V_{mr} = \frac{K_{mr}}{\sum_{i=1}^{s} K_{mi}} V_{jm} \qquad (9.12)$$

式中　V_{mr}——第 m 道墙第 r 墙段所分配的地震剪力；

　　　V_{jm}——第 j 层第 m 道墙所分配的地震剪力；

　　　K_{mr}——第 m 道墙第 r 墙段侧移刚度。

（1）当时 $\rho_r = h_r/b_r < 1$ 时，

$$K_{mr} = \frac{EA}{3h} = \frac{Et}{3\rho_r}$$

（2）当时 $1 < \rho_r < 4$ 时，

140

$$K_{mr} = \frac{EA}{h(3+h^2/b^2)} = \frac{Et}{3\rho_r + \rho_r^2}$$

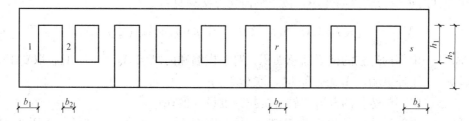

图 9.18　各墙段尺寸示意图

9.4.4　墙体截面抗震承载力验算

1. 各类砌体沿阶梯形截面破坏的抗剪强度设计值，应按下式确定：

$$f_{vE} = \zeta_N f_v \tag{9.13}$$

式中　f_{vE}——砌体沿阶梯形截面破坏的抗震抗剪强度设计值；

　　　　f_v——非抗震设计的砌体抗剪强度设计值，按《砌体结构设计规范》采用；

　　　　ζ_N——砌体强度正应力影响系数，按表 9.6 确定。

砌体强度正应力影响系数取值　　　　　表 9.6

砌体类别	σ_0/f_v							
	0.0	1.0	3.0	5.0	7.0	10.0	12.0	≥16.0
普通砖，多孔砖	0.80	0.99	1.25	1.47	1.65	1.90	2.05	
小砌块		1.23	1.69	2.15	2.57	3.02	3.32	3.92

注：σ_0 为对应与重力荷载代表值的砌体截面平均压应力。

2. 普通砖、多孔砖墙体的截面抗震受剪承载力，应按下列规定验算：

（1）一般情况下应该按下式进行计算：

$$V \leqslant f_{vE}A/\gamma_{RE} \tag{9.14}$$

式中　V——墙体剪力设计值；

　　　　A——墙体横截面面积，多孔砖取毛截面面积；

　　　　γ_{RE}——承载力抗震调整系数，对于两端均有构造柱、芯柱的承重墙为 0.9，其他承重墙为 1，自承重墙取 0.75；

　　　　f_{vE}——砌体沿阶梯形截面破坏的抗震抗剪设计值。

（2）采用水平配筋的墙体，应按下式验算：

$$V \leqslant \frac{1}{\gamma_{RE}}(f_{vE}A + \zeta_s f_{yh}A_{sh}) \tag{9.15}$$

式中　f_{yh}——水平钢筋抗拉强度设计值；

　　　　A_{sh}——层间墙体竖向截面总水平钢筋面积，配筋率不应小于 0.07% 且不大 0.17%；

　　　　ζ_s——钢筋参与系数，按表 9.7 取值。

钢筋参与系数取值　　　　　表 9.7

墙体高宽	0.4	0.6	0.8	1.0	1.2
ζ_s	0.10	0.12	0.14	0.15	0.12

3. 当按上式验算不能满足时，除采用配筋砌体的提高承载力外，尚可采用在墙段中部增设构造柱的方法。计入设置与墙段中部、截面不小于 240mm×240mm 且间距不大于 4m 的构造柱对承载力的提高作用，按下列简化方法验算：

$$V \leqslant \frac{1}{\gamma_{RE}} \left[\eta_c f_{vE}(A-A_c) + \zeta_c f_t A_c + 0.08 f_{yc} A_{sc} + \zeta_s f_{yh} A_{sh} \right] \qquad (9.16)$$

式中　A_c——中部构造柱的横截面总面积（对于横墙和内纵墙 $A_c > 0.15$ 时，取 0.15；对于外纵墙，$A_c > 0.25$ 时，取 0.25）；

　　　f_t——中部构造柱的混凝土轴心抗拉强度设计值；

　　　A_{sc}——中部构造柱的纵向钢筋截面总面积（配筋率不小于 0.6%，大于 1.4% 时取 1.4%）；

　f_{yh}，f_{yc}——分别为墙体水平钢筋、构造柱钢筋抗拉强度设计值；

　　　ζ_c——中部构造柱参与工作系数；居中设一根时取 0.5，多于一根时取 0.4；

　　　η_c——墙体约束修正系数；一般情况取 1.0，构造柱间距不大于 3.0m 时取 1.1；

　　　A_{sh}——层间墙体竖向截面的总水平钢筋面积，无水平钢筋时取 0.0。

4. 小砌块墙体截面抗震承载力应按下式计算：

$$V \leqslant \frac{1}{\gamma_{RE}} \left[f_{vE}A + (0.3 f_t A_c + 0.05 f_y A_s) \zeta_c \right] \qquad (9.17)$$

式中　V——墙体地震剪力设计值；

　　　f_t——芯柱混凝土轴心抗拉强度设计值；

　　　A_c——芯柱截面总面积；

　　　A_s——芯柱钢筋截面总面积；

　　　f_y——芯柱钢筋抗拉强度设计值；

　　　ζ_c——芯柱参与工作系数，按表 9.8 确定。

芯柱影响系数取值　　　　　　　　　　表 9.8

填孔率 ρ	$\rho < 0.15$	$0.15 \leqslant \rho < 0.25$	$0.25 \leqslant \rho < 0.5$	$\rho \geqslant 0.5$
ξ_c	0.0	1.0	1.10	1.15

注：填孔率，芯柱根数与孔洞总数之比。

在验算纵、横墙截面抗震承载力时，应选择以下不利墙段进行：

（1）承受地震作用较大的墙体；

（2）竖向正应力较小的墙段；

（3）局部截面较小的墙垛。

9.5　砌体结构的抗震构造措施

对于多层砌体结构，抗震构造措施对于提高房屋的抗震性能，做到大震不倒有重要意义。另外，砌体房屋的抗震验算主要是针对墙体本身，对于墙片与墙片，楼板楼盖以及房屋局部之间的连接强度并没有进行验算，只能采取构造措施来满足其抗震要求。各种构造措施的目的只有一个：即加强房屋的整体性，使之具有一定的变形能力（延性）。

9.5.1 多层砖砌体的抗震构造措施

1. 设置钢筋混凝土构造柱

（1）设置钢筋混凝土构造柱可以明显改善多层砌体的抗震性能，它的主要功能是约束墙体，使之有较高的变形能力。其设置要求和位置如下所述：

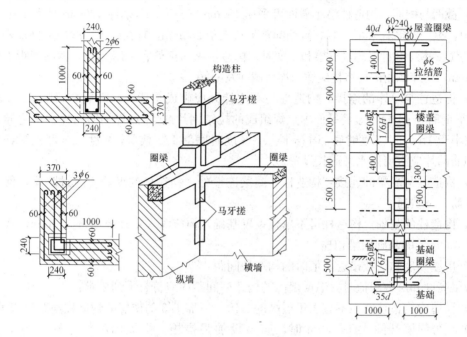

图 9.19　混凝土柱构造措施

1）构造柱设置部位一般情况下应符合表 9.9 要求；

构造部位的要求　　　　　　　　　　　　　　　　　　　表 9.9

房屋层数				设置部位	
6 度	7 度	8 度	9 度		
4、5	3、4	2、3		楼、电梯间四角，楼梯斜梯段上下端对应的墙体处；	隔 12m 或单元横墙与外纵墙交接处；楼梯间对应的另一侧内横墙与外纵墙交接处
6	5	4	2	外墙四角和对应转角；错层部位横墙与外纵墙交接处；	隔开间横墙（轴线）与外墙交接处；山墙与内纵墙交接处
7	≥6	≥5	≥3	大房间内外墙交接处；较大洞口两侧	内墙（轴线）与外墙交接处；内墙的局部较小墙垛处；内纵墙与横墙（轴线）交接处

2）外廊式和单面走廊式的多层房屋，应根据房屋增加一层后的层数，按表 9.9 设置构造柱，且单面走廊两侧的纵墙均应按外墙处理；

3）教学楼、医院等横墙较少的房屋，应根据房屋增加一层后的层数，按表 9.9 设置构造柱；当教学楼、医院等横墙较少的房屋为外廊式或单面走廊式时，应按前款要求设置构造柱，但 6 度不超过四层、7 度不超过三层和 8 度不超过二层时，应按增加二层后的层数考虑；

143

4）各层横墙很少的房屋，应按增加二层的层数设置构造柱；

5）采用蒸压灰砂砖和蒸压粉煤灰砖的砌体房屋，当砌体的抗剪强度仅达到普通黏土砖砌体的70％时，应根据增加一层的层数按本条1～4款要求设置构造柱；但6度不超过四层、7度不超过三层和8度不超过二层时，应按增加二层的层数对待。

（2）截面尺寸、配筋和连接的要求：

1）截面与配筋：构造柱最小截面可采用180mm×240mm（墙厚190mm时为180mm×190mm），纵向钢筋宜采用4φ12，箍筋间距不宜大于250mm，且在柱上下端应适当加密；6、7度时超过六层、8度时超过五层和9度时，构造柱纵向钢筋宜采用4φ14，箍筋间距不应大于200mm；房屋四角的构造柱应适当加大截面及配筋。

2）构造柱与墙体的连接：构造柱与墙连接处应砌成马牙槎，沿墙高每隔500mm设2φ6水平钢筋和φ4分布短筋平面内点焊组成的拉结网片或φ4点焊钢筋网片，每边伸入墙内不宜小于1m。6、7度时底部1/3楼层，8度时底部1/2楼层，9度时全部楼层，上述拉结钢筋网片应沿墙体水平通长设置。

3）构造柱与圈梁的连接：构造柱与圈梁连接处，构造柱的纵筋应穿过圈梁，保证构造柱纵筋上下贯通。

4）构造柱的基础：构造柱可不单独设置基础，但应深入室外地面下500mm，或与埋深小于500mm的基础圈梁相连。

5）房屋高度和层数接近限值时的构造柱间距：

房屋高度和层数限值时，纵横墙内的构造柱间距尚应符合下列要求：

1）横墙内构造柱间距不宜大于层高的二倍，下部1/3的楼层的构造柱间距适当减小；

2）当外纵墙开间大于3.9m时，应另设加强措施。内纵墙的构造柱间距不宜大于4.2m。

2. 设置钢筋混凝土圈梁

（1）钢筋混凝土圈梁的主要功能：增加纵横墙体的连接，加强整个房屋的整体性；圈梁可箍住楼盖，增强其整体刚度；减小墙体的自由长度，增强墙体的稳定性；可提高房屋的抗剪强度，约束墙体裂缝的开展；抵抗地基不均匀沉降，减小构造柱计算长度。圈梁与构造柱一起，形成砌体房屋的箍，使其抗震性能大大改善。

（2）钢筋混凝土圈梁的设置部位及构造要求：

1）装配式钢筋混凝土楼盖、屋盖或木楼盖、屋盖的砖房，横墙承重时应按表9.10的要求设置圈梁，纵墙承重时每层均应设置圈梁，且抗震墙上的圈梁间距应按表9.10内要求适当加密。

圈梁布置要求   表9.10

墙类	烈度		
	6、7	8	9
外墙及内纵墙	屋盖处及每层楼盖处	屋盖处及每层楼盖处	屋盖处及每层楼盖处
内横墙	同上； 屋盖处间距不应大于4.5m； 楼盖处间距不应大于7.2m； 构造柱对应部位	同上； 各层所有横墙，且间距不应大于4.5m； 构造柱对应部位	同上； 各层所有横墙

2）现浇或装配整体式钢筋混凝土楼盖、屋盖与墙体可靠连接的房屋可不另设圈梁，但楼板沿墙体周边应加强配筋，并应与相应的构造柱钢筋可靠连接。

3）圈梁应闭合，遇有洞口应上下搭接，圈梁宜与预制板设在同一标高处或紧靠板底。

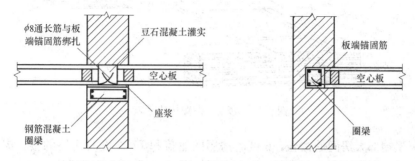

图 9.20　圈梁与预制板构造措施

4）圈梁在表 9.10 要求的间距内无横墙时，应利用梁或板缝中配筋替代圈梁。

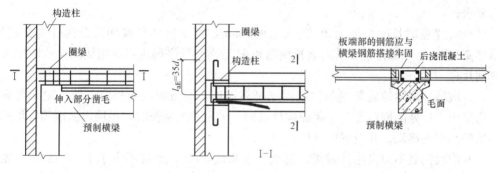

图 9.21　圈梁钢筋构造措施

（3）圈梁的截面尺寸及配筋

圈梁的截面高度一般不应小于 180mm，配筋应符合表 9.11 要求，但在软弱黏性土、液化土、新近填土或严重不均匀土层上的砌体房屋的基础圈梁，截面高度不应小于 180mm，配筋不应少于 4ϕ12。

圈梁的纵筋最小配筋和箍筋最大间距　　　　　　　　　　　　　　　　　表 9.11

配筋	烈度		
	6、7	8	9
最小纵筋	4ϕ10	4ϕ12	4ϕ14
最大箍筋间距	250	200	150

3. 楼盖、屋盖构件具有足够的搭接长度和可靠的连接

（1）现浇钢筋混凝土楼板或屋面板伸进纵、横墙内的长度，均不宜小于 120mm；

（2）装配式钢筋混凝土楼板或屋面板，当圈梁未设在板的同一标高时，板端伸进外墙的长度不应小于 120mm，伸进内墙的长度不应小于 100mm 或采用硬架支模连接，在梁上不应小于 80mm 或采用硬架支模连接；

（3）当板的跨度大于 4m 并与外墙平行时，靠外墙的预制板侧边与墙或圈梁拉接；

145

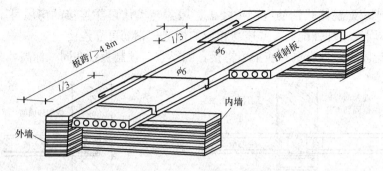

图 9.22　楼盖、屋盖构造措施

（4）房屋端部大房间的楼盖，6 度时房屋的屋盖和 7～9 度时房屋的楼、屋盖，当圈梁设在板底时，钢筋混凝土预制板应相互拉结，并应与梁、墙或圈梁拉结；

（5）楼、屋盖的钢筋混凝土梁或屋架应与墙、柱（包括构造柱）或圈梁可靠连接；不得采用独立砖柱。跨度不小于 6m 大梁的支承构件应采用组合砌体等加强措施，并满足承载力要求；

（6）6、7 度时长度大于 7.2m 的大房间，以及 8、9 度时外墙转角及内外墙交接处，应沿墙高每隔 500mm 配置 $2\phi6$ 的通长钢筋和 $\phi4$ 分布短筋平面内点焊组成的拉结网片或 $\phi4$ 点焊网片；

（7）坡屋顶房屋的屋架应与顶层圈梁可靠连接，檩条或屋面板应与墙、屋架可靠连接，房屋出入口处的檐口瓦应与屋面构件锚固。采用硬山搁檩时，顶层内纵墙顶宜增砌支承山墙的踏步式墙垛，并设置构造柱；

（8）门窗洞处不应采用砖过梁；过梁支承长度，6～8 度时不应小于 240mm，9 度时不应小于 360mm；

（9）预制阳台，6、7 度时应与圈梁和楼板的现浇板带可靠连接，8、9 度时不应采用预制阳台。

4. 横墙较少砖房的有关规定与加强措施

丙类的多层砖砌体房屋，当横墙较少且总高度和层数接近或达到表 9.3 规定限值时，应采取下列加强措施：

（1）房屋的最大开间尺寸不宜大于 6.6m；

（2）同一个结构单元内横墙错位数量不宜超过横墙总数的 1/3，且连续错位不宜多于两道；错位的墙体交接处均应增设构造柱，且楼、屋面板应采用现浇钢筋混凝土板；

（3）横墙和内纵墙上洞口的宽度不宜大于 1.5m；外纵墙上洞口的宽度不宜大于 2.1m或开间尺寸的一半；内外墙上洞口位置不应影响外纵墙和横墙的整体连接；

（4）所有纵横墙均应在楼、屋盖标高处设置加强的现浇钢筋混凝土圈梁，圈梁的截面高度不小于 150mm，上下纵筋各不应少于 $3\phi10$，箍筋不小于 $\phi6$，间距不大于 300mm；

（5）所有纵横墙交界处及横墙的中部，均应设置加强柱；该加强柱在横墙内的柱距不宜大于层高，在纵墙内的柱距不宜大于 4.2m，最小截面尺寸不宜小于 240mm×240mm，配筋宜符合表 9.12 的要求；

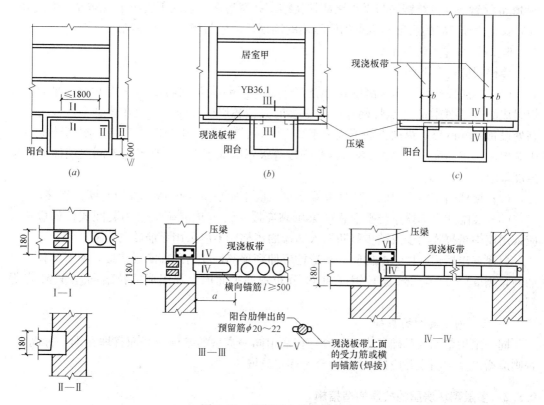

图 9.23　预制阳台构造措施

增设构造柱配筋要求　　　　　　　　　　　　　　表 9.12

位置	纵向钢筋			箍筋		
	最大配筋率 （%）	最小配筋率 （%）	最小直径 （mm）	加密区范围 （mm）	加密区间距 （mm）	最小直径 （mm）
角柱	1.8	0.8	14	全高	100	6
边柱			14	上端 700		
	1.4	0.6	12	下端 500		

（6）同一结构单元的楼、屋面板应设在同一标高处；

（7）房屋的底层和顶层，在窗台标高处宜设置沿纵横墙通长的水平现浇钢筋混凝土带，其截面高度不小于 60mm，宽度不小于 240mm，纵向钢筋不少于 3ϕ6。

5. 墙体之间的连接

（1）7 度时长度大于 7.2m 的大房间及 8 度和 9 度时，外墙转角及内外墙交接处，应沿墙高每隔 500mm 配置 2ϕ6 拉结钢筋，并每边深入墙内不宜小于 1m；

（2）后砌的非承重砌体隔墙应沿墙高每隔

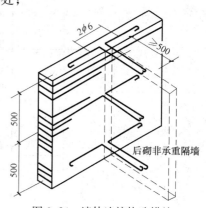

图 9.24　墙体连接构造措施

147

500mm 配置 2φ6 拉结钢筋与承重墙或柱拉结，并每边深入墙内不宜小于 500mm；8 度和 9 度时长度大于 5m 的后砌非承重砌体隔墙的墙顶，尚应与楼板或梁拉结。

6. 加强楼梯间的整体性

楼梯间应符合下列要求：

(1) 顶层楼梯间墙体应沿墙高每隔 500mm 设 2φ6 通长钢筋和 φ4 分布短钢筋平面内点焊组成的拉结网片或 φ4 点焊网片；7～9 度时其他各层楼梯间墙体应在休息平台或楼层半高处设置 60mm 厚、纵向钢筋不应少于 2φ10 的钢筋混凝土带或配筋砖带，配筋砖带不少于 3 皮，每皮的配筋不少于 2φ6，砂浆强度等级不应低于 M7.5 且不低于同层墙体的砂浆强度等级；

(2) 楼梯间及门厅内墙阳角处大梁支承长度不应小于 500mm，并应与圈梁连接；

(3) 装配式楼梯段应与平台板的梁可靠连接，8、9 度时不应采用装配式楼梯段；不应采用墙中悬挑式踏步或踏步竖肋插入墙体的楼梯，不应采用无筋砖砌栏板；

(4) 突出屋顶的楼、电梯间，构造柱应伸到顶部，并与顶部圈梁连接，所有墙体应沿墙高每隔 500mm 设 2φ6 通长钢筋和 φ4 分布短筋平面内点焊组成的拉结网片或 φ4 点焊网片。

7. 采用同一类型的基础

同一结构单元的基础（或桩承台）宜采用同一类型的基础，底面宜埋在同一标高上，否则应增设基础圈梁并应按 1∶2 的台阶逐步放坡。

9.5.2 多层砌块房屋的抗震构造措施

1. 设置钢筋混凝土芯柱

(1) 芯柱设置部位及数量

混凝土小砌块房屋应按下表要求设置钢筋混凝土芯柱；对医院、教学楼等横墙较少的房屋，应根据房屋增加一层后的层数按表 9.13 的要求设置芯柱。

芯柱的设置 表 9.13

房屋层数				设置部位	设置数量
6 度	7 度	8 度	9 度		
4、5	3、4	2、3		外墙转角，楼、电梯间四角，楼梯斜梯段上下端对应的墙体处； 大房间内外墙交接处； 错层部位横墙与外纵墙交接处； 隔 12m 或单元横墙与外纵墙交接处	外墙转角，灌实 3 个孔； 内外墙交接处，灌实 4 个孔； 楼梯斜梯段上下端对应的墙体处，灌实 2 个孔
6	5	4		同上； 隔开间横墙（轴线）与外纵墙交接处	
7	6	5	2	同上； 各内墙（轴线）与外纵墙交接处； 内纵墙与横墙（轴线）交接处和洞口两侧	外墙转角，灌实 5 个孔； 内外墙交接处，灌实 4 个孔； 内墙交接处，灌实 4～5 个孔； 洞口两侧各灌实 1 个孔
	7	≥6	≥3	同上； 横墙内芯柱间距不大于 2m	外墙转角，灌实 7 个孔； 内外墙交接处，灌实 5 个孔； 内墙交接处，灌实 4～5 个孔； 洞口两侧各灌实 1 个孔

（2）芯柱截面尺寸、混凝土强度等级和配筋要求如下：

1）混凝土小砌块房屋芯柱截面尺寸不宜小于120mm×120mm；

2）芯柱混凝土强度等级，不应低于C20；

3）芯柱竖向钢筋应贯通墙身且与圈梁连接，插筋不应小于1φ12，7度时超过五层、8度时超过四层和9度时，插筋不应小于1φ14；

4）芯柱应伸入室外地面下500mm，或与埋深小于500mm的基础圈梁相连；

5）为提高墙体抗震受剪承载力而设置的芯柱，宜在墙体内均匀布置，最大净距不宜大于2m。

2. 砌块房屋中替代芯柱的钢筋混凝土构造柱

（1）截面与配筋

构造柱最小截面可采用190mm×190mm，纵向钢筋宜采用4φ12，箍筋间距不宜大于250mm，且在柱上下端宜适当加密；7度时超过五层、8度时超过四层和9度时，构造柱纵向钢筋宜采用4φ14，箍筋间距不应大于200mm；外墙转角的构造柱可适当加大截面及配筋。

（2）构造柱与墙体的连接

构造柱与砌块墙连接处应砌成马牙槎，与构造柱相邻的砌块孔洞，6度时宜填实，7度时应填实，8、9度时应填实并插筋。构造柱与砌块墙之间沿墙高每隔600mm设置φ4点焊拉结钢筋网片，并应沿墙体水平通长设置。6、7度时底部1/3楼层，8度时底部1/2楼层，9度全部楼层，上述拉结钢筋网片沿墙高间距不大于400mm。

（3）构造柱与圈梁的连接

构造柱与圈梁连接处，构造柱的纵筋应穿过圈梁，保证构造柱纵筋上下贯通。

（4）构造柱的基础

构造柱可不单独设置基础，但应深入室外地面下500mm，或与埋深小于500mm的基础圈梁相连。

3. 设置钢筋混凝土圈梁

砌块房屋均应设置现浇钢筋混凝土圈梁，多层小砌块房屋的现浇钢筋混凝土圈梁的设置位置应按多层砖砌体房屋圈梁的要求执行圈梁截面尺寸、混凝土强度等级和配筋应符合下列要求：

（1）圈梁宽度不应小于190mm；

（2）配筋不应小于4φ12，箍筋间距不应大于200mm。

4. 砌块墙体的拉结

多层小砌块房屋墙体交接处或芯柱与墙体连接处应设置拉结钢筋网片，网片可采用直径4mm的钢筋点焊而成，沿墙高间距不大于600mm，并应沿墙体水平通长设置。6、7度时底部1/3楼层，8度时底部1/2楼层，9度时全部楼层，上述拉结钢筋网片沿墙高间距不大于400mm。

5. 设置钢筋混凝土带

6度时超过五层、7度时超过四层、8度时超过三层和9度时，在底层和顶层的窗台标高处，沿纵横墙应设置通长的水平现浇钢筋混凝土带；其截面高度不小于60mm，纵筋不少于2φ10，并应有分布拉结钢筋；其混凝土强度等级不应低于C20。水平现浇混凝土带亦可采用槽形砌块替代模板，其纵筋和拉结钢筋不变。

6. 其他构造措施

丙类的多层小砌块房屋，当横墙较少且总高度和层数接近或达到本规定限值时，应符合本多层砖砌体中相关要求；其中，墙体中部的构造柱可采用芯柱替代，芯柱的灌孔数量不应少于 2 孔，每孔插筋的直径不应小于 18mm。

小砌块房屋的其他抗震构造措施，尚应符合多层砖砌体中有关要求。其中，墙体的拉结钢筋网片间距应符合本节的相应规定，分别取 600mm 和 400mm。

思 考 题

1. 砌体结构在地震作用下，主要发生哪几种情况的破坏，主要震害是什么？

2. 砌体结构抗震设计的一般规定包括哪些内容？

3. 在什么情况下宜设置抗震缝？

4. 采用底部剪力法进行砌体结构的房屋抗震设计时的步骤有哪些，需要注意什么内容？

5. 地震剪力是如何在墙体之间分配的？墙体的抗震承载力如何验算？

6. 砌体房屋中设置圈梁的作用是什么？

7. 构造柱和芯的区别是什么？

第10章 厂房抗震设计

工业厂房属于工业建筑，对维护正常的生产秩序具有重要的意义。但是从历年来的震害调查发现，不管是钢筋混凝土工业厂房还是钢结构厂房都可能遭受到破坏。在地震中，一旦厂房因抗震性能不足而损坏甚至倒塌，将会造成严重的经济损失，并且甚至可能会危及人身安全。因此，对工业厂房进行结构抗震设计具有重要的工程意义。

本章先介绍了厂房的基本形式、结构布局，然后在此基础上，总结厂房的基本震害特点，并进行了原因分析，接着阐述了有关厂房抗震设计的基本原理，最后根据相应的设计原理和标准，介绍了厂房的基本抗震构造措施。

10.1 厂房的减隔震方案及抗震构造措施

厂房是指主要用于从事工业制造、装配、检测、维修等活动的建筑结构。厂房有单层、多层两种，其中，单层厂房是运用最多的。单层厂房结构按其主要承重结构的形式分为排架结构和刚架结构两种。单层厂房结构由屋盖系统、排（刚）架系统和外围护结构等组成，外围护结构包括厂房四周的外墙、抗风柱等，它主要起围护或分隔作用。

单层工业厂房结构多采用排架结构。按排架柱的材料，单层厂房可分为钢筋混凝土柱厂房、钢结构厂房、砖柱厂房等。其中单层钢筋混凝土柱厂房最为普遍。排架的不同形式如图10.1所示。

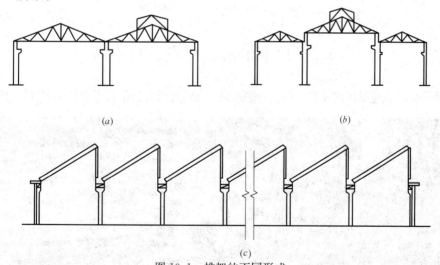

图10.1 排架的不同形式
(a) 等高排架；(b) 不等高排架；(c) 锯齿形排架

屋盖系统，分为无檩体系和有檩体系，两者的区别在于是否存在檩条。无檩体系由屋架（或屋面梁）和大型屋面板构成，而有檩体系是由屋架（或屋面梁）、檩条和小型屋面板构成的，但无论是有檩体系还是无檩体系都需要支撑系统。支撑系统包括屋盖支撑和柱间支撑两大类。它的作用是保证厂房的整体性和稳定性。

排（刚）架系统包括横向排架结构体系和纵向排架结构体系，横向排架体系包括横向排架柱、柱基础、屋架和屋面梁。横向排架的特点是把屋架或屋面梁视为刚度很大的横梁，铰接在柱端，柱与柱基础的连接视为固接，主要承受屋盖、天窗、吊车梁等荷载。

纵向排架体系包括纵向排架柱和吊车梁、基础梁、连系梁等，这些构件的作用是连系横向排架并保证横向排架的稳定性，形成厂房的整个骨架支撑系统，并可用来抵御作用在山墙上的风荷载和吊车纵向制动力。

单层厂房结构也可按其承重结构的材料分，有混合结构、钢筋混凝土结构和钢结构等类型。混合结构是由砌体墙或带壁柱砌体墙承重，屋架用钢筋混凝土、钢木结构或轻钢结构，适用于吊车起重量小于 10t 并且跨度 15m 以内的小型厂房。大中型厂房多采用钢筋混凝土结构。对厂房中有较大的动力荷载、冲击荷载的情况可采用钢结构厂房。不同类型的厂房如图 10.2 所示。

(a)   *(b)*

图 10.2   不同类型的厂房
（*a*）钢结构厂房；（*b*）混合结构厂房

10.2   厂房的震害特点及其原因

厂房不同于其他的民用建筑结构。一般来说，在设计过程中都会考虑其抗震设计（图 10.3）。

图 10.3   厂房震害图

因此，从总体上来说，一般厂房均具有较好的抗震性能，除单层砖柱厂房外。

由于单层钢筋混凝土厂房应用最为广泛，所以将其作为本章的重点进行阐述分析。下面对厂房的震害主要从屋盖系统、排架柱系统和围护墙体三个方面分别加以介绍。

10.2.1 屋盖系统震害

1. 屋面板移位或坠落

在无檩屋盖中，多采用大型屋面板，如果屋面板与屋架或屋面连接点较少或者预埋件锚固强度不足，地震时往往造成屋面板错动滑落，由于屋面板较大，一旦移位，局部屋架构件容易受力超载，导致局部屋架失稳破坏，严重时会导致整个屋盖系统倒塌破坏，尤其在高烈度地区要防止屋盖的塌落现象（图10.4）。

对于有檩屋盖体系，小型屋面板与檩条之间连接点较多，屋面板的移位、坠落现象较轻，其破坏主要是由于小型屋面板与檩条之间连接不当而导致的屋面板移位、下滑或塌落。

图10.4　屋架坠落震害图

2. 天窗架

天窗架通常包括屋面突出式和下沉式两种，其中以前者应用较多。天窗架是为了厂房采光即通风而设计的，通常高于周围屋面板，处于厂房最高部位，形成"鞭端效应"，地震作用强烈。如果天窗架垂直支撑设计不合理，易引起天窗两侧竖向支撑斜杆拉断。天窗架震害主要表现为支撑杆件失稳弯曲，支撑与天窗立柱连接节点被拉脱，天窗立柱根部开裂或折断等。因此，为避免天窗架的破坏，对其支撑系统，尤其是竖向支撑，需要保证支撑杆连接结点具有足够的强度，以

图10.5　厂房天窗架

免杆体因拉裂而彼此脱离（图10.5）。

3. 屋架破坏

屋架需承受上部屋面板荷载，并在地震过程中产生震动效应。如果屋面板连接不可靠，在震动过程中容易导致屋面板移位、局部受力构件超载、局部屋架的坠落；另一种可能的现象是屋架与排架连接不牢靠，在连接部位脱开导致屋架坠落。因此，必须保证屋架与屋面板的连接，避免其超载，要求各个构件具有足够的承载能力，同时要注意屋架与柱的连接可靠，具有足够的刚度（图10.6）。

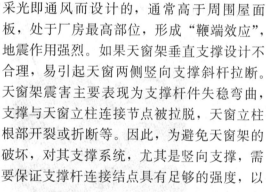

图10.6　层架与柱顶连接处破坏

10.2.2 排（刚）架柱系统震害

排（刚）架柱系统起着支撑屋架系统的作用，属于承重构件，应当避免排（刚）架柱的破坏。排架柱在屋盖与排架之间采用铰接，在一定程度上，屋盖和柱之间允许一定的相

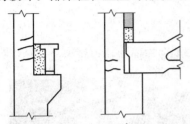

图 10.7 立柱柱身的破坏

对转动，可减少构件中的内力，有利于提高体系的抗震性能。根据之前的震害调查，排（刚）架柱系统破坏分为以下几种形式：

1. 立柱变截面处开裂或破坏

在立柱牛腿部位附近上下柱过渡处存在截面突变，容易产生构件受力集中现象，在横向水平地震作用下，由于存在弯剪应力，在牛腿附近容易产生裂缝，甚至开裂折断（图 10.7）。

2. 柱头及其连接部位的破坏

无论柱头与屋架是铰接还是固接，在地震过程中，连接点此处由于连接焊缝或者预埋件锚固筋的锚固强度不足时，或者柱头本身承载力不足易发生剪裂、压酥、拉裂或锚筋拔出、钢筋弯折等震害（图 10.8）。

3. 中柱拉裂破坏

地震时由于高振型的影响，高低跨厂房的两个屋盖可能产生相反方向的运动，中柱的柱肩或牛腿所受

图 10.8 柱头及其与屋架联结的破坏

图 10.9 柱肩破坏图

图 10.10 下柱震害图

的水平地震作用将增大许多，加重中柱的弯曲变形。因此，需要在此处配置足够数量的水平钢筋以防止中柱柱肩或牛腿产生拉裂破坏（图 10.9）。

4. 下柱震害

下柱的破坏容易出现在柱底部位，由于下柱嵌固在室内地坪地面之中，承受较大的弯矩。如果对应柱底的承载能力不足，可能出现各种裂隙甚至混凝土崩落、纵筋压曲等状况，导致柱根部折断（图 10.10）。

5. 支撑震害

在设有柱间支撑的立柱，其对于水平地震作用的抵御能力大为提高。当纵向地震作用由支撑逐跨传递时，支撑截面过小或整体数量不足时，容易造成柱间失稳、破坏情况，进而危及整个厂房。

10.2.3　围护结构的震害

在单层钢筋混凝土柱厂房中，作为围护结构的纵墙和山墙都属于非结构构件。在地震中，围护墙体可能会开裂外闪、局部或大面积倒塌，这是因为对围护墙体抗震设计不够重视或者是墙体与立柱、主梁缺乏可靠的连接进而引起的，虽然这种破坏并不会直接威胁到整个厂房的安全，但修复起来十分困难，所以也应尽量避免这种情况的出现。

10.3　厂房抗震设计原理

工业厂房的抗震性能既和主要承载构件的性能密切相关，又和结构整体的动力特性相关。根据结构动力学知识，结构的动力反应和参数（周期、刚度和阻尼等）密切相关。根据抗震设计反应谱可知，结构的固有周期 T 是地震影响系数中最主要的两个参数。此外，另一个系数为场地的特征周期 T_g。结构固有周期和场地特征周期确定后，根据反应谱，地震作用即可被确定。在设计过程中，前述的抗震计算方法（如底部剪力法和时程分析法）仍可考虑计算应用，但由于建筑材料力学指标的离散性、地震的不确定性、结构本构关系的复杂性，导致结构的抗震荷载及地震动力反应分析可能存在误差。在这种情况下，重视抗震概念设计仍然是十分必要的，譬如说厂房的结构布局应尽量对称，立柱上下柱截面突变处要重点考虑，避免出现拉裂现象。

10.3.1　厂房结构总体布置

《建筑抗震设计规范》GB 50011—2010 对单层厂房结构布置有具体要求。

1. 钢筋混凝土柱厂房总体布置

（1）多跨厂房宜等高和等长，高低跨厂房不宜采用一端开口的结构布置。

（2）厂房的贴建房屋和构筑物，不宜布置在厂房角部和紧邻防震缝处。

（3）厂房体型复杂或有贴建的房屋和构筑物时，宜设防震缝；在厂房纵横跨交接处、大柱网厂房或不设柱间支撑的厂房，防震缝宽度可采用 100～150mm，其他情况可采用 50～90mm。

（4）两个主厂房之间的过渡跨至少应有一侧采用防震缝与主厂房脱开。

（5）厂房内上起重机的铁梯不应靠近防震缝设置；多跨厂房各跨上起重机的铁梯不宜设置在同一横向轴线附近。

（6）厂房内的工作平台、刚性工作间宜与厂房主体结构脱开。

（7）厂房的同一结构单元内，不应采用不同的结构形式；厂房端部应设屋架，不应采用山墙承重；厂房单元内不应采用横墙和排架混合承重。

（8）厂房柱距宜相等，各柱列的侧移刚度宜均匀，当局部有抽柱时，应采取抗震加强措施。

2. 钢结构厂房的结构体系布置

（1）厂房的横向抗侧力体系，可采用刚接框架、铰接框架、门式刚架或其他结构体

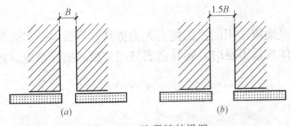

图 10.11　防震缝的设置

（*a*）钢筋混凝土厂房防震缝；（*b*）钢结构厂房防震缝

系。厂房的纵向抗侧力体系，8、9度应采用柱间支撑；6、7度宜采用柱间支撑，也可采用刚接框架（图 10.11）。

（2）厂房内设有桥式起重机时，尤其是起重机在搬运重物的作用下，起重机梁系统的构件与厂房框架柱的连接应能可靠地传递纵向水平地震作用。

（3）屋盖应设置完整的屋盖支撑系统。屋盖横梁与柱顶铰接时，宜采用螺栓连接。

（4）当设置防震缝时，其缝宽不宜小于单层混凝土柱厂房防震缝宽度的 1.5 倍（图 10.12）。

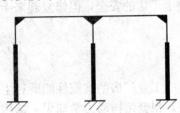

图 10.12　刚接框架

10.3.2　屋盖体系结构布置

1. 厂房天窗架的设置

天窗是薄弱环节，它削弱屋盖的整体刚度。从抗震的角度，厂房天窗架的设置应符合下列要求：

（1）天窗宜采用突出屋面较小的避风型天窗，有条件或 9 度时宜采用下沉式天窗。下沉式天窗在采光和通风效果上不如其他天窗，但可避免"鞭端效应"的影响，其悬挂杆件应具有足够的强度（图 10.13）。

（2）突出屋面的天窗宜采用钢天窗架；6～8 度时，可采用矩形截面杆件的钢筋混凝土天窗架。

（3）天窗架不宜从厂房结构单元第一开间开始设置；8 度和 9 度时，天窗架宜从厂房单元端部第三柱间开始设置。

图 10.13　下沉式天窗

（4）天窗屋盖、端壁板和侧板，宜采用轻型板材；不应采用端壁板代替端天窗架。

2. 厂房屋架的设置，应符合下列要求：

（1）厂房宜采用钢屋架或重心较低的预应力混凝土、钢筋混凝土屋架。

（2）跨度不大于 15m 时，可采用钢筋混凝土屋面梁。

（3）跨度大于 24m，或 8 度Ⅲ、Ⅳ类场地和 9 度时，应优先采用钢屋架。

（4）柱距为 12m 时，可采用预应力混凝土托架（梁）；当采用钢屋架时，亦可采用钢托架（梁）。

（5）有突出屋面天窗架的屋盖不宜采用预应力混凝土或钢筋混凝土空腹屋架。

（6）8 度（0.30*g*）和 9 度时，跨度大于 24m 的厂房不宜采用大型屋面板。

3. 有檩屋盖构件的连接及支撑布置

支撑布置宜符合表 10.1 的要求。

有檩屋盖的支撑布置　表 10.1

支撑名称		烈度		
		6、7	8	9
屋架支撑	上弦横向支撑	厂房单元端开间各设一道	厂房单元端开间及厂房单元长度大于 66m 的柱间支撑开间各设一道；天窗开洞范围的两端各增设局部的支撑一道	厂房单元端开间及厂房单元长度大于 42m 的柱间支撑开间各设一道；天窗开洞范围的两端各增设局部的上弦横向支撑一道
	下弦横向支撑	同非抗震设计		
	跨中竖向支撑			
	端部竖向支撑	屋架端部高度大于 900mm 时，厂房单元端开间及柱间支撑开间各设一道		
天窗架支撑	上弦横向支撑	厂房单元天窗端开间各设一道	厂房单元天窗端开间及每隔 30m 各设一道	厂房单元天窗端开间及每隔 18m 各设一道
	两侧竖向支撑	厂房单元天窗端开间及每隔 36m 各设一道		

4. 无檩屋盖构件的连接及支撑布置

支撑的布置宜符合表 10.2 的要求，有中间井式天窗时宜符合表 10.3 的要求；8 度和 9 度跨度不大于 15m 的厂房屋盖采用屋面梁时，可仅在厂房单元两端各设竖向支撑一道；单坡屋面梁的屋盖支撑布置，宜按屋架端部高度大于 900mm 的屋盖支撑布置执行。

无檩屋盖的支撑布置　表 10.2

支撑名称		烈度		
		6、7	8	9
屋架支撑	上弦横向支撑	屋架跨度小于 18m 时同非抗震设计，跨度不小于 18m 时在厂房单元端开间各设一道	厂房单元端开间及柱间支撑开间各设一道，天窗开洞范围的两端各增设局部的支撑一道	
	上弦通长水平系杆	同非抗震设计	沿屋架跨度不大于 15m 设一道，但装配整体式屋面可不设；围护墙在屋架上弦高度有现浇圈梁时，其端部处可不另设	沿屋架跨度不大于 12m 设一道，但装配整体式屋面可不设；围护墙在屋架上弦高度有现浇圈梁时，其端部处可不另设
	下弦横向支撑		同非抗震设计	同上弦横向支撑
	跨中竖向支撑			
	两端竖向支撑 屋架端部高度 ≤900mm		厂房单元端开间各设一道	厂房单元端开间及每隔 48m 各设一道
	两端竖向支撑 屋架端部高度 >900mm	厂房单元端开间各设一道	厂房单元端开间及柱间支撑开间各设一道	厂房单元端开间、柱间支撑开间及每隔 30m 各设一道
天窗架支撑	天窗两侧竖向支撑	厂房单元天窗端开间及每隔 30m 各设一道	厂房单元天窗端开间及每隔 24m 各设一道	厂房单元天窗端开间及每隔 18m 各设一道
	上弦横向支撑	同非抗震设计	天窗跨度≥9m 时，厂房单元天窗端开间及柱间支撑开间各设一道	厂房单元端开间及柱间支撑开间各设一道

中间井式天窗无檩屋盖的支撑布置　表 10.3

支撑名称	6、7 度	8 度	9 度
上弦横向支撑 下弦横向支撑	厂房单元端开间各设一道	厂房单元端开间及柱间支撑开间各设一道	
上弦通长水平系杆	天窗范围内屋架跨中上弦节点处设置		
下弦通长水平系杆	天窗两侧及天窗范围内屋架下弦节点处设置		

157

支撑名称		6、7度	8度	9度
跨中竖向支撑		有上弦横向支撑开间设置,位置与下弦通长系杆相对应		
两端竖向支撑	屋架端部高度 ≤900mm	同非抗震设计		有上弦横向支撑开间,且间距不大于48m
	屋架端部高度 >900mm	厂房单元端开间各设一道	有上弦横向支撑开间,且间距不大于48m	有上弦横向支撑开间,且间距不大于30m

10.3.3 结构构件布置

1. 厂房柱的设置

(1) 8度和9度时,宜采用矩形、工字形截面柱或斜腹杆双肢柱,不宜采用薄壁工字形柱、腹板开孔工字形柱、预制腹板的工字形柱和管柱。

(2) 柱底至室内地坪以上500mm范围内宜采用矩形截面。

2. 屋盖支撑尚应符合下列要求:

(1) 天窗开洞范围内,在屋架脊点处应设上弦通长水平压杆;8度Ⅲ、Ⅳ类场地和9度时,梯形屋架端部上节点应沿厂房纵向设置通长水平压杆。

(2) 屋架跨中竖向支撑在跨度方向的间距,6~8度时不大于15m,9度时不大于12m;当仅在跨中设一道时,应设在跨中屋架屋脊处;当设两道时,应在跨度方向均匀布置。

(3) 屋架上、下弦通长水平系杆与竖向支撑宜配合设置。

(4) 柱距不小于12m且屋架间距6m的厂房,托架(梁)区段及其相邻开间应设下弦纵向水平支撑。

(5) 屋盖支撑杆件宜用型钢。

3. 柱支撑的设置

(1) 一般情况下,应在厂房单元中部设置上、下柱间支撑,且下柱支撑应与上柱支撑配套设置;

(2) 有起重机或8度和9度时,宜在厂房单元两端增设上柱支撑;

(3) 厂房单元较长或8度Ⅲ、Ⅳ类场地和9度时,可在厂房单元中部1/3区段内设置两道柱间支撑。

10.3.4 围护墙体的布置

1. 当厂房的一端设缝而不能布置横墙时,则另一端宜采用轻质挂板山墙。

2. 多跨厂房的砌体围护墙宜采用外贴式,不宜采用嵌砌式。否则,边柱列(嵌砌有墙)与中柱列(一般只有柱间支撑)的刚度相差悬殊,导致边跨屋盖因扭转效应过大而发生震害。

3. 厂房内部有砌体隔墙时,也不宜嵌砌于柱间,可采用与柱脱开或与柱柔性连接的构造处理方法,以避免局部刚度过大或形成短柱而引起震害。

4. 钢结构厂房的围护墙,7、8度时宜采用轻质墙板或与柱柔性连接的钢筋混凝土墙板,不应采用嵌砌砌体墙;8度时尚应采取措施使墙体不妨碍厂房柱列沿纵向的水平位移；9 度时宜采用轻质墙板。

5. 单层钢筋混凝土柱厂房的围护墙宜采用轻质墙板或钢筋混凝土大型墙板，外侧柱距为 12m 时应采用轻质墙板或钢筋混凝土大型墙板；不等高厂房的高跨封墙和纵横向厂房交接处的悬墙宜采用轻质墙板，8、9 度时应采用轻质墙板。

6. 厂房围护墙、女儿墙的布置和构造，应符合有关对非结构构件抗震要求的规定。

10.3.5 单层厂房抗震计算

1. 混凝土厂房的抗震计算

（1）厂房的横向抗震计算，应采用下列方法：

1）混凝土无檩和有檩屋盖厂房，一般情况下，宜计及屋盖的横向弹性变形，按多质点空间结构分析；7 度和 8 度区的钢筋混凝土有檩和无檩屋盖，当厂房单元屋盖长度与总跨度之比小于 8 或厂房总跨度大于 12 m、山墙厚度不小于 240mm 墙体开洞所占水平截面积不超过总面积的 50%，柱顶高度不大于 15m、屋盖结构纵向连续，可按平面排架进行计算，但应对排架柱的弯矩和剪力进行调整；

2）轻型屋盖厂房，柱距相等时，可按平面排架计算。

（2）厂房的纵向抗震计算，应采用下列方法：

1）混凝土无檩和有檩屋盖及有较完整支撑系统的轻型屋盖厂房，可采用下列方法：

① 一般情况下，宜计及屋盖的纵向弹性变形，围护墙与隔墙的有效刚度，不对称时尚宜计及扭转的影响，按多质点进行空间结构分析；

② 柱顶标高不大于 15m 且平均跨度不大于 30m 的单跨或等高多跨的钢筋混凝土柱厂房，宜采用修正刚度法计算。

2）纵墙对称布置的单跨厂房和轻型屋盖均多跨厂房，可按柱列分片独立计算。

（3）突出屋面天窗架的横向抗震计算，可采用下列方法：

1）有斜撑杆的三铰拱式钢筋混凝土和钢天窗架的横向抗震计算可采用底部剪力法；跨度大于 9m 或 9 度时，混凝土天窗架的地震作用效应应乘以增大系数，其值可采用 1.5。

2）其他情况下天窗架的横向水平地震作用可采用振型分解反应谱法。

（4）突出屋面天窗架的纵向抗震计算，可采用下列方法：

1）天窗架的纵向抗震计算，可采用空间结构分析法，并计及屋盖平面弹性变形和纵墙的有效刚度。

2）柱高不超过 15m 的单跨和等高多跨混凝土无檩屋盖厂房的天窗架纵向地震作用计算，可采用底部剪力法，但天窗架的地震作用效应应乘以效应增大系数，其值可按下列规定采用：

a. 单跨、边跨屋盖或有纵向内隔墙的中跨屋盖：

$$\varepsilon = 1 + 0.5n \tag{10.1}$$

b. 其他中跨屋盖：

$$\varepsilon = 0.5n \tag{10.2}$$

式中 ε——效应增大系数；

n——厂房跨数，超过四跨时取四跨。

（5）厂房的抗风柱、屋架小立柱和计及工作平台影响的抗震计算，应符合下列规定：

1）高大山墙的抗风柱，在8度和9度时应进行平面外的截面抗震承载力验算。

2）当抗风柱与屋架下弦相连接时，连接点应设在下弦横向支撑节点处，下弦横向支撑杆件的截面和连接节点应进行抗震承载力验算。

3）当工作平台和刚性内隔墙与厂房主体结构连接时，应采用与厂房实际受力相适应的计算简图，并计工作平台和内隔墙对厂房的附加地震作用影响。

4）8度Ⅲ、Ⅳ类场地和9度时，带有小立柱的拱形和折线型屋架或上弦节间较长且矢高较大的屋架，其上弦宜进行抗扭验算。

2. 钢厂房的抗震计算

（1）厂房抗震计算时，应根据屋盖高差、起重机设置情况，采用与厂房结构的实际工作状况相适应的计算模型计算地震作用。单层厂房的阻尼比，可依据屋盖和围护墙的类型，取0.045～0.05。

（2）厂房地震作用计算时，围护墙体的自重和刚度，应按下列规定取值：

1）轻型墙板或与柱柔性连接的预制混凝土墙板，应计入其全部自重，但不应计入其刚度；

2）柱边贴砌且与柱有拉结的砌体围护墙，应计入其全部自重；当沿墙体纵向进行地震作用计算时，尚可计入普通砖砌体墙的折算刚度，折算系数在7度、8度和9度可分别取0.6、0.4和0.2。

（3）厂房的横向抗震计算，可采用下列方法：

1）一般情况下，宜采用考虑屋盖弹性变形的空间分析方法；

2）平面规则、抗侧刚度均匀的轻型屋盖厂房，可按平面框架进行计算。等高厂房可采用底部剪力法，高低跨厂房应采用振型分解反应谱法。

（4）厂房的纵向抗震计算，可采用下列方法：

1）采用轻型板材围护墙或与柱柔性连接的大型墙板的厂房，可采用底部剪力法计算，各纵向柱列的地震作用可按下列原则分配：

a. 轻型屋盖可按纵向柱列承受的重力荷载代表值的比例分配；

b. 钢筋混凝土无檩屋盖可按纵向柱列刚度比例分配；

c. 钢筋混凝土有檩屋盖可取上述两种分配结果的平均值。

2）设置柱间支撑的柱列应计入支撑杆件屈服后的地震作用效应。

（5）厂房屋盖构件的抗震计算，应符合下列要求：

1）竖向支撑桁架的腹杆应能承受和传递屋盖的水平地震作用，其连接的承载力应大于腹杆的承载力，并满足构造要求。

2）屋盖横向水平支撑、纵向水平支撑的交叉斜杆均可按拉杆设计，并取相同的截面面积。

（6）厂房结构构件连接的承载力计算，应符合下列规定：

1）框架上柱的拼接位置应选择弯矩较小区域，其承载力不应小于按上柱两端呈全截面塑性屈服状态计算的拼接处的内力，且不得小于柱全截面受拉屈服承载力的0.5倍。

2）刚接框架屋盖横梁的拼接，当位于横梁最大应力区以外时，宜按与被拼接截面等强度设计。

3）实腹屋面梁与柱的刚性连接、梁端梁与梁的拼接，应采用地震组合内力进行弹性阶段设计。

4）柱间支撑与构件的连接，不应小于支撑杆件塑性承载力的 1.2 倍。

10.4 厂房减隔震及抗震构造措施

为提高工业厂房的抗震性能，一般从两方面入手，即构件设计和整体结构设计。构件设计包括截面大小和配筋率计算以及必要的构造措施，而整体结构的抗震设计可以考虑采用结构振动控制措施，譬如消能阻尼器的应用。

10.4.1 消能阻尼器在工业厂房中的应用

为提高建筑结构的整体抗震性能，在结构中的某些部位设置消能装置，如在结构物中设置消能支撑或在结构物的某些部位装设阻尼器。在小震或风载作用下，这些耗能子结构或阻尼器处于弹性工作状态，结构具有足够的侧向刚度或附加阻尼使其变形能满足正常使用要求；在强震作用下，随着结构受力和变形增大，这些耗能部位和阻尼器将率先进入非弹性变形状态，产生较大阻尼，大量消耗输入结构的地震能量，从而减小主体结构的地震反应。地震输入能量的耗散主要被限制在阻尼器内部，同时结构的破坏也仅限于阻尼器本身。消能阻尼器在工业厂房中的应用主要表现在以下两个部位：

1. 柱间支撑

可采用金属阻尼器和摩擦阻尼器来代替消能支撑。如图 10.14 所示。

2. 排（刚）架与屋架的连接处

可采用液压油阻尼器，布置方案如图 10.15 所示。

图 10.14　金属阻尼器运用图

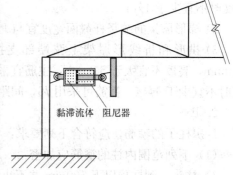

黏滞流体　阻尼器

图 10.15　液压油阻尼器应用

10.4.2 单层钢筋混凝土柱厂房的构造措施：

1. 屋盖

（1）有檩屋盖构件的连接及支撑布置，应符合下列要求：

1）檩条应与混凝土屋架（屋面梁）焊牢，并应有足够的支承长度。

2）双脊檩应在跨度 1/3 处相互拉结。

3）压型钢板应与檩条可靠连接，瓦楞铁、石棉瓦等应与檩条拉结。

（2）无檩屋盖构件的连接及支撑布置，应符合下列要求：

1）大型屋面板应与屋架（屋面梁）焊牢，靠柱列的屋面板与屋架（屋面梁）的连接焊缝长度不宜小于 80mm。

2）6 度和 7 度时有天窗厂房单元的端开间，或 8 度和 9 度时各开间，宜将垂直屋架方向两侧相邻的大型屋面板的顶面彼此焊牢。

3）8 度和 9 度时，大型屋面板端头底面的预埋件宜采用角钢并与主筋焊牢。

4）非标准屋面板宜采用装配整体式接头，或将板四角切掉后与屋架（屋面梁）焊牢。

5）屋架（屋面梁）端部顶面预埋件的锚筋，8 度时不宜少于 $4\phi10$，9 度时不宜少于 $4\phi12$。

屋盖支撑还应符合下列要求：

1）天窗开洞范围内，在屋架脊点处应设上弦通长水平压杆。

2）屋架跨中竖向支撑在跨度方向的间距，6～8 度时不大于 15m，9 度时不大于 12m；当仅在跨中设一道时，应设在跨中屋架屋脊处；当设两道时，应在跨度方向均匀布置。

3）屋架上、下弦通长水平系杆与竖向支撑宜配合设置。

4）柱距不小于 12m 且屋架间距 6m 的厂房，托架（梁）区段及其相邻开间应设下弦纵向水平支撑。

5）屋盖支撑杆件宜用型钢。

屋盖支撑桁架的腹杆与弦杆连接的承载力，不宜小于腹杆的承载力。屋架竖向支撑桁架应能传递和承受屋盖的水平地震作用。

突出屋面的钢筋混凝土天窗架，其两侧墙板与天窗立柱宜采用螺栓连接。

（3）混凝土屋架的截面和配筋，应符合下列要求：

1）屋架上弦第一节间和梯形屋架端竖杆的配筋，6 度和 7 度时不宜少于 $4\phi12$，8 度和 9 度时不宜少于 $4\phi14$。

2）梯形屋架的端竖杆截面宽度宜与上弦宽度相同。

3）拱形和折线形屋架上弦端部支撑屋面板的小立柱，截面不宜小于 $200mm \times 200mm$，高度不宜大于 500mm，主筋宜采用Ⅱ形，6 度和 7 度时不宜少于 $4\phi12$，8 度和 9 度时不宜少于 $4\phi14$，箍筋可采用 $\phi6$，间距不宜大于 100mm。

2. 柱

厂房柱子的箍筋，应符合下列要求：

（1）下列范围内柱的箍筋应加密：

1）柱头，到柱顶以下 500mm 并不小于柱截面长边尺寸；

2）上柱，取阶形柱自牛腿面至吊车梁顶面以上 300mm 高度范围内；

3）牛腿（柱肩），取全高；

4）柱根，取下柱柱底至室内地坪以上 500mm；

5）柱间支撑与柱连接节点，到节点上、下各 300mm。

（2）加密区箍筋间距不应大于 100mm，箍筋肢距和最小直径应符合表 10.4 的规定。

（3）厂房柱侧向受约束且剪跨比不大于 2 的排架柱，柱顶预埋钢板和柱箍筋加密区的构造尚应符合下列要求：

1）柱顶预埋钢板沿排架平面方向的长度，宜取柱顶的截面高度，且不得小于截面高度的 1/2 及 300mm；

柱加密区箍筋最大肢距和最小箍筋直径　　　　　　　　　　　表 10.4

烈度和场地类别		6 度和 7 度Ⅰ、Ⅱ类场地	7 度Ⅲ、Ⅳ类场地和 8 度Ⅰ、Ⅱ类场地	8 度Ⅲ、Ⅳ类场地和 9 度
箍筋最大肢距(mm)		300	250	200
箍筋的最小直径	一般柱头和柱根	$\phi6$	$\phi8$	$\phi8(\phi10)$
	角柱柱头	$\phi8$	$\phi10$	$\phi10$
	上柱、牛腿和有支撑的柱根	$\phi8$	$\phi8$	$\phi10$
	有支撑的柱头和柱变位受约束的部位	$\phi8$	$\phi10$	$\phi12$

2）屋架的安装位置，宜减小在柱顶的偏心，其柱顶轴向力的偏心距不应大于截面高度的 1/4；

3）柱顶轴向力排架平面内的偏心距在截面高度的 1/6～1/4 范围内时，柱顶箍筋加密区的箍筋体积配筋率：9 度不宜小于 1.2%；8 度不宜小于 1.2%；6 度、7 度不宜小于 0.8%；

4）加密区箍筋宜配置四肢箍，肢距不大于 200mm。

（4）大柱网厂房柱的截面和配筋构造，应符合下列要求：

1）柱截面宜采用正方形或接近正方形的矩形，边长不宜小于柱全高的 1/18～1/16。

2）重屋盖厂房地震组合的柱轴压比，6 度、7 度时不宜大于 0.8，8 度时不宜大于 0.7，9 度时不应大于 0.6。

3）纵向钢筋宜沿柱截面周边对称配置，间距不宜大于 200mm，角部宜配置直径较大的钢筋。

（5）柱头和柱根的箍筋应加密，并应符合下列要求：

1）加密范围，柱根取基础顶面至室内地坪以上 1m，且不小于柱全高的 1/6；柱头取柱顶以下 500mm，且不小于柱截面长边尺寸；

2）箍筋末端应设 135°弯钩，且平直段的长度不应小于箍筋直径的 10 倍。

（6）山墙抗风柱的配筋，应符合下列要求：

1）抗风柱柱顶以下 300mm 和牛腿（柱肩）面以上 300mm 范围内的箍筋，直径不宜小于 6mm，间距不应大于 100mm，肢距不宜大于 250mm。

2）抗风柱的变截面牛腿（柱肩）处，宜设置纵向受拉钢筋。

3. 柱间支撑

厂房柱间支撑的构造，应符合下列要求：

（1）柱间支撑应采用型钢，支撑形式宜采用交叉式，其斜杆与水平面的交角不宜大于 55°。

（2）支撑杆件的长细比，不宜超过表 10.5 的规定。即杆件的计算长度与杆件截面的回转半径之比。杆件的计算长度与杆件端部的连接方式有关，如固接、铰接、链接和自由等，长细比并不是长边与短边之比。钢筋混凝土偏心受压长柱承载力计算要考虑到外载作用下，因构件弹塑性变性引起的附加偏心的影响，偏心距增大系数与轴心受压构件的稳定系数，都与长细比有关。控制支撑杆件的长细比可保证杆件的承载力。

（3）下柱支撑的下节点位置和构造措施，应保证将地震作用直接传给基础；当6度和7度不能直接传给基础时，应考虑支撑对柱和基础的不利影响；

（4）交叉支撑在交叉点应设置节点板，其厚度不应小于10mm，斜杆与交叉节点板应焊接，与端节点板宜焊接。

交叉支撑斜杆的最大长细比   表 10.5

位　　置	烈　　度			
	6度和7度Ⅰ、Ⅱ类场地	7度Ⅲ、Ⅳ类场地和8度Ⅰ、Ⅱ类场地	8度Ⅲ、Ⅳ类场地和9度Ⅰ、Ⅱ类场地	9度Ⅲ、Ⅳ类场地
上柱支撑	250	250	200	150
下柱支撑	200	150	120	120

4. 连接节点

（1）屋架（屋面梁）与柱顶的连接，8度时宜采用螺栓，9度时宜采用钢板铰，亦可采用螺栓；屋架（屋面梁）端部支承垫板的厚度不宜小于16mm。

（2）柱顶预埋件的锚筋，8度时不宜少于 $4\phi14$，9度时不宜少于 $4\phi16$；有柱间支撑的柱子，柱顶预埋件尚应增设抗剪钢板。

（3）山墙抗风柱的柱顶，应设置预埋板，使柱顶与端屋架的上弦（屋面梁上翼缘）可靠连接。连接部位应位于上弦横向支撑与屋架的连接点处，不符合时可在支撑中增设次腹杆或设置型钢横梁，将水平地震作用传至节点部位。

（4）支承低跨屋盖的中柱牛腿（柱肩）的预埋件，应与牛腿（柱肩）中按计算承受水平拉力部分的纵向钢筋焊接，且焊接的钢筋，6度和7度时不应少于 $2\phi12$，8度时不应少于 $2\phi14$，9度时不应少于 $2\phi16$。

（5）柱间支撑与柱连接节点预埋件的锚件，8度Ⅲ、Ⅳ类场地和9度时，宜采用角钢加端板，其他情况可采用不低于 HRB335 级的热轧钢筋，但锚固长度不应小于30倍锚筋直径或增设端板。

（6）厂房中的起重机走道板、端屋架与山墙间的填充小屋面板、天沟板、天窗端壁板和天窗侧板下的填充砌体等构件应与支承结构有可靠的连接。

10.4.3 单层钢结构厂房

为防止钢柱在地震作用下失稳，单层钢结构厂房框架柱的长细比不应大于 $120\sqrt{235/f_{ay}}$，其中 f_{ay} 为钢材的屈服强度。

框架柱、梁截面板件的宽厚比限值应符合下列要求：

（1）当截面受地震作用效应组合控制时，板件宽厚比限值应符合表10.6。

（2）设置纵向加劲肋时，构件腹板的宽厚比可相应地减小。

钢柱柱脚应采取适当构造措施以保证能传递柱身屈服时的承载力。格构式钢柱不超过8度时可采用外露式刚性柱脚；格构式钢柱超过8度时和实腹式柱宜采用直埋式柱脚或预制杯口插入式柱脚。

构件	板件名称	7 度	8 度	9 度
柱	工字形截面翼缘外伸部分	13	11	10
	箱形截面两腹板间翼缘	38	36	36
	箱形截面腹板($N_c/Af<0.25$)	70	65	60
	箱形截面腹板($N_c/Af\geqslant0.25$)	58	52	48
	圆管外径与壁厚比	60	55	50
梁	工字形截面翼缘外伸部分	11	10	9
	箱形截面两腹板间翼缘	36	32	30
	箱形截面腹板($N_b/Af<0.37$) 箱形截面腹板($N_b/Af\geqslant0.37$)	$(85\sim120)\rho$ 40	$(80\sim110)\rho$ 39	$(72\sim100)\rho$ 35

注：(1) 表列数值适用于 Q235 钢，当材料为其他钢号时，应乘以 $\sqrt{235/f_{ay}}$；

(2) N_c、N_b 分别为柱、梁轴向力，A 为相应构件截面面积，f 为钢材抗拉强度设计；

(3) $\rho=N_b/Af_{ay}$。

实腹式钢柱采用插入式柱脚的埋入深度 d，不得小于钢柱截面高度的 2 倍，同时应满足下式要求：

$$d\geqslant\sqrt{\frac{6M}{b_f f_c}}$$ (10.3)

式中　M——柱脚全截面屈服时的极限弯矩；

b_f——柱在受弯方向截面的翼缘宽度；

f_c——基础混凝土轴心抗压强度设计值。

有吊车时，应在厂房单元中部设置上下柱间支撑，并应在厂房单元两端增设上柱支撑；7 度时结构单元长度大于 120m，8 度、9 度时结构单元长度大于 90m，宜在单元中部 1/3 区段内设置两道上下柱间支撑。有条件时，可采用消能支撑。

思　考　题

1. 单层厂房主要有哪些地震破坏形式及其原因是什么？

2. 简述厂房柱的抗震设置要求。

3. 为什么要控制柱间支撑交叉斜杆的最大长细比？

4. 工业厂房中哪些部位可采用阻尼器减震？

5. 混凝土厂房屋盖的抗震构造措施有哪些？

第11章 桥梁抗震设计

桥梁在交通工程中占有非常重要的作用，特别是公路桥或铁路桥梁对维护正常交通网络具有重要的意义。在地震中，一旦桥梁因抗震性能不足受到破坏，将会引发严重的后果。以近期的汶川地震为例，在大地震中，因桥梁遭到破坏阻断交通致使救援工作无法进行，进一步加重了灾区的损失和人员的伤亡状况。因此，对桥梁结构进行抗震设计具有重要的工程意义。

本章将首先介绍桥梁结构的基本组成部分，然后在此基础上，分析桥梁震害的基本震害特点，并进行原因分析，随后介绍桥梁抗震设计的基本原理，最后根据相应的设计原理和标准，阐述桥梁的抗震设计知识和减隔震设计理论以及相应的常见构造措施。

11.1 桥梁概述

桥梁指的是为道路跨越天然或人工障碍物而修建的建筑结构物。桥梁一般讲由五大部件和五小部件组成。五大部件是指桥梁承受汽车或其他车辆运输荷载的桥跨上部结构与下部结构。包括：

（1）桥跨结构，见图11.1。它是道路遇到障碍物中断时跨越这类障碍的工程结构物。包括桥面板，桥面梁、大梁，拱，悬索或拱桥中的主拱圈、拱上建筑和桥面系，其作用是承受桥上的行人和车辆荷载。

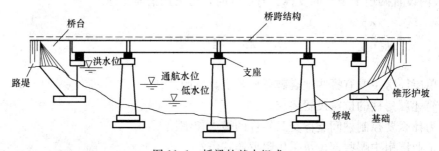

图 11.1　桥梁的基本组成

（2）支座。设置在桥梁上、下结构之间的传力和连接装置，一般分为固定支座和活动支座。其作用是把上部结构的各种荷载传递到墩台上，并适应活载、温度变化、混凝土收缩和徐变等因素所产生的位移。

（3）桥墩。它是支承桥跨结构并将恒载和车辆等活载传至地基的构筑物。

（4）桥台。通常设置在桥梁两端的挡土结构称为桥台，一侧与路堤相衔接，以抵御路堤土压力，防止路堤填土的滑坡和坍落；另一侧面对桥跨中心方向，通常为自由面。

（5）基础。基础承担了从桥墩和桥台传来的全部荷载，这些荷载包括竖向荷载以及地震作用、船舶撞击墩身等引起的水平荷载，通常埋置较深或埋置于水中，属于深基础，在

166

桥梁施工中是难度较大的一个部分。

按照桥梁结构的相对位置，将五大部件中的前两个部件细分为桥梁的上部结构，后三个部件为桥梁的下部结构。

五小部件是指直接与桥梁服务功能有关的辅助部件，均是桥梁的附属设施。它包括：

（1）桥面铺装。作用是防止车辆轮胎或履带直接磨耗桥面板，保护主梁免受雨水侵蚀，并对车辆轮重的集中荷载产生一定的扩散作用。要求铺装具有抗车辙、抗滑和不渗水等性能。

（2）防排水系统。桥梁的防水层应设置在行车道铺装层下边，利用泄水管将透过铺装层渗下的雨水排除桥面；而排水系统应迅速排除桥面上积水，防止雨水渗入梁体而影响桥梁的耐久性。

（3）栏杆。布置在桥面两侧，主要作用是防止行人和非机动车辆坠入桥下。同时，可起轮廓标志的作用，提醒车辆在路幅之内行驶，并给驾驶员以安全感。是保证行人和车辆的安全构造措施。

（4）伸缩缝。在桥跨上部结构之间，或桥跨上部结构与桥台端墙之间，设有缝隙保证结构在各种因素作用下的变位，要求伸缩缝能够适应桥梁温度变化所引起的伸缩，施工安装方便且与桥梁结构连为整体，能够安全排水和防水，而且能承担各种车辆荷载的作用。

（5）灯光照明。用于雾天、夜间等情况下行车的安全设施。

桥梁按照结构受力类型划分，有梁式桥、拱桥、刚架桥、悬索桥、斜拉桥五种基本体系。

1. 梁式桥

用梁或桁架梁作主要承重结构的桥梁。从约束形式上又可分为简支梁桥、连续梁桥和悬臂梁桥。梁式桥制造和施工非常方便，工程中使用最广泛，在桥梁建筑中占有很大比例。因此，梁式桥的抗震设计是本章重点关注，下面以梁式桥为主介绍桥梁的抗震设计。

图 11.2　梁式桥

2. 拱桥

拱桥指的是在竖直平面内以主拱圈作为结构主要承重构件的桥梁。按桥面板和桥拱的相对位置，可分为上承拱、中承拱、下承拱。主拱圈可承受上部桥面系传来的竖向荷载，桥墩、桥台除承受竖向力和弯矩外，还可以承受水平推力。

中国拱桥建筑历史悠久，在古代桥梁中，以石拱桥为主要桥型。无论在山谷、丘陵、平原和水网地区，至今仍存在各种式样的石拱桥，其中最著名的当属赵州桥和卢沟桥（图11.3）。

在现代桥梁中，拱桥的应用也是非常广泛的（图11.4）。

3. 刚架桥

刚架桥是一种介于梁与拱之间的一种结构体系，它是由受弯的上部梁（或板）结构与承压的下部柱（或墩）整体结合在一起的结构（图11.5）。由于梁和柱的刚性连接，整个体系是压弯结构，也是有推力的结构（属于基本体系）。一般用于跨径不大的城市桥或公路高架桥和立交桥。

图 11.3　古代拱桥

图 11.4　现代拱桥

图 11.5　刚架桥

4. 悬索桥

又名吊桥，指的是以通过索塔悬挂并锚固于两岸（或桥两端）的缆索（或钢链）作为上部结构主要承重构件的桥梁。其缆索几何形状由力的平衡条件决定，一般接近抛物线。从缆索垂下许多吊杆，将桥面吊住，在桥面和吊杆之间常设置加劲梁，同缆索形成组合体系，以减小活载所引起的挠度变形。

悬索桥中最大的力是悬索中的张力和塔架中的压力。由于塔架基本上不受侧向力，它的横截面相对较小，此外悬索对塔架还有一定的稳定作用。旧式悬索桥的悬索一般由是铁链组成，而现代常用的悬索则是高强设钢丝。

5. 斜拉桥

斜拉桥由索塔、主梁、斜拉索组成。斜拉桥是将主梁用许多拉索直接拉在桥塔上的一种桥梁，是由承压塔、受拉索和承弯的梁体组合起来的一种结构体系（图 11.7）。斜拉桥梁体内弯矩小，可降低建筑高度，节省材料，并减轻结构重量。

图 11.6　悬索桥

斜拉桥承受的主要荷载来自主梁。索塔的两侧是对称的斜拉索，通过斜拉索将索塔主梁相连。假设索塔两侧各有一根斜拉索，并且左右对称，这两根斜拉索在主梁的重力作用下，一个产生两个对称的沿着斜拉索方向的斜拉力，作用于索塔之上，每根拉索的力可以分解为一个水平张力和一个竖直压力；由于对称性，合成水平张力互相抵消了，最终只剩下对索塔的数值压力，由此可见，主梁荷载通过拉索传递到索塔之上，并最终由索塔的基础传给地基。

图 11.7　斜拉桥

11.2　桥梁震害及其原因

根据已有的震害调查，在地震的过程中，桥梁的破坏是非常严重的，如 1976 年的唐山地震、1995 的日本神户地震、1999 年的土耳其地震、1999 年台湾集集地震以及 2008 年的汶川地震都导致桥梁受到了严重的损伤或倒塌，造成交通中断，致抗震救灾工作受阻，使震害进一步加剧（图 11.8）。

图 11.8　桥梁震害图

由此可见，进行桥梁震害及其原因分析是非常必要的，可用来指导后续的桥梁抗震设计。根据国内外桥梁震害的调查结果表明，桥梁遭受了不同程度和不同形式的破坏，其主要震害为：

1. 桥梁上部结构震害

桥梁上部结构直接承受车辆荷载，而在其中又以主梁为主要的受力构件，振动会导致简支梁主梁的扭曲、移动、开裂、落梁等现象发生，其中主梁的落梁现象是最危险的（图11.9）。

桥梁上部结构震害分为：

（1）构件变形损伤，例如，主梁受力弯曲、开裂；

（2）结构移位，一般在设置伸缩缝的地方容易发生，诱发的表现为桥梁上部结构的纵向移位、横向移位或者扭转移位；

（3）碰撞诱发的震害：包括相邻跨上部结构的碰撞和上部结构与桥台的碰撞。其中由于相邻跨上部结构碰撞而导致的落梁现象是最严重的碰撞震害。

图 11.9　落梁破坏

2. 桥梁下部结构震害

桥墩下部震害主要表现为桥墩沉降、倾斜、移位，墩身开裂、剪断，受压缘混凝土崩溃，钢筋裸露屈曲，以及桥墩与基础连接处开裂、折断等。其中墩柱的弯曲破坏是在破坏性地震中非常常见的一种震害形式。弯曲破坏时，桥墩多表现为墩身开裂、混凝土剥落压溃、钢筋裸露屈曲等并产生很大的塑性变形，主要是约束箍筋配置不足或者纵向钢筋的搭接或焊接不牢而引起的墩柱延性能力不足所致。

桥台的震害主要表现为桥台与路基一起向河心滑移，导致桩柱式桥台的桩柱开裂、倾斜或折断；重力式桥台墙身开裂，台体移动、下沉或转动；桥头引道变形、开裂等。桥台的滑移与倾斜会进一步加剧主梁的受压破坏。

(a) 桥墩的破坏　　　　　　　　　　　(b) 桥台的破坏

图 11.10　桥墩和桥台破坏

3. 支座震害

在地震力的作用下，如果支座设计充分考虑抗震的要求，构造上连接与支挡等构造措施不足，或支座形式和材料上存在缺陷等因素，就会导致支座发生过大的变形和位移，从而造成如支座锚固螺栓拔出、剪断、活动支座脱落及支座本身构造上的破坏等，并由此导致结构力传递形式的变化，进而对结构的其他部位产生不利的影响。见图 11.11。

 4. 地基与基础震害

桥梁上部结构传来的荷载作用于墩台，然后通过墩台基础传递给地基。因此，地基与基础的抗震的性能将影响桥梁的整体抗震性能，而且基础和地基属于隐蔽工程，在地震中损坏，震后也难以修复，所以应该尽量首先避免地基和基础的震害出现。地基基础破坏主要表现为地基液化、地基失稳或承载力不足以及移位等，导致地面产生大变形，基础发生水平滑移、下沉和断裂等。基础的破坏形成主要表现为移位、倾斜、下沉、折断和屈曲失稳。见图 11.12。

图 11.11 支座的破坏

图 11.12 基础的破坏

显而易见，桥梁的震害是与地震的大小紧密相关的，但并不仅仅限于这一因素，在地震中，桥梁出现破坏往往是多种因素综合作用的结果，出现下述状况之一均可能会有震害发生：

（1）实际遭受的地震烈度超出抗震设防标准。

（2）地基变形过大或地基失效，导致桥梁结构或构件移位或坍塌。

（3）桥梁结构设计或施工不合理存在缺陷。

（4）由于地震诱发桥梁持续振动，桥梁动力响应过大而破坏。

从以上的桥梁震害的类型和原因可以看出，桥梁的地震震害在很大程度上是由于采用抗震设计能力不足或构造措施不合理引起的。

11.3 桥梁抗震设计原理

11.3.1 桥梁抗震设防分类及设防目标和标准

参照国外桥梁抗震设防的性能目标要求，同时考虑了旧版规范中桥梁抗震设防性能目标要求的延续性和一致性，《公路桥梁抗震设计细则》JTG/T B02—01—2008 将桥梁抗震设防分为 A 类、B 类、C 类和 D 类四个抗震设防类别。A 类桥梁的抗震设防目标是中震（E1 地震作用即重现期较短的地震作用，重现期约为 475 年）不坏，大震（E2 地震作用即重现期较长的地震作用，重现期约为 2000 年）可修，B、C 类桥梁的抗震设防目标是小震（E1 地震作用，重现期约为 50～100 年）不坏，中震（重现期约为 475 年）可修，大震（E2 地震作用，重现期约为 2000 年）不倒，D 类桥梁的抗震设防目标是小震（重现期约为 25 年）不坏。

一般情况下，A 类桥梁是指单跨跨径超过 150m 的特大桥，B 类桥梁是指单跨跨径不超过 150m 的高速公路、一级公路上的桥梁，单跨跨径不超过 150m 的二级公路上的大桥、特大桥，C 类桥梁指二级公路上的中桥、小桥，单跨跨径不超过 150m 的三、四级公路上的大桥、特大桥，D 类桥梁指三、四级公路上的中桥、小桥。

而各类桥梁在不同抗震设防烈度下的抗震设防措施等级按表 11.1 规定的标准采用。

各类桥梁抗震设防措施等级　　　　　　　表 11.1

抗震设防烈度 桥梁分类	6 度	7 度		8 度		9 度
	0.05g	0.1g	0.15g	0.2g	0.3g	0.4g
A 类	7	8	9	9	更高，须专门研究	
B 类	7	8	8	9	9	≥9
C 类	6	7	7	8	8	9
D 类	6	7	7	8	8	9

各类桥梁的抗震重要性系数，按表 11.2 确定。

桥梁的抗震重要性系数　　　　　　　表 11.2

桥梁分类	E_1 地震作用	E_2 地震作用
A 类	1.0	1.7
B 类	0.43(0.5)	1.3(1.7)
C 类	0.34	1.0
D 类	0.23	—

11.3.2　桥梁抗震设计的理论

桥梁抗震常用的设计方法主要经历了静力法和反应谱法两个阶段，对应与不同的阶段有不同的设计抗震设计方法。下面就详细介绍桥梁抗震设计实用的几种设计方法。

1. 静力法

它假设结构物各个部分与地震动具有相同的振动。此时，结构物上只作用着地面运动加速度乘上结构物质量 M 所产生的惯性力，把惯性力视为静力作用于结构物作抗震计算。惯性力（即地震作用）计算公式为：

$$F = M \mid \ddot{x}_g(t) \mid_{\max} = \frac{W}{g} \mid \ddot{x}_g(t) \mid_{\max} = W \frac{\mid \ddot{x}_g(t) \mid_{\max}}{g} = kW \qquad (11.1)$$

式中　W——结构总重量；

k——地面运动加速度峰值 $\mid \ddot{x}_g(t) \mid_{\max}$ 与重力加速度 g 的比值，也称地震系数。

从动力学的角度，把地震加速度看作是结构地震破坏的唯一因素有极大的局限性，因为它没有考虑结构的动力特性和荷载振动的其余特性。而动力特性是用结构刚度、阻尼、周期等参数来表征，特别是从共振角度来看，结构的固有周期对结构动力反应有很大的影响，只有当结构的基本周期比地面运动卓越周期小很多时，结构物在地震振动时才可能几乎不产生变形而可以被当作刚体，静力法才能成立。如果超出这个范围，就不可能适用。

另一方面，动力荷载的频谱等也会对结构的破坏与否产生影响。

2. 反应谱法

1943 年，美国学者比奥特（M. A. Biot）提出反应谱概念，给出了世界上第一个弹性反应谱曲线，即一个单质点弹性体系对应于某一个强震记录情况下，体系的固有周期与最大反应（加速度、相对速度、相对位移）的关系曲线（图 11.13）。

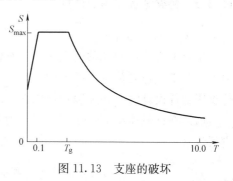

图 11.13　支座的破坏

当阻尼比为 0.05 时的水平设计加速度反应谱 S 由下式确定：

$$S=\begin{cases}S_{max}(5.5T+0.45)\\ S_{max}\\ S_{max}(T_g/T)\end{cases} \tag{11.2}$$

式中　T_g——特征周期（s）；

T——特征自振周期（s）；

S_{max}——水平设计加速度反应最大值。

1948 年，G. W. Honsner 提出基于反应谱理论的抗震计算的动力及反应谱法。动力反应谱法还是采用"地震荷载"的概念，从地震动出发求结构的最大地震反应，但同时考虑了地面运动和结构的动力特性，比静力法有很大的进步。

反应谱的基本原理为一个单自由度系统的基底上作用一个给定的地面加速度，所测量到的这个系统的最大响应取决于动力输入和系统的振动特性。如果动力输入是给定的，则对每个特定的阻尼值而言，单自由度系统的最大响应和系统的自振周期之间的关系可以表示成一条曲线，即反应谱。

反应谱方法概念简单，计算方便，可以用较少的计算量获得结构的最大反应值。但是反应谱只是弹性范围内的概念，当结构在强烈的地震作用下进入塑性工作阶段时不能直接应用，此外反应谱方法只能得到最大响应，不能反映结构在地震动过程中的经历。

3. 动力时程法

顾名思义，时程法是指整个时间的历程或者过程，对结构来说，可以有各种指标的时程，如加速度、位移、速度。时程法实质是在引入时程概念的基础上把反应过程划分为若干个时间段，在每个时间段内采取某个假定进行逐步的积分，反复递推直至求得整个反应过程的结果。

动态时程分析法从选定合适的地震动输入出发，采用多点多自由度结构有限元动力计算模型建立地震振动方程，然后采用逐步积分法对方程进行求解，计算地震过程中每一瞬间结构的位移、速度和加速度反应，从而可以分析出结构在地震作用下弹性和非弹性阶段的内力变化以及构件逐步开裂、损坏直至倒塌的全过程。

对比以上的几种桥梁结构分析方法，可以看到静力法忽略了结构和地震动的动力特性；反应谱法应用方便，介于动力法与静力法之间的一种方法，建立在平均反应谱基础之上，但得到的结果只是一种平均的近似的结果，并不是精准的。时程分析法虽然可以给出精确的结果，但是需要进行模型简化，需要一定的经验。

11.3.3 桥梁地震作用的计算

1. 规则桥梁水平地震作用计算

桥梁上部结构的各种荷载通过支座传到桥墩，无地震时，支座主要承受竖向荷载；有地震时，支座还要传递上部结构产生的水平惯性力。为使支座具有足够的传力能力，在进行支座部件设计时，必须确定作用在支座上的水平力。

(1) 在地震作用下，规则桥梁重力式桥墩水平地震作用采用反应谱法计算时，按下式进行计算：

$$E_{i\mathrm{hp}}=\frac{S_{\mathrm{h1}}\gamma_1 X_{\mathrm{l}i}G_i}{g} \tag{11.3}$$

式中 $E_{i\mathrm{hp}}$——作用于桥墩质点的水平地震作用（kN）；

S_{h1}——水平方向的加速度反应谱值；

G——重力（为桥梁上部结构重力，对于简支桥梁，计算顺桥向地震荷载时为相应于墩顶固定支座的一孔梁的重力；计算横向桥向地震荷载时为相邻两孔梁重力的一半；G_i 为桥梁墩身各分段的重力），单位 kN；

$X_{\mathrm{l}i}$——桥墩基本振型在第 i 分段重心处的相对水平位移。

γ_1——桥墩顺桥向或横桥向的基本振型参与系数，即：

$$\gamma_1=\frac{\sum\limits_{i=0}^{n}X_{\mathrm{l}i}G_i}{\sum\limits_{i=0}^{n}X_{\mathrm{l}i}^2 G_i} \tag{11.4}$$

墩台下端嵌固于基础之上，墩身可视为竖向悬臂杆件。在水平地震力作用下，墩身变形由弯曲变形和剪切变形组成，两种变形所占的份额与桥墩高度与截面宽度比值 H/B 有关。当计算实体桥墩横向变形时，H/B 的值较小，应同时考虑弯曲变形和剪切变形影响；当计算纵向变形时，H/B 的值较大，弯曲变形占主导作用。

《公路抗震规范》给出了实体墩基本振型表达方式。当 $H/B>5$ 时（一般为顺桥向），桥墩第 1 振型，在第 i 分段重心处的相对水平位移可按下式确定：

$$X_{1i}=X_{\mathrm{f}}+\frac{1+X_{\mathrm{t}}}{H}H_i \tag{11.5}$$

当 $H/B<5$ 时（一般为横桥向）：

$$X_{1i}=X_t+\left(\frac{H_i}{H}\right)^{\frac{1}{3}}(1-X_{\mathrm{f}}) \tag{11.6}$$

式中 X_{f}——考虑地基变形时，顺桥向作用于支座顶面或横桥向作用于上部结构重量重心上的单位水平力在一般冲刷线或基础顶面引起的水平位移与支座顶面或上部结构质量重心处的水平位移之比值；

H_i——一般冲刷线或基础顶面至墩身各分段重心处的垂直距离（m）；

H——桥墩计算高度，即一般冲刷线或基础顶面至支座顶面或上部结构质量重心的垂直距离（m）；

B——顺桥向或横桥向的墩身最大宽度（m）。

（2）规则桥梁的柱式桥墩采用反应谱法计算时，可使用下列简化计算公式计算，公式为：

$$E_{htp} = \frac{S_{h1} G_t}{g} \tag{11.7}$$

式中　E_{htp}——作用于支座顶面处的水平地震荷载（kN）；

　　　G_t——支座顶面处的换算质点重力（kN）；

$$G_t = G_{sp} + G_{cp} + \eta G_p$$

　　　G_{sp}——梁桥上部结构重力（kN）；

　　　G_{cp}——盖梁重力（kN）；

　　　G_p——墩身重力（对于扩大基础，为基础顶面以上墩身重力；对于桩基础，为一般冲刷线以上的墩身重力）（kN）；

　　　η——墩身换算系数，即：

$$\eta = 0.16 (X_f^2 + X_{f\frac{1}{2}}^2 + X_f + X_{f\frac{1}{2}} + X_{f\frac{1}{2}} + 1)$$

　　　$X_{f\frac{1}{2}}$——考虑地基变形时，顺桥向作用在支座顶面上的单位水平力在墩身计算高度 $H/2$ 处引起的水平位移与支座顶面的水平位移的比值。

2. 采用橡胶支座的梁桥水平地震作用

试验和理论分析表明，采用橡胶支座可以收到部分减震效果。板式橡胶支座是用橡胶与钢板叠合而成的，截面可以是矩形或圆形，一般安装在刚性墩、实性墩之上或桥台的梁下。《公路抗震规范》规定板式橡胶支座的梁桥，其顺桥向水平地震作用一般应分别按下列情况计算：

（1）全联均采用同类型板式橡胶支座的连续梁或桥面连续、顺桥向具有足够强度的抗震连接措施（即纵向连接措施的强度大于支座抗剪极限强度）的简支梁桥，其水平地震作用可按下述简化方法计算：

1）上部结构对板式橡胶支座顶面处产生的水平地震作用：

$$E_{ihs} = \frac{k_{itp}}{\sum\limits_{i=1}^{n} k_{itp}} \frac{S_{h1} G_{sp}}{g} \tag{11.8}$$

式中　E_{ihs}——上部结构对第 i 号墩板式橡胶支座顶面处产生的水平地震作用（kN）；

　　　k_{itp}——第 i 号墩组合抗推刚度（kN/m），组合刚度由橡胶支座与桥墩串联所得：

$$k_{itp} = \frac{k_{is} k_{ip}}{k_{is} + k_{ip}}$$

　　　k_{is}——第 i 号墩板式橡胶支座抗推刚度（kN/m）：

$$k_{is} = \sum_{j=1}^{n_s} \frac{G_d A_r}{\sum t}$$

式中　n_s——第 i 号墩上板式橡胶支座数量；

　　　G_d——板式橡胶支座动剪切模量（一般取 1200kN/m²），（kN/m²）；

　　　A_r——板式橡胶支座面积（m²）；

　　　$\sum t$——板式橡胶支座橡胶层总厚度（m）；

　　　n——相应于一联上部结构的桥墩个数；

k_{ip}——第 i 号墩顶抗推刚度（kN/m）；

G_{sp}——一联上部结构的总重力（kN）。

2）桥墩地震作用。实体墩由墩身自重在墩身质点 i 的水平地震作用为：

$$E_{ihp}=\frac{S_{h1}\gamma_1 X_{1i}G_i}{g} \tag{11.9}$$

柔性墩由墩身自重在板式支座顶面的水平地震作用为：

$$E_{ihp}=\frac{S_{h1}G_{tp}}{g} \tag{11.10}$$

式中 G_{tp}——桥墩对板式橡胶支座顶面处的换算质点重力（kN）；

$$G_{tp}=G_{cp}+\gamma G_p$$

（2）连续梁当一联中一个或几个墩采用板式橡胶支座，其余均为聚四氟乙烯滑板支座，板式橡胶支座的桥墩的水平地震作用一般应按式（11.8）或式（11.9）计算。

（3）采用板式橡胶支座的多跨简支梁桥，对刚性墩可按单墩单梁计算；对柔性墩应考虑支座与上下部的耦联作用（一般情况下可考虑 3～5 孔）。采用板式橡胶支座的简支梁和连续梁桥，当横桥向设置有限制横桥向位移的抗震措施（例如挡块）时，桥墩横桥向水平地震作用可按式（11.3）计算。

3. 桥台水平地震作用计算

作用于桥台上的水平地震作用包括台身水平地震力、台背主动土压力以及上部结构对桥台顶面处产生的水平地震，桥台地震作用可按静力法确定：

$$E_{hau}=C_i C_s C_d A G_{au}/g \tag{11.11}$$

式中 C_i、C_s、C_d——分别为抗震重要性系数，场地系数和阻尼调整系数。

A——水平向设计基本地震动加速度峰值。

E_{hau}——作用于台身重心处的水平地震作用力（kN）；

G_{au}——基础顶面以上台身的重力（kN）。

如果桥台上有固定支座与上部结构相连，还应计入上部结构所产生的水平地震力，其数值仍按式（11.11）计算，但取一孔梁的重力。如果桥台修建在基岩上，其震害普遍较轻，可以适当降低桥台水平地震作用，桥台水平地震作用可按式（11.11）计算值的 80% 采用。

11.4　结构延性抗震设计

按照传统抗震理论，历来强调结构构件的强度和刚度对构件的承载力的重要性很早被研究者重视，但 1971 年美国圣弗尔南多（San Fernand）地震震害调查显示，结构的延性能力对结构抗震性能的重要意义。结构的强度是直接与结构承载力有关的，而刚度用来保证结构在变形控制方面满足要求，如果刚度过小就会影响桥梁的正常使用，会导致上部结构的变形过大从而影响桥面的平顺性。构件延性能力是以构件耗能潜力直接相关的，根据构件的滞回特性，延性较好的构件滞回环面积较大，在地震过程中可耗散更多的地震能量，对于提高桥梁的抗震性能也是很重要的。

11.4.1 延性对桥梁抗震的意义

结构的变形能力取决于组成结构的构件及其连接的延性水平。

在抗震过程中，如果只依靠强度来抵抗地震作用，则构件截面尺寸和配筋率会过大，将会造成材料的不必要浪费。因此，在工程抗震中，一般都合理利用结构和构件的延性能力抵御地震作用，即利用塑性变形来减小地震力。

结构延性抗震设计的基本原理，是要求设计构件具有较好的滞回特性，在预期的地震动作用下，通过延性构件发生的反复弹塑性变形循环耗散大量外部地震的输入能量，从而保证结构的抗震安全。延性抗震设计的基本思想是想通过设计，使结构具有能够适应大震弹塑性变形的滞回延性，这样结构在遭遇大地震时，尽管可能严重损坏，但结构抗震设防的最低目标——免于倒塌破坏，却始终可以得到保证。

11.4.2 延性抗震设计方法

1. 能力设计方法

要保证延性结构在大震下，能够充分发挥延性构件的抗震能力，就必须确保构件不发生脆性破坏（如剪切破坏），欲达到此目的，就需采用能力设计方法进行延性抗震设计。

能力保护设计原则的基本思想在于：通过设计，使结构体系中的延性构件和能力保护构件形成不同的强度等级，确保结构构件不发生脆性的破坏模式。与常规的强震设计方法相比，能力设计方法强调可以控制的延性设计。

基于能力保护设计原则的结构抗震设计过程，一般都具有以下特征：

(1) 选择合理的结构布局。

(2) 选择地震中预期出现的弯曲塑性铰的合理位置，保证结构能形成一个适当的塑性耗能机制；通过强度和延性设计，确保潜在塑性铰区域截面的延性能力。

(3) 确立适当的强度等级，确保预期出现弯曲塑性铰的构件不发生脆性破坏模式（如剪切破坏、粘结破坏等），并确保脆性构件和不宜用于耗能的构件（能力保护构件）处于弹性反应范围。

具体到梁桥，按能力保护设计原则，应考虑以下几方面：

(1) 塑性铰的位置一般选择出现在墩柱上，墩柱作为延性构件设计，可以发生弹塑性变形，耗散地震能量。

(2) 墩柱的设计剪力值按能力设计方法计算，应为与柱的极限弯矩（考虑超强系数）所对应的剪力。在计算设计剪力值时应考虑所有潜在的塑性铰位置，以确定最大的设计剪力。

(3) 盖梁、结点及基础按能力保护构件设计，其设计弯矩、设计剪力和设计轴力应为与柱的极限弯矩（考虑超强系数）所对应的弯矩、剪力和轴力；在计算盖梁、结点和基础的设计弯矩、设计剪力和轴力值时，应考虑所有潜在的塑性铰位置，以确定最大的设计弯矩、剪力和轴力。

能力设计方法是抗震概念设计的一种体现，它的主要优点是可以设计并控制结构或构件在屈服时或屈服后的性状方式，即结构屈服后的性能是按照设计人员的意图出现的，这是传统抗震设计方法所不具备的。

2. 钢筋混凝土桥墩的延性设计

钢筋混凝土桥墩的延性性能主要有以下几点：

（1）轴压比：轴压比的提高可使结构的延性下降；

（2）箍筋用量：适当加密箍筋配置，可以大幅度提高延性；

（3）混凝土强度：强度越高，延性越低；

（4）保护层厚度：厚度的增大对延性是不利的；

（5）纵向受拉钢筋：纵向受拉钢筋的增加，总体上对延性有不利的影响；

（6）截面形式：空心截面比实心截面延性好；圆形截面的延性比矩形截面的好。

对于抗震设防烈度 7 度及 7 度以上地区，墩柱潜在塑性铰区域内加密箍筋的配置，应符合下列要求：

（1）加密区的长度不应小于墩柱弯曲方向截面宽度的 1.0 倍或墩柱上弯矩超过最大弯矩 80% 的范围；当墩柱的高度与横截面高度之比小于 2.5 时，墩柱加密区的长度应取全高。

（2）加密箍筋的最大间距不应大于 10cm 或 $6d_s$ 或 $b/4$；其中 d_s 为纵向钢筋的直径，b 为墩柱弯曲方向的截面宽度。

（3）箍筋的直径不应小于 10mm。

（4）螺旋式箍筋的接头必须采用对接，矩形箍筋应有 135° 弯钩，并伸入核心混凝土之内 $6d_s$ 以上。

（5）加密区箍筋肢距不宜大于 25cm。

（6）加密区外箍筋量应逐渐减少。

横向钢筋在桥墩柱中的功能主要有以下三个方面：

（1）用于约束塑性铰区域内混凝土，提高混凝土的抗压强度和延性；

（2）提供抗剪能力；

（3）防止纵向钢筋压曲。在处理横向钢筋的细部构造时需特别注意。

由于表层混凝土保护层不受横向钢筋约束，在地震作用下会剥落，这层混凝土不能为横向钢筋提供锚固。因此，所有箍筋都应采用等强度焊接来闭合，或者在端部弯过纵向钢筋到混凝土核心内，角度至少为 135°。

为了防止纵向受压钢筋的屈曲，矩形箍筋和螺旋箍筋的间距不应过大。Priestley 通过分析提出，建议箍筋之间的间距应满足：

$$S_k \leqslant \left[3+6\left(\frac{f_u}{f_y}\right)\right]d_{bl} \tag{11.12}$$

式中　f_y、f_u——纵筋向钢筋的屈服强度和强化强度；

　　　　d_{bl}——纵筋的直径。

沿截面布置若干适当分布的纵筋，纵筋和箍筋形成一整体骨架，当混凝土纵向受压、横向膨胀时，纵向钢筋也会受到混凝土的压力，这时箍筋给予纵向钢筋约束作用。因此，为了确保对核心混凝土的约束作用，墩柱的纵向配筋宜对称配筋，纵向钢筋之间的距离不应超过 20cm，至少每隔一根宜用箍筋或拉筋固定。

纵向钢筋对约束混凝土墩柱的延性有较大影响，因此，延性墩柱中纵向钢筋含量不应太低。大量理论计算和试验研究表明，如果纵向钢筋含量低，即使箍筋含量较低，墩柱也

178

会表现出良好的延性能力，但此时结构在地震作用下对延性的需求也会很大，因此，这种情况对结构抗震也是不利的。但纵向钢筋的含量太高，不利施工，另外，纵向钢筋含量过高还会影响墩柱的延性，所以纵向钢筋的含量应有一上限。各国抗震设计规范都对墩柱纵向最小、最大配筋率进行了规定，其中，美国 AASHTO 规范（2004 年版）建议的纵筋配筋率范围为 0.01～0.08；我国《建筑抗震设计规范》GB 50011—2001 建议为 0.008～0.004；我国《公路工程抗震设计规范》JTJ 004—89 建议的最小配筋率为 0.004，对最大配筋率没有规定。根据我国桥梁结构的具体情况，《公路桥梁抗震设计细则》JTG/T B02—01—2008 建议墩柱纵向钢筋的配筋率范围 0.006～0.04。见表 11.3。

桥墩纵向钢筋含量的规定 表 11.3

规范	下限值	上限值
Caltrans 规范	0.01	0.08
Eurocode 8 规范	没有具体规定	
我国公路抗震规范	0.004	没有规定

　　为了保证在地震荷载作用下，纵向钢筋不发生黏结破坏，墩柱的纵筋应尽可能地延伸至盖梁和承台的另一侧面，纵筋的锚固和搭接长度应在按现行公路桥涵设计规范的要求基础上增加 $10d_s$（d_s 为纵筋的直径），不应在塑性铰区域进行纵筋的搭接。

　　对于延性桥墩塑性铰区长度的规定桥墩塑性铰区长度用于确定实际施工中延性桥墩箍筋加密段的长度，等效塑性铰长度则只是理论上的一个概念。各国现行规范对这方面也都作了明确的规定。见表 11.4。

桥墩中塑性铰区长度的规定 表 11.4

规范	塑性铰区长度
Caltrans 规范	$Max(b_{max}, \frac{1}{6}h_c, 610mm)$
Eurocode 8 规范	$Max(b_{max}, l_0)$
我国公路抗震规范	$Max(b_{max}, \frac{1}{6}h_c, 500mm)$

注：b_{max} 为最大截面尺寸；h_c 为纵向钢筋直径。

　　对于延性桥墩，因钢筋锚固与搭接细部设计不当引起的桥梁震害，在多次破坏性地震中都时有发现。因此，从保证桥墩的延性能力方面看，对塑性铰区截面内钢筋的锚固和搭接细节都必须加以仔细的考虑。各国现行规范对这方面也都作了相应的规定，我国规范规定螺旋箍筋接头必须焊接，矩形箍筋应有 135°弯钩，并伸入混凝土核心之内；而 Eurocode 8 规范还规定纵向钢筋不应在塑性铰区内搭接，箍筋接头必须焊接。

11.5　桥梁的减隔震设计

11.5.1　减隔震技术在桥梁中的应用

　　桥梁的减隔震设计是建立在结构振动控制技术基础上，相对成熟的有消能减震和基础减震技术。目前，应用较多的有各种橡胶支座和消能阻尼器，如同建筑结构的防震原理一样，在上部结构和墩台之间设置橡胶支座是期望延长上部结构的振动周期，避免在地震中上部结构发生共振。根据结构动力学知识，若上部结构的固有周期偏离下部基底输入地震动的频谱成分，避开了共振区域就能大幅度降低动力效应，对桥梁的抗震效果显著。而消能减震装置，包括各种阻尼器，譬如，液压流体阻尼器、黏弹性阻尼器、金属阻尼器。不同于橡胶支座延长周期的作用，其目的在于在结构中补充阻尼，从而抑制上部结构动力响应。在桥梁中应用较多的阻尼器是液压阻尼和黏弹性阻尼器。

在桥梁抗震设计中，引入隔震技术的目的就是利用隔震装置在满足正常使用功能要求的前提下，达到延长结构周期、消耗地震能量和降低结构响应的目的。因此，对于桥梁的隔震设计，最重要的因素就是设计合理、可靠的隔震装置并使其在结构抗震中充分发挥作用，即桥梁结构的大部分耗能、塑性变形应集中于这些装置，允许这些装置在 E2 地震作用下发生大的塑性变形和存在一定的残余位移，而结构其他构件的响应基本为弹性变形或有限塑性变形的场合。

但是，隔震技术的应用也存在不适合的场合。对于下部结构刚度小，场地特征周期比较长的情况，延长周期可能引起地基与桥梁结构共振以及支座中出现较大负反力等情况，不宜采用隔震技术。此外，如果桥梁结构本身的基本振动周期比较长，这时采用隔震进一步延长基本振动周期就不容易实现。

当采用隔震技术时，应保证设计的结构抗震性能高于不采用隔震技术的抗震性能。这可通过在相同设防水准下，提高结构的性能目标要求来实现。因此，应对 E1 地震作用和 E2 地震作用分别进行设计和计算。

依据新发布的《公路桥梁抗震设计细则》可知，如果满足下面三个条件或其中一条就可尝试隔震技术进行桥梁的隔震设计。

（1）桥梁中有刚性墩，桥的基本振动周期比较短；

（2）桥梁的高度相差较大时；

（3）桥址区预期地面运动特性比较明确，主要能量集中在高频段时。

存在以下情况之一时。不宜采用隔震设计：

（1）地震作用下，场地可能失效；

（2）下部结构刚度小，桥梁基本周期比较长；

（3）位于软弱场地，延长周期可能引起地基和桥梁共振；

（4）支座中可能出现负反力。

11.5.2　减隔震装置的布置与选取

减隔震装置（图 11.14）的布置位置有三种：

（1）隔震橡胶支座设置在上部结构与下部结构的连接处的支座部位；

（2）消能减震装置在下部结构和上部结构连接结点的位置，经常和橡胶支座联合应用；

（3）对于悬索桥和斜拉桥，可以通过沿拉索在适当位置布置消能减震装置，以减轻拉索在地震、风振中的抖动性。

桥梁的减隔震系统的选取原则：

（1）橡胶支座的选取应使上部结构周期避开地震动的主要频谱成分，降低作用在结构上的地震作用，以降低地震响应。橡胶支座的刚度较小，可延长上部结构的固有周期，通常效果比较明显。

（2）通过设置阻尼装置也能耗散外部的地震的输入能量，将桥梁结构的地震结构动力响应控制在一定的范围之内，要求提供的补充阻尼不能太小，阻尼与速度联合起来描述的阻尼力应与恢复力至少保存在同一个数量级上，否则减震效果不明显。

图 11.14　几种减隔震装置的布置图

桥梁减隔震设计是通过延长结构的基本周期，避开地震能量集中的范围，从而降低结构的地震力。但延长结构周期的同时，必然使得结构柔性较强，从而可能导致结构在正常使用荷载作用下发生有害振动，因此要求隔震结构应具有一定的刚度和屈服强度，保证在正常使用荷载下（如风、制动力等）结构能正常使用。同时，采用减隔震设计的桥梁通常结构的变形比不采用减隔震技术的桥梁要大一些，为了确保隔震桥梁在地震作用下的预期性能，在相邻上部结构之间应设置足够的间隙，且必须对伸缩缝装置、相邻梁间限位装置、防落梁装置等进行合理的设计，并对施工质量给予明确规定。

从桥梁减隔震设计的原理知，减隔震桥梁抗震的主要构件是减隔震装置，在地震中可以允许这些装置发生损伤，要求装置易于替换和维护。

11.5.3　几种常用减隔震装置

1. 板式橡胶支座

其基本构造如图 11.15 所示，板式橡胶支座由多层橡胶与薄钢板镶嵌、粘合和硫化而成。该种类型的橡胶支座有足够的竖向刚度以承受竖向荷载，且能将上部构造的压力可靠地传递给墩台；有良好的弹性以适应梁端的转动；有较大的剪切变形以满足上部构造的水平位移；橡胶支座的水平剪切刚度，指上、下板

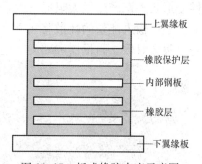

图 11.15　板式橡胶支座示意图

面产生单位位移时所需施加的水平剪力。板式橡胶支座的力-位移滞回曲线呈狭长形，所提供的阻尼较小，因而在减隔震桥梁设计中，常与阻尼器一起使用。且具有构造简单、安装方便、节省钢材、价格低廉、养护简便、易于更换等特点。

2. 铅芯橡胶支座

铅芯橡胶支座（图 11.16）是在板式橡胶支座的基础上，在支座的中部或中心周围部位竖直地压入高纯度铅芯以改善支座阻尼性能的一种减震支座。除了本身的隔震力学性能满足抗震设计及使用要求外，铅芯隔震橡胶支座还得具有足够的水平刚度和足够大的水平

变形能力储备，而且耐久性好，其寿命可达 60～80 年，其隔震力学性能长期保持不变，以确保在强震作用于下不会出现失稳现象。

3. 滑动摩擦型减隔震支座

滑动摩擦型支座（图 11.17）利用不锈钢与聚四氟乙烯材料之间的低滑动摩擦系数制成，也称为聚四氟乙烯滑板支座。这种支座具有摩擦系数小，水平伸缩位移大的优点。在地震作用下，滑动摩擦型支座允许上部结构在摩擦面上发生滑动，同时通过摩擦消耗大量的地震能量。这类支座的缺点是没有自复位能力，所以常与阻尼器和橡胶支座等其他装置一起使用。

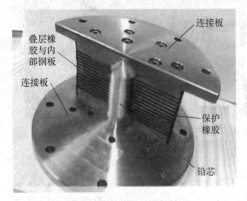

图 11.16 铅芯橡胶支座示意图

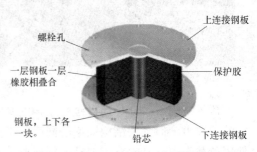

图 11.17 滑动摩擦型减隔震支座

4. 阻尼器

在结构中的某些部位设置消能装置，也可减小结构的地震反应，如在结构物中设置耗能支撑或在结构物的某些部位（如节点）装设阻尼器，在小震或风载作用下，这些耗能支撑或阻尼器处于弹性工作状态，结构具有足够的侧向刚度，其变形能满足正常使用要求，若在强烈地震作用下，随着结构受力和变形增大，这些耗能部位和阻尼器将率先进入非弹性变形状态，产生较大阻尼，大量消耗输入结构的地震能量，从而减小主体结构的地震反应。地震输入能量的耗散将主要依靠在阻尼器内部，同时结构的破坏也仅限于阻尼器本身。很多时候，阻尼器和减震支座共同使用，可以考虑使用的阻尼器包括金属阻尼器、摩擦阻尼器、黏性阻尼器和液压流体阻尼器。

（1）金属阻尼器

金属阻尼器（图 11.18）是由金属材料制成的耗能装置，其耗能机理是通过金属元件屈服后发生的弹塑性变形来耗散能量。这种阻尼具有滞回特性，耗能主要与装置本身的相对位移有关，而与相对速度无关。Kelly（1972 年）最早阐述了"利用金属屈服吸收并耗散地震对结构输入能量"的思想。需要指出，由于地震时金属屈

图 11.18 金属阻尼器

服阻尼器可能反复发生弯曲和屈服，因此可能出现刚度和强度的退化，必要时注意进行更换。

（2）摩擦阻尼器

摩擦阻尼器利用类似机构制动的原理降低结构的运动速度，通过固体滑动摩擦来耗散地震能量，例如 X 形支撑式和摩擦阻尼器。当加载时，受拉支撑杆首先开始滑动，随后，由于连杆的约束作用，受压支撑杆将被迫滑动。通过拉压支撑杆滑动连接处的固态摩擦，可以耗散地震输入能量。图 11.19 是另一种的栓孔连接摩擦阻尼器，这种阻尼器主要用于抑制风振和中小地震引起的振动。摩擦阻尼器的优点在于其动力行为基本上不受激励频率和温度变化的影响，一般不会因荷载的反复作用而发生疲劳破坏。摩擦阻尼器作为一种耗能装置，因其耗能能力强，荷载大小、频率对其性能影响不大，且构造简单，取材容易，造价低廉，因而具有很好的应用前景。

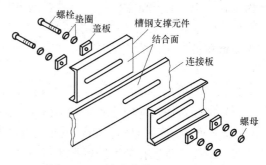

图 11.19　栓孔摩擦阻尼器示意图

（3）黏性阻尼器

包括黏弹性阻尼器和黏性流体阻尼器，可用于抗风和抗震。这两种阻尼器耗能的大小同时与装置本身的位移和速度有关。

黏弹性阻尼器由黏弹性层和钢板胶结而成，通过夹在钢板之间的黏弹性材料（分子聚合物或玻璃体类物质）发生的剪切变形而耗散能量。黏弹性阻尼器用于抗震领域起步较晚。相对风振控制，这种阻尼器需要使用高阻尼比的黏弹性材料，才可有效抑制结构地震反应。见图 11.20。

黏性流体阻尼器一般由带孔的活塞和充满硅油类黏性油的活塞腔组成。在活塞运动的情况下，活塞在缸体内往复运动，由于压力的改变使黏性液体可以通过活塞头预设的孔径在腔内两个不同部分之间流动，阻碍结构的运动，引起能量耗散。黏性阻尼器的主要优点在于受温度影响较小，并且相对前述的几种阻尼器可以更为有效地减少结构剪力，它的缺点在于需要密封件耐磨损且长期有效，防止发生泄漏，其应用示意图见图 11.21。

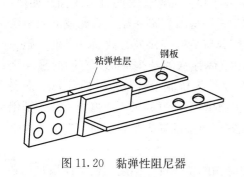

图 11.20　黏弹性阻尼器

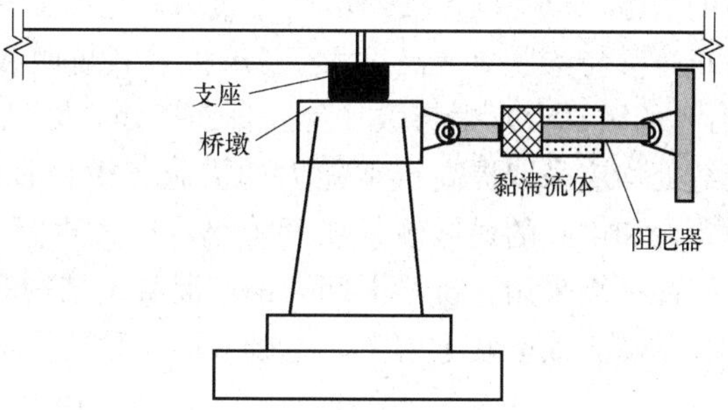

图 11.21　黏性流体阻尼器应用

11.6　桥梁的抗震构造措施

为防止或减轻震害，提高结构抗震的能力，对结构构造所作的强化和改善处理，通常称为抗震措施。对于桥梁结构，这些措施可归纳包括为：

（1）建在8、9度区的大跨度桥梁，如采用钻孔灌注桩，为确保桩基础的安全，可将钢护筒留在桩上，钢护筒的顶部应伸入承台，护筒长度应超过桩的最大弯矩图的第一反弯点。

（2）塔、梁交界处，建议在梁的两侧设置橡胶缓冲挡块，以改善塔的受力。

（3）加强塔柱的横向连系，如为横梁连接，应加强配筋或增设预应力筋。

（4）8度、9度区悬索桥的塔顶鞍座应设置保护装置，以防止震落。

（5）设简支过渡孔的大跨度桥梁，应加宽过渡墩（锚固墩）的盖梁宽度，并且采用挡块、螺栓连接等防止落梁的措施。

（6）梁端伸缩缝的选用应考虑地震作用下的梁端位移。

（7）9度区的混凝土或钢筋混凝土无铰拱，宜在拱脚的上、下缘配置或增加适当的钢筋，并按锚固长度的要求深入墩（台）拱座内。

其他的具体的构造措施尚有：由于水平地震作用可能进一步增大拱脚的推力，拱桥基础宜置于地质条件一致、两岸地形相似的坚硬土层或岩石上；实腹式拱桥宜减小拱上填料厚度，并宜采用轻质填料，填料必须逐层夯实；桥台胸墙应适当加强，并在梁与梁之间和梁与桥台胸墙之间加装橡胶垫或其他弹性衬垫，以缓和冲击作用和限制梁的位移；桥面不连续的简支梁（板）桥，宜采用挡块、螺栓连接和钢夹板连接等防止纵横向落梁的措施；连续梁和桥面连续简支梁（板）桥，应采取防止横向产生较大位移的措施；在软弱黏性土层、液化土层和不稳定的河岸处建桥时，对于大、中桥，可适当增加桥长，合理布置桥孔，使墩、台避开地震时可能发生滑动的岸坡或地形突变的不稳定地段。否则，应采取措施增强基础抗侧移的刚度和加大基础埋置深度；对于小桥，可在两桥台基础之间设置支撑梁或采用浆砌片（块）石满铺河床。

大跨径拱桥的主拱圈宜采用抗扭刚度较大、整体性较好的断面形式，如箱形拱、板拱等。当采用钢筋混凝土肋拱时，必须加强横向联系。应采用合理的限位装置，防止结构相邻构件产生过大的相对位移。梁桥活动支座，不应采用摆柱支座；当采用辊轴支座时，应采取限位措施。连续梁桥宜采取使上部构造所产生的水平地震荷载能由各个墩、台共同承担的措施，以免固定支座墩受力过大。连续曲梁的边墩和上部构造之间宜采用锚栓连接，防止边墩与梁脱离。高度大于7m的柱式桥墩和排架桩墩应设置横系梁。石砌或混凝土墩（台）的墩（台）帽与墩（台）身连接处、墩（台）身与基础连接处、截面突变处、施工接缝处均应采取提高抗剪能力的措施。桥台宜采用整体性强的结构形式。石砌或混凝土墩、台和拱圈的最低砂浆强度等级，应按现行《公路圬工桥涵设计规范》JTG D61 的要求提高一级采用。桥梁下部为钢筋混凝土结构时，其混凝土强度等级不应低于C25。基础宜置于基岩或坚硬土层上。基础底面宜采用平面形式。当基础置于基岩上时，方可采用阶梯形式。

梁桥各片梁间必须加强横向连接，以提高上部结构的整体性。当采用桁架体系时，必须加强横向稳定性。混凝土或钢筋混凝土无铰拱，宜在拱脚的上、下缘配置或增加适当的钢筋，并按锚固长度的要求伸入墩（台）拱座内。拱桥墩、台上的拱座，混凝土强度等级不应低于C25，并应配置适量钢筋。桥梁墩、台采用多排桩基础时，宜设置斜桩。桥台台背和锥坡的填料不宜采用砂类土，填土应逐层夯实，并注意采取排水措施。梁桥活动支座应采取限制其竖向位移的措施。

思 考 题

1. 桥梁结构的抗震设防目标是什么？抗震设计方法是什么？桥梁抗震设计时考虑几个水准？

2. 计算规则桥梁的地震作用时，如何取计算模型？

3. 何谓延性抗震设计？能力保护设计原则的基本思想是什么？

4. 桥梁的延性设计反映在哪些方面？

5. 为什么一般在桥墩柱脚要设计塑性铰？为什么要重视其构造设计？.

6. 常用的减隔震装置有什么？它们有什么不同？

第五篇　结构振动控制

第 12 章　结构振动控制简介

12.1　引　　言

传统的结构抗震设计主要通过提高结构或构件的刚度、强度和延性来强化结构，以满足建筑结构正常使用的性能要求。为了提高刚度或强度，通常就需要增大构件的横断面和配筋率，这样就会导致自重增加，地震作用也随之增大，而结构或构件本身的延性虽然有利于抗震但往往效果又是有限的。事实上，很多情况下结构的过量振动是很难甚至无法靠传统的结构抗震设计理论解决的。

为满足结构在地震作用下的服役性能，需要对结构进行动力分析和抗震设计。精确掌握荷载信息、正确建立结构模型以及采用有效的分析设计方法是必须满足的三个重要条件。然而，事实上这些条件很难满足，一般需要预留足够的强度储备。尽管如此，由于荷载的不确定性以及结构建模和分析方法的误差，仍会出现结构不能满足使用要求的情况，例如失效、过量振动和局部破坏等。解决这样的问题有两种途径：

（1）增大结构或构件的刚度、强度和延性。

（2）采用结构控制。目前，普遍采用前一种方法，但是在很多情况这种传统的设计方法并非有效，这就需要考虑采用后一种方法即结构控制。

控制的概念由来已久，在航空航天和机械工程等领域已取得了广泛的应用。就土木工程而言，尽管涉及基础隔震、阻尼减振和动力吸振的控制装置出现已有 100 多年或近 100 年的历史，但是直到 1972 年才由 Yao（1972）正式提出结构控制的概念。近 30 年来，结构振动控制理论和技术均取得了迅猛发展。

12.2　结构抗震设计

结构抗震设计首先需要计算结构所承受的地震荷载，然后计算整体结构的地震反应及其在各个构件内产生的地震作用效应。

从发展历史来看，结构抗震设计理论主要经历了静力分析、反应谱分析和动力分析三个阶段（高振世等，1997；日本土木学会，1983；武藤清，1984）。1916 年，日本的佐野利器提出了地震系数法，就是在建筑物上加上一水平的地震作用，其大小是建筑物重力的某一比值即地震系数。这是一种较早的静力分析方法，本质上是将地震力等效为一种侧向力加以考虑。1940 年，美国的 Biot 提出了弹性反应谱的概念。随后在 1959 年，Housner 提出了以平均反应谱作为设计谱的思想。此后在 1973 年，Newmark 等提出了在平均反应谱中可以增加标准偏差。迄今为止，反应谱理论仍是各国抗震设计规范中地震作用计算的理论基础。由于计算机的发展，目前结构抗震设计已经进入了动力分析的阶段，规范要求对于重要的结构物必须采用时程分析法进行补充验算。

工程抗震设计主要考虑所在地区的地震环境、场地条件、结构体系和建筑材料、建筑体型和平面布局以及结构和构件的强度、刚度和延性等因素。前者主要影响设计地震动的强度或设计谱的峰值，其值可由地震区划图确定。设计谱峰值的周期特性取决于地震环境和场地条件，由地震区划图和抗震设计规范确定。场地条件、结构体系和材料、建筑体型和平立面布局一旦确定之后，如何保证结构和构件具备必要的强度、刚度和延性，就成为抗震设计的中心问题。刚度和强度分别用于衡量结构或构件抵抗侧向变形、抵抗内力的能力，而延性主要反映结构或构件承受极大变形的能力和利用滞回特性吸收能量的能力。如果结构具有好的延性，即使在大地震作用下发生大变形，仍能维持大部分的初始强度从而幸存，震后略加修复仍可使用。

12.3　结构振动控制

如前所述，传统的结构抗震设计主要通过提高结构或构件的刚度、强度和延性来强化结构，以满足建筑结构正常使用的性能要求。为了提高刚度或强度，通常就需要增大构件的横断面和配筋率，这样就会导致自重增加，地震作用也随之增大，而结构或构件本身的延性虽然有利于抗震但往往又是有限的。事实上，很多情况下结构的过量振动是很难甚至无法靠传统的结构抗震设计理论解决的。例如（Housner，1997），旧金山一座 47 层的超高层建筑在 1989 年发生 Loma Prieta 地震时首层和顶层居民的加速度体验差异很大，而这种现象如果采用结构振动控制技术却可以消除。结构控制就是通过调整结构的动力特性（诸如质量、阻尼和刚度等参数）或者提供外力反抗风和地震荷载的作用，削弱结构的动力反应，使之满足正常使用的要求。通常对结构实施振动控制需要设置一个提供控制力的辅助系统，补充的控制力既可以是被动控制力，也可以是主动施加的控制力。

结构振动控制技术是结构抗震设计理论一个新的分支。结构振动控制简称结构控制，主要采用两种途径来提高结构的服役性能：一种方法是修改结构的刚度、阻尼和质量等动力参数以改善其动力性能，而另一种则是通过外部能源施加被动或者主动的控制力来抵抗外部荷载。结构控制不仅可用于新建结构，也可用于现存结构的抗震加固，同时具有提高结构设计效率和使用寿命的优点。

12.4　地震波分类与结构振动控制的效果

对于一个具体的控制系统，可以取得的控制效果无疑受多种因素的影响，但是在这里作者首先要强调外部荷载类型对控制效果的影响。之所以强调这一点，并不意味着荷载的类型是影响结构控制效果最重要的因素，而是因为这是一个最基本的因素，必须首先予以考虑。下面以地震波为例来说明这一点。

由于在传播过程中各种波的衰减以及由反射和折射作用引起的衍生现象，地震时实际测量到的地面加速度记录是很不规则的。N. M. Newmark 和 E. Rosenblueth（叶耀先等译，1986）将其分为四类：

1. 基本上是一次冲击，频谱主要是短周期振动。这种类型的运动一般在浅源地震时才会出现，而且只限于离震中很近的坚硬土壤上。

2. 中等持续时间不规则运动，频带比较宽。这类运动相应于中等振源距，而且仅出现于坚硬土层上。频谱范围很宽，而且几乎在所有方位上均具有同等的强度。环太平洋地震带上发生的地震几乎均属于此种类型。

3. 以长周期成分为主的地面运动，其持续时间往往比较长，频带比较窄。

4. 具有大幅度地面永久变形的地面运动。

根据研究发现，质量调谐阻尼器（TMD）和半主动质量调谐阻尼器（SATMD）以及U形液体调谐阻尼器（TLCD）和半主动U形液体调谐阻尼器（SATLCD）等系统的控制效果受地面运动的特性影响极为鲜明，在有些情况下控制效果极不明显甚至完全没有控制效果。经过大量的数值试算发现，短周期的冲击型地震动采用吸振器类控制系统很难取得好的控制效果。此外地震动对控制系统的"触发性"也会影响控制效果。这里所说的触发性可以这样来说，即从结构地震反应的控制时程曲线来看，结构位移或加速度等反应在数值上开始低于无控数值，这时可以认为控制系统开始被触发进而发挥作用。从控制过程开始到系统被触发这段时间，简称为触发时间。触发时间与衡量自动控制系统动态品质的上升时间（控制系统响应从零上升，第一次达到稳态值所需要的时间）在概念上有一定的类似性，但是不同的是触发时间是指从控制反应开始到受控反应数值首次明显小于无控反应数值的这段时间。在自动控制理论中，动态品质的指标包括上升时间、调整时间和超调量等指标，尽管有所差异，但是了解这部分内容对理解如何衡量结构控制系统的控制性能还是有很大帮助。

此外，被动阻尼控制和半主动变阻尼控制的效果也受地震波类型的影响。根据 Chopra（1995）的意见，阻尼类控制系统在谐波类激励下可以有效发挥控制作用，在其余类型的地震波作用下控制性能将会有所下降。实际上，吸振器类控制系统也是在谐波类激励下控制性能较好，其余情况下则有所不及。

12.5 结构控制系统性能的优劣

作为评价结构控制性能的物理量主要是指对结构的相对位移和绝对加速度的控制能力。通常设计人员关心的是峰值反应，但是结构承受极限破坏的能力也依赖于强烈地面运动的持续时间和达到峰值反应的运动反复次数。例如，1985 年美国墨西哥地震造成了严重的结构破坏，部分原因就是结构在地震作用下产生大位移变形并且反复循环而导致毁坏。限制峰值可以保证不超出极限使用状态，而强震持续时间和达到峰值反应的运动反复次数则用于反映结构是否可能产生疲劳损伤。在早期的结构控制研究当中，主要强调限制相对位移，因为反应结构和构件变形的相对位移（例如层间位移）是造成结构损伤破坏的主要原因。随着基于性能的抗震设计理论（Ghobarah，2001；Leelataviw，1999）日益受到重视，在抗震设计当中包括绝对加速度在内的多种性能目标需要同时考虑，对结构振动控制也不例外。

限制绝对加速度和速度可以保证工作人员和居民的舒适度以及设备的安全，这也许是一种更高层次上的追求。在通常地震波的频谱范围内，人对加速度反应比较敏感。考虑限制楼面加速度可以提高楼层舒适度改善人们的生活和学习环境。

12.6 结构控制的分类

结构控制是结构振动控制的简称，根据是否需要外部能量输入可以分为四类：

1. 被动控制。被动控制系统不需要外部能源，一般利用结构的被动响应发展控制力施加于结构。相对主动控制系统，一般仅能在较小的范围内抑制结构的动力反应。

2. 主动控制。主动控制系统利用外部能源操纵作动器对结构施加主动控制力，因此可以相比被动控制系统更有效地控制结构的动力反应。为使主动控制系统在能源供应中断的情况下仍能发挥作用，一般设计要求其在无能源供应情况下仍能扮演被动控制系统的角色。

3. 半主动控制。主动控制系统根据外部能源输入的用途，可以分为两种：一种利用外部能源直接给结构施加控制力，耗能较多；另一种通过利用外部能源调整结构的动力特性间接对结构施加控制力，耗能较少。后一种即为半主动控制系统，它由主动控制系统进一步细分派生而来，一般仅需小功率的外部能源即可胜任控制任务。

4. 混合控制。顾名思义，混合控制系统通常由两种以上不同类型的控制系统组成，以期达到更好的控制性能。

为示意这四种不同的控制系统，图 12.1（a）～（d）分别给出了它们的控制流程。

12.6.1 被动控制系统

被动控制装置种类繁多，不胜枚举。根据控制的基本思想，主要可以分为三种：

1. 基础隔震

所谓基础隔震，是指在工程结构和基础之间，设置一种特殊装置——隔震层把结构物和地面分开，隔离地震能量向工程结构传递，减轻地震灾害。由于地震波由地基传给建筑物，因此如果能隔绝地震波传播的路径或减小地震波入射结构的能量，无疑很有意义。基础隔震正是采用这种思想，可以分为弹性支座和滑移器两种类型。

弹性支座主要以叠层钢板橡胶支座为主（图 12.2）。在结构底部设置柔性层可以在地震波入射能量传递到上部结构之前，反射和吸收一部分输入能量。因此，地震发生时，变形主要集中在柔性层，而上部结构层间位移很小，基本上呈现整体平动的特性。不足之处在于对竖向振动一般没有减振效果，并且对长周期水平地震存在共振危险。前者影响上部结构的安全，后者影响到隔震支座本身的安全。

从动力学角度来讲，基础设置柔性层隔震在于设法延长结构的固有周期，远离共振。对于坚硬场地上的中等地震，加速度反应谱的卓越周期为 0.15～0.40s，这无疑是适用的；但是对于软弱土场地上潜在的地震来说，则可能反而是不利的。例如，1985 年 9 月

19 日美国的墨西哥市地震由于地面运动以 $2\sim2.5\mathrm{s}$ 的长周期成分为主（与隔震周期十分接近），震区内柔性结构普遍遭受了极大的破坏。此种情况下隔震结构无疑危险性很高。

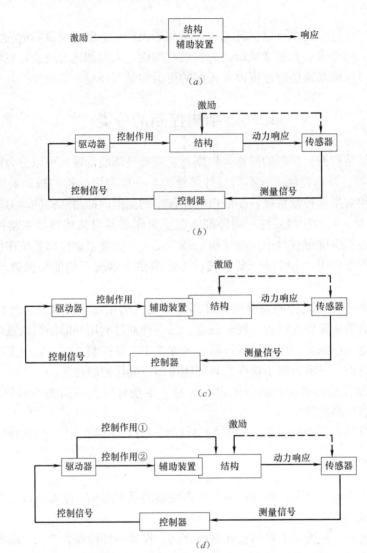

图 12.1　结构控制分类

(a) 被动结构控制　(b) 主动结构控制　(c) 半主动结构控制　(d) 混合结构控制

图 12.2　叠层钢板橡胶支座

190

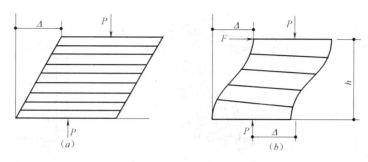

图 12.3 叠层橡胶支座在压力和剪切作用下的变形

（a）每层高度较矮，内部钢板较多时的变形情况 （b）每层高度较高，内部钢板较少时的变形情况

滑动器以摩擦摆体系（FPS）最为典型（图 12.4）。它的原理与力学中的单摆相近，振动周期与结构质量无关，扰动的侧向恢复力与结构重量成比例。采用摩擦摆体系可以保证结构的质心和刚心重合，防止扭转振动。由于存在很高的压应力和摩擦作用，因此需要保证滑动头有很好的润滑工作条件，并且特制的轴承材料必须能够经受起摩擦和温度应力的作用。

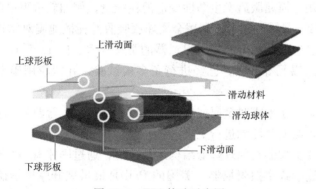

图 12.4 FPS 构造示意图

在 1881 年，日本的河合浩藏为解决地震时房屋晃动的问题，提出了"将圆木分层交错重叠，然后在上面浇注混凝土形成地基，最后再在地基上建造房屋"的构想（武田寿一主编，纪晓惠等译，1997）。这是较早的有关基础隔震的设想，距今已有一百多年的历史。目前基础隔震已经是一种比较成熟的技术，在世界范围内被广泛应用。它的不足之处在于仅适用于中低层建筑结构，不宜于风振控制，同时对竖向地震作用无能为力。此外，在可能出现长周期地震作用的场地，也不宜使用基础隔震。

2. 消能减振

外界输入结构的能量一般被转换成动能和势能两种，要么被结构吸收，要么被以热能的形式耗散。根据振动理论，如果不存在阻尼，振动将不会因衰减而停止，尤其在共振时振幅将逐渐增大，致使上部结构倒塌破坏。实际上，由于结构内部总存在一定程度的阻尼，因此这种情况是不会出现的。为进一步提高减振效果，可以沿整个结构布置消能装置，给结构提供额外的阻尼和刚度。地震输入能量的耗散主要被限制在阻尼器内部，同时结构的破坏也仅限于阻尼器本身。这样的好处在于如有必要可以随时地替换阻尼器，远比结构破坏后修复构件方便和经济。消能装置分为：

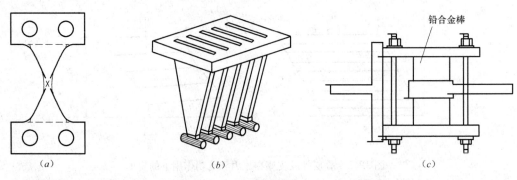

图 12.5　金属屈服阻尼器

(a) X形钢板屈服阻尼器　(b) 三角形钢板屈服阻尼器　(c) 弯剪型铅阻尼器

(1) 滞回装置

包括金属屈服阻尼器和摩擦阻尼器两种类型，主要用于抗震。这两种阻尼器具有滞回特性，耗能主要与装置本身的相对位移有关，而与相对速度无关。

金属阻尼器利用金属屈服后发生塑性变形消耗能量，例如软钢阻尼器和铅阻尼器（图12.5）。Kelly（1972）最早阐述了"利用金属屈服吸收并耗散地震对结构输入能量"的思想。目前，国内外已经研制的金属屈服阻尼器的类型很多。图 12.5（c）所示的弯剪型铅阻尼器由姚德康和周锡元等开发，已经进行了多次试验，并拟应用于大型火电厂的消能减震。

需要指出的是，由于地震时金属屈服阻尼器可能反复发生弯曲和屈服，因此可能出现刚度和强度的退化，必要时注意进行更换。

摩擦阻尼器利用类似制动原理降低结构运动速度，通过固体滑动摩擦耗散能量，例如X形支撑式和栓孔连接式摩擦阻尼器。美国的 Pall 是最早展开摩擦器研究工作的学者之一。下面仅以 Pall 和 Marsh（1982）提出的 X形支撑式摩擦阻尼器进行（图12.6）说明。当加载时，受拉支撑杆首先开始滑动。随后，由于连杆的约束作用，受压支撑杆将被迫滑动。通过拉压支撑杆滑动连接处的固态摩擦，可以耗散地震输入能量。这种阻尼器主要用于抑制风振和中小地震引起的振动。国内张维嶽（1997）和吴斌（1998 ）等也分别开发了多级摩擦阻尼器和拟黏滞摩擦耗能阻尼器。

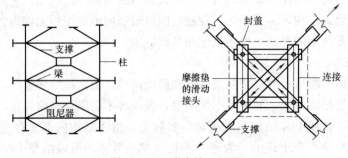

图 12.6　X形摩擦阻尼器

摩擦阻尼器的优点在于其动力行为基本上不受激励频率和温度变化的影响，一般不会因荷载的反复作用而发生疲劳破坏。

192

（2）黏性装置

黏性装置包括黏弹性阻尼器和黏性流体阻尼器，可用于抗风和抗震。这两种阻尼器耗能的大小同时与装置本身的位移和速度有关。

黏弹性阻尼器由黏弹性层和钢板胶结而成，通过黏弹性材料（分子聚合物或玻璃体类物质）的剪切变形耗能。图 12.7 为一个典型的黏弹性阻尼器构造示意图。东南大学已开发出类似阻尼器。1969 年原美国世贸大楼南北双塔采用了大约 10000 个这样的阻尼器进行风振控制，这是黏弹性阻尼器用于土木工程最早也是最有名的例子（Hanson，2001）。黏弹性阻尼器用于抗震领域起步较晚。相对风振控制，这种阻尼器需要使用高阻尼比的黏弹性材料，才可有效抑制结构地震反应。国内，陈月明（1998）进行了黏弹性阻尼器的实验研究。

黏性流体阻尼器一般由带孔的活塞和充满硅油类黏性油的活塞腔组成。在活塞运动的情况下，由于压力的改变黏性油可以通过活塞头预设的孔径在腔内两个不同部分之间流动，引起能量耗散。图 12.8 为黏性流体阻尼器的构造示意图。国外，Constantinou 等对其进行了实验分析和抗震应用研究，而且这种阻尼器也已经被引入了基础隔震房屋，进一步提高抗震性能。国内，宋智斌等（2002）采用这种阻尼器对北京火车站和北京展览馆进行了抗震加固（图 12.9、图 12.10）。

黏性阻尼器的主要优点在于受温度影响较小，并且相对前述的几种阻尼器可以更为有效地减少结构内部剪力，这是由于这种阻尼器的出力与位移不同步引起的；缺点在于需要密封件耐磨损并且长期有效，要防止发生泄漏。

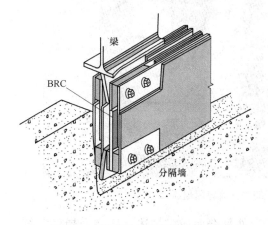

图 12.7　黏弹性阻尼器构造示意图

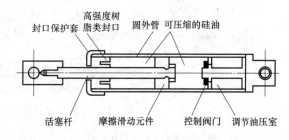

图 12.8　黏性流体阻尼器的构造示意图

3. 动力吸振

在动力吸振器早期的研究工作中，Frahm 和 Den Hartog 分别做出了开拓性的贡献（Soong，1997）。用于结构控制的调谐质量阻尼器（TMD）和调谐液体阻尼器（TLD）的理论基础就是动力吸振理论。这类辅助系统通常需要将它们的频率调谐到与主结构的固有频率相等或相近，才能充分发挥控制作用。单个的 TMD 或 TLD 仅能控制结构的单一模态，一般主要用于控制结构的一阶模态。为进一步提高控制效果，实际应用中也可考虑联合使用多个 TMD 如 DTMD（Setareh，1994）或者 MTMD，与此对应也可考虑联合使用多个 TLD 或者 TLCD（Gao，1999；Sadek，1998b）。

图 12.9　北京站采用的黏性流体阻尼器

图 12.10　北京展览馆采用的黏性流体阻尼器

TMD 由一个附属质量块、阻尼元件和刚度元件复合而成。描述这样一个辅助系统主要由质量比、频率调谐比和阻尼比这三个特征参数刻画。关于 TMD 减振的原理，存在两种观点：一种观点认为，TMD 相当于给结构间接施加了阻尼，因此可以抑制结构的动力反应。作者持另一种观点，认为这是由于设置 TMD 后与结构作为两个主体同时参与振动，吸收并耗散主体结构部分能量的结果。此外，TMD 的另一个技术参数是辅助质量块的滑程。考虑滑程主要是为了保证 TMD 的运行空间，不至于与结构发生碰撞。

根据已有的研究成果（Housner，1997；Kaynia，1981；Chang，1999；Rana，1997；Lukkunaprasit，2001）发现，TMD 可以有效抑制由风或谐波类激励引起的结构振动。对于冲击性地震，TMD 可能是无效的；而对于有一定持时且较为规则的地震，则有可能取得较好的控制效果。

TLD 与 TMD 原理相同，但是动力过程较为复杂。通常由盛有浅层液体的刚性容器组成，附加于结构之上。液体作为附加质量，恢复力由重力作用产生。液体的冲击作用可以吸收能量，并且通过黏性运动、波碎以及人工添加的金属网和悬浮粒子的阻尼作用耗散之。由于两者同源，TMD 的结论大多也适用于 TLD。

与 TLD（Housner，1963）一般采用矩形或圆性横截面盛液容器不同，近来从中衍生出了一种 TLCD（Sakai，1989），采用 U 形管式盛液容器。液体可沿 U 形管道运动，并且通过水平段预设孔的阻尼作用耗散能量。TLCD 力学特性相对简单，更易于进行动力分析。根据目前的研究（Xu，1992；Balendra，1995，1999；Chang，1998；Gao，1997；Hitchcock，1997；Sadek，1998b；Xue，1999，2000a～c；Yalla，2000a～b，2001a），TLCD 主要用于风振控制，鲜用于结构地震反应控制。这主要是因为 TLCD 的液柱质量与振动周期皆依赖液柱长度，然而在地震反应控制当中二者对液柱长度的要求往往不一致，使其陷入一种两难的境地。

12.6.2 主动控制系统

相对于被动控制技术来说，主动控制技术出现较晚，目前发展尚不成熟。尽管受技术因素的制约，但是由于控制效果显著，未来仍是一种很有发展前景的控制途径。主动控制系统由于利用外部大功率能源对结构施加控制力，因此成本很高，同时也可能面临强震时控制力不足或者能源供应中断和不稳定性等诸多技术问题，比较复杂。它主要包括主动拉索控制系统（ATS）和主动调谐质量阻尼器（AMD）。

ATS 需要在结构层间设置拉索。控制时可以按照指定的算法，通过实时改变作动器的位移调整拉索的张紧程度，进而调整拉索对结构施加的控制力。Roorda 于 1980 和 Soong 于 1987 进行了 ATS 主动控制的试验，验证了它的有效性。由于结构楼层质量一般很大，这种系统在实际应用中可能遭遇的最大的难题是控制力不足。

AMD 在 TMD 的基础上发展而来，不同的是在结构和附属质量块之间安装有作动器。控制时按照既定算法，通过施加控制力实时调整附属质量块相对于主体结构的运动状态，以期取得理想的控制效果。早期 Kuroiwa 于 1987 年和 Kobori 于 1987 和 1988 年进行了 AMD 主动控制的试验，验证了它的有效性。1989 年在日本东京建成的 Kyobashi Seiwa 大楼是世界上第一个应用主动控制系统的建筑结构，同时它也是第一个应用 AMD 的范例。国内张敏正（1989）、宋根由（1996）和田石柱（1999）等进行了 AMD 的理论和试验工作，而于 1999 年建成的南京电视塔则是第一个应用 AMD 的例子（Cheng，1994；Cao，1997）。

12.6.3 半主动控制系统

半主动控制系统的目的在于通过调整结构的刚度或阻尼等参数，以实现实时改变结构的动力特性而取得好的控制效果，具有耗能小、稳定性好和动力调整范围广等优点。半主动控制系统主要包括：

1. 变刚度控制（AVS）系统

AVS 系统通过布置在结构层间的刚度元件实时调整结构刚度，由此改变结构的动力特性，达到避免共振的目的。国外 Kobori 等（1990）对变刚度控制进行了系统的理论和实验研究，并投入了工程应用。图 12.13 即为 Kobori 提出的变刚度装置。国内周福霖、吴波（2001）、冯德平（2000）和李敏霞（2000）等也进行了此方面的研究工作。

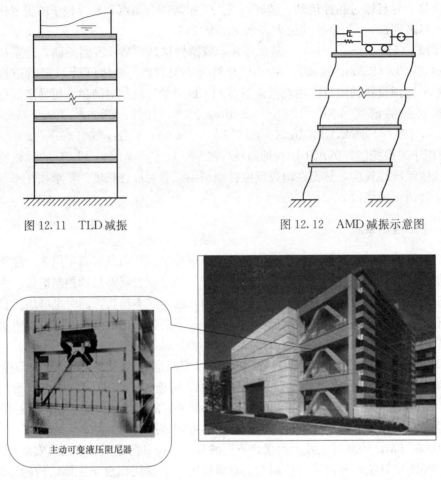

图 12.11　TLD 减振　　　　　　　　　　图 12.12　AMD 减振示意图

图 12.13　鹿岛技研 21 号馆主动控制保护系统

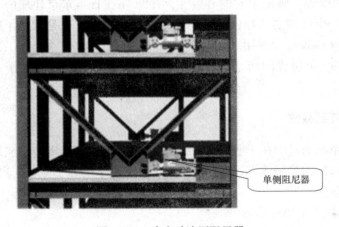

图 12.14　半主动液压阻尼器

2. 变阻尼控制（AVD）系统

AVD 系统要求在结构合适的部位安装变阻尼装置，通过实时改变装置的阻尼特性以提供适度的阻尼力，控制结构的动力反应。例如变孔径油阻尼器（图12.15）。这种阻尼器利用电动调孔阀根据需要调节开孔率，从而调整黏性油对活塞的运动抗力。由于活塞与结构连接，因此可以将这种抗力通过活塞传递给结构。

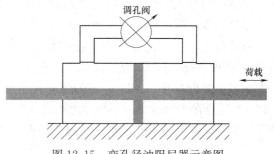

图 12.15　变孔径油阻尼器示意图

Feng 和 Shinozuka（1990）首先研究了将变孔径油阻尼器用于桥梁抗震，随后 Sack 和 Patter（1993）进行了相关的实验研究。国内孙作玉（1998）也研究了变阻尼半主动控制。

这种变孔径油阻尼器主要给安装的结构提供额外的黏性阻尼，而增加的刚度几乎可以忽略不计。需要指出，根据 Symans（1995）、Sadek（1998a）和作者（Yang，2002a）的研究工作，半主动黏性变阻尼控制的效果在大多数情况下不如对应的阻尼值取上限的被动控制，仅在极少数情况下才有成立的可能。因此，变阻尼控制在应用时需要慎重考虑。

（1）半主动摩擦阻尼器

半主动摩擦阻尼器设想利用固体表面发生的摩擦耗散结构的振动能量，可以根据控制的需要实时调整构件的摩擦力以抑制结构的振动。国外关于半主动摩擦阻尼器的研究工作很多，包括阻尼器装置本身和抗震应用研究等方面。国内陈朝晖研究了半主动摩擦阻尼器对高耸结构如电视塔的振动控制。

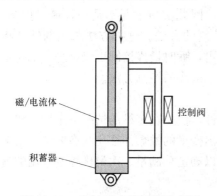

图 12.16　磁/电流变阻尼器示意图

（2）可控流体阻尼器

包括电流变（ER）阻尼器和磁流变（MR）阻尼器。可控流体阻尼器使用电流变或磁流变工作液，除活塞外不包含其他运动元件。电/磁流变液的重要特性在于通过调整电/磁场的强度，可以使电/磁流变液由自由流动或黏性流动的液体在毫秒级的时间内变为半固体。这种可逆的液固转换可以迅速大幅地改变屈服强度以调整阻尼力。图 12.16 为磁/电流变阻尼器的示意图。

可控流体阻尼器不仅反应迅速，而且可靠性好、易于维护。比较而言，磁流变阻尼器比电流变阻尼器更有优势。电流变液具有可取得的屈服强度高（这是因为磁流变液相比黏性相近）、屈服强度变化受温差影响小、不怕污染和性能稳定等优点。此外，磁流变阻尼器对能源的需求也小于相应的电流变阻尼器。截至目前，磁流变阻尼器尚无工程应用的实例。国外 Spencer（1997）和 Dyke（1996）等对磁流变阻尼器进行了大量的理论和实验分析。国内瞿伟廉（1999a～b）、何亚东（2001）和王刚（2002）等也进行了这方面的研究。

12.6.4　混合控制系统

为增加控制系统的可靠性和有效性，近来又出现了混合控制系统。混合控制系统由两种以上的控制系统组成，可以分别隶属于不同种类的控制系统，通常希望兼具它们的优点，以进一步提高控制效果。例如南京电视塔就采用了 AMD 和 TLD 的混合控制系统。

目前应用较多的混合控制系统主要包括混合质量阻尼器（HMD）和混合基础隔震（HBI）两种系统。HMD 是应用最广泛的混合装置，包含 TMD 和一个主动控制作动器。控制效果主要取决于 TMD 本身的运动，作动力用于提高 HMD 的控制效果和鲁棒性。HMD 的优点在于当控制力不足和能源失效时 TMD 仍能发挥控制作用。HBI 包含被动隔震装置和一个作动器，作动器用于进一步提高隔震效果。

12.7 控 制 算 法

主动控制和半主动控制均需要按照一定的算法依据输入的测量信号，计算输出相应的控制信号，可谓控制系统最重要的一环。离开控制算法，主动和半主动控制系统就难以发挥作用。在很大程度上，控制系统可取得的效果依赖于控制算法。迄今为止，已用于结构控制系统的算法主要有：

1. 经典优化控制（尤昌德，1996）

经典优化控制的特点在于给出一个兼顾控制效果和能量消耗的二次型性能指标并设法使其取最小值，然后依据状态方程选用状态反馈进行系统控制。这类控制方法以线性二次调节器（LQR）控制应用最为广泛。LQR 控制通常不考虑输入激励的影响，状态方程中的矩阵均为定常矩阵，线性反馈增益矩阵通过求解黎卡提方程获得。

2. 瞬时最优控制

上述的 LQR 控制由于未能考虑输入激励的信息，因此实质上并不是一种最优控制。为克服这种不足，Yang（1987）等提出了瞬时最优控制的方法。这种方法选用的性能指标函数随时间变化，仍然采用线性状态反馈。需要指出，瞬时最优控制也仅是每一瞬时争取保持最优的控制，而不是一种全局（整个反应过程）最优的控制方法。

3. 次最优控制（顾仲权等，1997）

采用状态反馈控制可以使控制系统具有良好的特性，但是在多维的情况下采用全状态反馈控制是不现实的。一种可以替代的途径是利用输出变量的维数往往比状态向量少很多而且可以量测，因此可以采用输出变量形成线性反馈以确定控制量。次最优控制采用的就是这种思想，反馈增益矩阵可以通过多种方法求得。

4. 模态控制（顾仲权等，1997）

根据振动理论，对于多自由度系统求解振动响应时可以进行模态缩聚作精度允许下的简化，即仅利用结构前几阶模态来计算整个系统的动力反应。采用与此类似的思想，模态控制就是通过控制模态空间中少数几阶模态进行结构控制，分为模态耦合控制和独立模态空间控制两种方法。后者由于被控制的模态不影响其余未控模态，易于分析，因此应用较多。

5. 自适应控制（韩曾晋，1995）

自适应控制的研究对象主要是具有一定程度不确定性的控制系统。这种不确定性可以来自系统内部，如描述被控对象的数学模型的结构或参数；也可以来自系统外部，如风和地震等不可预测的随机荷载。自适应控制与常规反馈控制或最优控制一样，也是一种依赖数学模型的方法。所不同的是自适应控制关于被控对象数学模型的先验知识比较少，需要随着控制过程的进行不断提取有用的信息，使模型逐步完善。也就是对系统进行在线辨识，即依据控制对象输入和输出的数据，不断辨识模型的参数，使之愈来愈能精确反映真实模型。由于模型越来越精确，因此在此基础上的控制作用必然也就越来越有效。自适应控制系统分为模型参考自适应控制系统（MRAS）和自校正调节器（STR）两大类。

6. 随机控制（郭尚来，1999）

如果控制系统存在噪声作用（污染），则需要考虑随机控制。噪声可以来自外部扰动，也可以由状态向量和输出向量的量测引起。一个完整的随机控制过程主要包括系统动力分析、系统辨识和参数估计、状态变量的估计（滤波）和最优随机控制四部分内容。

7. 鲁棒控制（王德进，2001）

鲁棒控制要求在控制系统存在不确定性的情况下，仍能使系统满足内在的稳定性和理想的性能要求。控制理论问题能够较好地解决系统的鲁棒性问题。它以系统内部部分信号间的传递函数的范数为性能指标设计控制系统。最优控制问题一般难于求解，通常是以次最优控制问题的解去逼近最优控制问题的解。

8. 变结构控制（王丰尧，1995）

变结构控制是指在控制过程中，允许系统的结构或模型发生改变。滑模变结构控制是一类特殊的变结构控制，目前研究较多。这种变结构控制特殊之处在于，系统的控制作用不连续且有切换。在切换面上，系统将会沿着固定的轨迹产生滑动运动。这种滑动模态可以依据预估的结构模型的变化予以设计。

9. 智能控制（王永骥，1999；李人厚，1999）

智能控制包括模糊控制、神经网络控制和遗传算法应用等内容，三者之间可以交叉结合使用。模糊控制是一种模拟人类思维的语言型非线性控制方法。它不依赖系统的数学模型，利用先验知识或者数据生成的方法形成控制规则，以此为核心按照模糊化、模糊推理和解模糊三大功能模块进行。神经网络控制是一种模拟生物神经系统进行控制的方法，与模糊控制一样不依赖系统的数学模型，可以逼近任意非线性连续函数为系统提供在线辨识，具有很强的自适应和自学习功能以及信息综合处理的能力。遗传算法是一种基于自然选择和基因遗传学原理搜索全局最优解的算法，包括选择、交换和变异三种基本运算。在结构控制中，它大多用以优化语言变量或控制规则。

12.8　影响振动控制效果的因素

一个具体的控制系统欲取得好的控制效果，受多种因素的影响。主要有：

1. 控制系统自身的精度和可靠性

这是一个控制系统必须满足的最基本条件，也是控制系统正常工作的前提，主要指测量系统和执行机构的精度和可靠性。

2. 激励荷载的特性

这一点主要从动力学角度而言。激励荷载的特性对控制效果有着直接的影响，例如地震波的类型和卓越周期，对动力吸振器类系统的控制效果的影响十分明显。

3. 控制系统的安装位置

对于一个控制系统而言，如何选择合理的安装位置也不容忽视，要么根据动力特性分析，要么根据某种具体的算法加以选择。例如被动阻尼器的安装位置，就有采用遗传算法进行优化确定的例子。

4. 控制算法

对于主动和半主动控制而言，控制算法是最重要的一环。如果算法不合理，即使满足前面所有的条件，亦不可能取得好的控制效果。因此，如何设计研究简单可靠的控制律，仍是目前结构控制理论研究的一个热点。

思 考 题

1. 什么是结构振动控制？
2. 结构振动控制的分类有哪几种？并各举一例说明。
3. 结构振动控制常用方法的有哪两种？其原理各是什么？

第 13 章　结构基础隔震设计

13.1　基础隔震的概念及原理

结构基础抗震设计主要方法是进行基础隔震设计。基础隔震设计的目的是减弱或改变地震动对结构的作用方式和强度，以减小主体结构的地震反应。

基础隔震是指在结构建筑物底部与基础顶面之间设置由隔震支座和滑移器等部件组成具有整体复位功能的隔震层（图 13.1），使之与固结于地基中的基础顶面分开，限制地震动向结构物传递，降低上部结构在地面运动下的动力效应，减轻建筑物的破坏程度。

桥梁隔震　　　　　　　　建筑隔震

图 13.1　橡胶隔震支座图

基本原理是通过在基础部位设置柔性支座，以延长整个结构体系的自振周期，这样就可远离共振频域，减少输入上部结构的水平地震作用。常见的隔震支座主要是橡胶隔震支座，分为有阻尼橡胶隔震支座和无阻尼橡胶隔震支座。通常有阻尼橡胶隔震支座多采用支座芯部设置柔性铅棒的方法提供额外阻尼，典型的橡胶隔震支座如图 13.2 所示。

常见的滑移器做法实际上是使上部结构与地基之间产生相对位移，避免上部结构发生大的变形，可通过上部结构的重力提供自动复位机制，如图 13.3 所示。在建筑物上部结构与基础之间设置滑移层，地震发生时，由于隔震支座将上部结构与基础隔开，隔震支座发生水平位移，使上部结构整体发生水平移动，而不是晃动，从而避免上部结构的损坏。

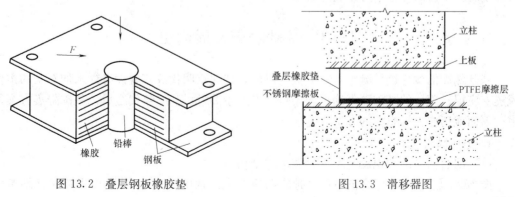

图 13.2　叠层钢板橡胶垫　　　　　　　图 13.3　滑移器图

通常基础隔震装置（图13.4）一般应具备几个条件：

（1）隔震层能够有效延长结构的自振周期，使之远离场地卓越周期，这样即可使结构固有周期避开输入地震动的主要频谱成分，有效抑制其动力反应。

（2）可使地震诱发的结构变形主要集中在隔震层，而上部结构基本不发生变形，整体是平动特征，这样即使隔震层破坏也可通过替换或维修及时处理。

（3）在隔震支座以外，滑移器能使上部结构与地基之间产生相对位移，避免上部结构发生大的变形。

（4）隔震结构需有足够的初始刚度，以保证上部结构在小震下可保持正常使用状态。

（5）隔震装置必要时可与阻尼装置联用，如橡胶隔震支座芯部设置铅棒，这样可进一步耗散外部结构输入的能量，减小结构动力反应。

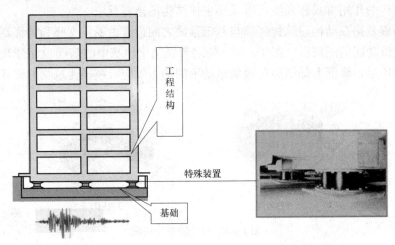

图13.4　基础隔震示意图

与之对应，通常基础隔震系统需具备以下四种特性：

（1）承载特性：具有足够的竖向强度和刚度以支撑上部结构的重量。

（2）隔震特性：应能有效地改变结构的固有周期，使之能避开外部地震动的频谱成分，避免产生共振。

（3）复位特性：在某次地震循环后，依靠重力作用结构能自动恢复平衡位置。

（4）耗能特性：隔震系统设置阻尼装置之后，不仅可以减小上部结构的水平位移，也可减小支座本身的位移，防止支座失效。

13.2　基础隔震发展简史

基础隔震的概念最早诞生在几个世纪以前，如北京明代故宫就设有糯米加石灰的柔性减震支座层；现代的基础隔震理论和实践则发展于20世纪50年代之后，基础隔震方案很多，下面就历史上标志性的方案介绍如下：

1. 早期隔震技术

（1）河合浩藏的"地震时不受大震动的结构"

图13.5是1891年河合浩藏的"地震时不受大震动的结构"。其隔震思路是在地基上

并排铺设了数层圆木，并且把建筑物周围挖空，地震时建筑物可相对地基滑动，可对上部建筑起到隔震作用。

图 13.6 是 J. A. Calantarients 于 1909 年提出的隔震结构方案。这种隔震结构在建筑物结构与基础之间用滑石层隔开，地震时建筑物可以相对于基础发生滑动。

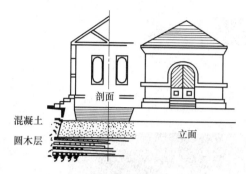

图 13.5 "地震时不受大震动的结构"

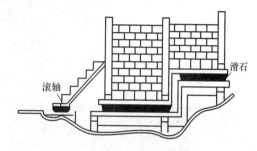

图 13.6 J. A. Calantarients 提出的隔震结构

（2）柔性层结构隔震概念由 Martel 在 1929 年提出，图 13.7 是真岛健三郎于 1934 年提出的柔性层结构。地震时，下部隔震层由于仅用少数的柱子构成，侧向刚度较小，容易进入塑性状态，从而导致整个结构的自振周期延长，避免共振效应。

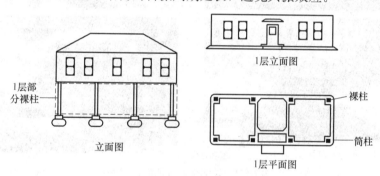

图 13.7 柔性层隔振结构

（3）滚动支撑类隔震系统（图 13.8），为克服柔性层结构所带来的缺陷，随后出现了多种滚动支撑类隔震系统，滚动元件有球形和椭圆形等多种，但由于其隔震装置是有方向性的，而地震是无方向性的，这些类型的隔震系统均未能推广应用。

2. 现代隔震技术

如前所述，现代隔震技术包括橡胶隔震支座和滑移器，以橡胶隔震支座应用较为广泛，典型的隔震装置如图 13.9 所示。

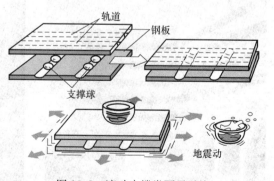

图 13.8 滚动支撑类隔震系统

现代的隔震技术可有效避免地震的不利效应，下面举一例子说明：1994 年 1 月 17 日，美国洛杉矶附近的圣菲尔南多发生 6.7 级的直下型地震，周围房屋都受到一定程度的破损。震中附近有两座医院，即南加州大学医院和橄榄树医院，结构如图 13.10 和图

203

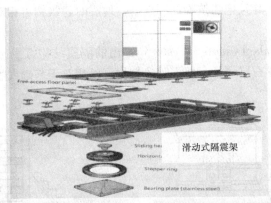

滑动式隔震架

图 13.9　隔震橡胶支座隔震系统

图 13.10　南加州大学医院（隔震结构）

13.11 所示。前者采用橡胶隔震支座，而后者为传统的抗震结构，根据地震实测数据可发现南加州大学医院有八层，基础加速度为 $0.49g$，而顶层加速度只有 $0.21g$，加速度折减系数为 1.8。相反，橄榄树医院底层加速度为 0.82g，而顶层加速度为 2.31g，加速度放大系数为 2.8，由此可见橡胶支座隔震系统的优越性。

南加州大学医院总共八层，地下一层，地上 7 层，建筑面约为 33000 m²，占地4100m²，最高高度 36.0m；采用橡胶隔震支座共 149 个，其中铅芯多层橡胶隔震器68 个，多层橡胶隔震器 81 个，其橡胶隔震支座如图 13.12 所示。南加州大学医院在这

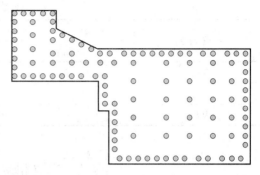

图 13.11　橄榄树医院隔震支座平面布置图

次地震及其后的余震中，建筑物内的各种医疗器械均未损坏，甚至连 6~8 英尺高的花瓶没有一个掉下来，医院仍能正常运行。相反，1971 年建成的橄榄树医院在地震中受到较大损害，不能维持其正常运行。

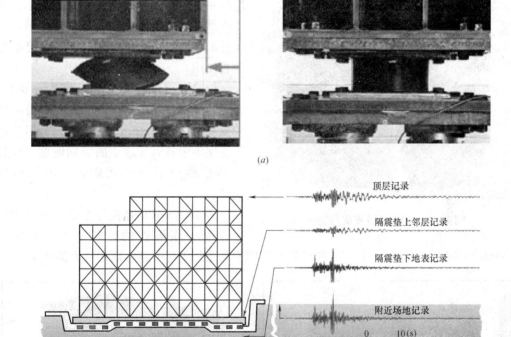

图 13.12　橡胶隔振器及其作用示意图
(a) 南加州大学医院橡胶隔震支座；(b) 橡胶支座结构和加速度反应曲线

类似的，1995 年 1 月 17 日发生了日本阪神大地震，震级 7.2 级。地震中，隔震结构建筑得到了地震观测记录。从这些记录可以看到隔震房屋在大地震中发挥了隔震效果，证实了隔震结构的有效性。WEST 大厦（西部邮政大楼）建筑面积 46000 m²，共 6 层，是日本当时最大的隔震建筑。该建筑距震源东北 35 公里，在基础、1 层和 6 层进行了地震记录观测见表 13.1。

地 震 观 测	方　　向		
	东西	南北	上下
6层	103	75	377
1层	106	57	193
基础	300	263	213

13.3　基础隔震装置的构造

13.3.1　隔震支座

隔震橡胶支座，主要指包括天然夹层橡胶支座、铅芯橡胶支座。

天然夹层橡胶支座具有较大的竖向刚度，承受建筑物的重量时竖向变形小，而水平刚度较小，还满足延长结构周期的需求。由于天然夹层橡胶支座的阻尼很小，不具备足够的耗能能力，所以一般同其他阻尼器联合使用。

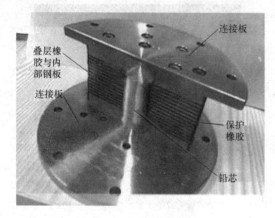

铅芯隔震橡胶支座由新西兰的 ROB-INSON 及其公司最早研制开发。铅芯橡胶支座构造如图 13.13 所示。因为铅芯橡胶支座不但具有较理想的竖向刚度，而且芯部铅棒可额外提供阻尼，消耗地震能量。

图 13.13　铅芯橡胶支座构造图

图 13.14 分别是世界上第一栋采用铅芯橡胶支座隔震的建筑（The William Clayton Building，New Zealand）和世界上使用铅芯橡胶支座中基底面积最大的建筑。

图 13.14　第一栋采用铅芯橡胶支座隔震的建筑和使用铅芯橡胶支座中基底面积最大的建筑

需要注意的是，抗震规范规定：

（1）橡胶隔震支座在重力荷载代表值的竖向压应力不应超过表13.2的值。

橡胶隔震支座压应力限值   表 13.2

建 筑 类 别	甲 类 建 筑	乙 类 建 筑	丙 类 建 筑
压应力限值(MPa)	10	12	15

注：1. 压应力设计值应按永久荷载和可变荷载的组合计算；其中，楼面活荷载应按现行国家标准《建筑结构荷载规范》GB 50009 的规定乘以折减系数；

2. 结构倾覆验算时应包括水平地震作用效应组合；对需进行竖向地震作用计算的结构，尚应包括竖向地震作用效应组合；

3. 当橡胶支座的第二形状系数（有效直径与橡胶层总厚度之比）小于 5.0 时应降低平均压应力限值，小于 5 不小于 4 时降低 20%，小于 4 不小于 3 时降低 40%；

4. 外径小于 300mm 的橡胶支座，丙类建筑的压应力限值为 10MPa。

（2）隔震支座在表13.2所列的压应力下的极限水平变位，应大于其有效直径的 0.55 倍和支座内部橡胶总厚度 3 倍二者的较大值。

（3）在经历相应设计基准期的耐久试验后，隔震支座刚度、阻尼特性变化不超过初期值的±20%；徐变量不超过支座内部橡胶总厚度的 5%。

13.3.2 滑移器

滑移器以摩擦摆体系（FPS）最为典型（图 13.15）。它的原理与力学中的单摆相近，振动周期与结构质量无关，扰动的侧向恢复力与结构重量成比例。采用摩擦摆体系可以保证结构的质心和刚心重合，防止扭转振动。由于存在很高的压应力和摩擦作用，因此需要保证滑动头有很好的润滑工作条件，并且特制的轴承材料必须能够经受起摩擦和温度应力的作用。

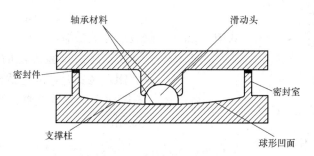

图 13.15　FPS 轴承剖面

需要注意的是建筑结构采用隔震设计时应符合下列各项要求：

1. 结构高宽比宜小于 4，且不应大于相关规范规程对非隔震结构的具体规定，其变形特征接近剪切变形，最大高度应满足本规范非隔震结构的要求；高宽比大于 4 或非隔震结构相关规定的结构采用隔震设计时，应进行专门研究。

2. 建筑场地宜为Ⅰ、Ⅱ、Ⅲ类，并应选用稳定性较好的基础类型。

3. 风荷载和其他非地震作用的水平荷载标准值产生的总水平力不宜超过结构总重力的 10%。

4. 隔震层应提供必要的竖向承载力、侧向刚度和阻尼；穿过隔震层的设备配管、配线，应采用柔性连接或其他有效措施以适应隔震层的罕遇地震水平位移。

13.4 隔震结构设计计算

1. 计算模型

结构的动力分析模型主要有单质点模型、多质点模型和空间模型三种。由于隔震体系上部结构的层间侧移刚度远大于隔震层的水平刚度，结构的水平位移主要集中在隔震层，上部结构是整体水平移动，因此近似的可将上部结构看作是一个整体，将隔震结构简化为单质点模型进行分析，其动力平衡方程为：

$$m\ddot{x} + C_{eq}\dot{x} + K_h x = -m\ddot{x}_g \tag{13.1}$$

式中　　m——上部结构的总质量；

　　　　C_{eq}——隔震层的阻尼系数；

　　　　K_h——隔震层水平等效刚度；

x、$\dot{x}$、$\ddot{x}$——上部刚体相对于地面的位移、速度、加速度；

　　　　$\ddot{x}_g$——地面运动的加速度。

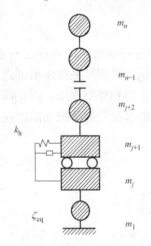

图 13.16　基底隔震计算模型

在抗震设计中，为了更接近实际，常采用多质点模型或空间模型来分析上部结构的地震反应。一般隔震结构可简化为如图 13.16 所示的简图，并以以下假定为条件：将基础底部假定为一个质量为 m 的质点，将隔震装置简化为一个与其具有相同阻尼比和刚度的滑动摩擦部件。隔震层的水平等效刚度和等效黏滞阻尼比可按下列公式计算：

$$K_h = \sum K_j \tag{13.2}$$

$$\zeta_{eq} = \sum_j \zeta_j / K_h \tag{13.3}$$

式中　　ζ_{eq}——隔震层等效黏滞阻尼比；

　　　　ζ_j——j 隔震支座由试验确定的等效黏滞阻尼比，设置阻尼装置时，应包括相应阻尼比；

　　　　K_j——j 隔震支座（含消能器）由试验确定的水平等效刚度。

2. 上部结构的抗震计算

对隔震层上部结构进行抗震计算时，对应隔震体系的计算简图应增加由隔震支座及其顶部梁板组成的质点；计算方法有底部剪力法和时程分析法两种。当隔震层以上结构的质心与隔震层刚度中心不重合时，应计入扭转效应的影响。隔震层顶部的梁板结构，应作为其上部结构的一部分进行计算和设计。

采用底部剪力法时，隔震层以上的结构水平地震作用沿建筑物高度可近似为矩形分布，但应对反应谱曲线的水平地震影响系数的最大值乘以"水平向减震系数"进行折减。减震系数是指和不采用隔震技术下的情况相比，建筑物采用隔震技术后地震作用降低的程度。

采用时程分析法进行计算时，由于结构变形特征大多为剪切型，因此可采用剪切模型（图 13.16）。输入地震波的反应谱特性和数量，应符合《建筑抗震规范》第 5.1.2 条的规定。当建筑物处于发震断层 10km 以内时，输入地震波应考虑近场影响系数，5km 以内宜取 1.5，5km 以外可取不小于 1.25。

砌体结构及基本周期与其相当的结构可按以下方式计算。

（1）对于多层砌体结构及与砌体结构周期相当的结构采用隔震设计时，水平向减震系数，宜根据隔震后整个体系的基本周期，按下式确定：

$$\beta = 1.2\eta_2(T_{gm}/T_1)^\gamma \tag{13.4}$$

式中　β——水平向减震系数；

　　　η_2——地震影响系数的阻尼调整系数，根据隔震层等效阻尼按抗震规范第 5.1.5 条确定；

　　　γ——地震影响系数的曲线下降段衰减指数，根据隔震层等效阻尼按抗震规范第 5.1.5 条确定；

　　　T_{gm}——砌体结构采用隔震方案时的特征周期，根据本地区所属的设计地震分组按抗震规范第 5.1.4 条确定，但小于 0.4s 时应按 0.4s 采用；

　　　T_1——隔震后体系的基本周期，不应大于 2.0s 和 5 倍特征周期的较大值。

（2）与砌体结构周期相当的结构，其水平向减震系数宜根据隔震后整个体系的基本周期，按下式确定：

$$\beta = 1.2\eta_2(T_g/T_1)^\gamma(T_0/T_g)^{0.9} \tag{13.5}$$

式中　T_0——非隔震结构的计算周期，当小于特征周期时应采用特征周期的数值；

　　　T_1——隔震后体系的基本周期，不应大于 5 倍特征周期值；

　　　T_g——特征周期；其余符号同上。

（3）砌体结构及与其基本周期相当的结构，隔震后体系的基本周期可按下式计算：

$$T_1 = 2\pi\sqrt{G/K_h g} \tag{13.6}$$

式中　T_1——隔震体系的基本周期；

　　　G——隔震层以上结构的重力荷载代表值；

　　　g——重力加速度。

3. 隔震层的设计与计算

（1）隔震层的设计要求

隔震层宜设置在结构的底部或下部，其橡胶隔震支座应设置在受力较大的位置，间距不宜过大，其规格、数量和分布应根据竖向承载力、侧向刚度和阻尼的要求通过计算确定。隔震层在罕遇地震下应保持稳定，不宜出现不可恢复的变形；其橡胶支座在罕遇地震的水平和竖向地震同时作用下，拉应力不应大于 1MPa。

（2）隔震支座设计参数的确定

隔震支座由试验确定设计参数时，竖向荷载应保持抗震规范表 13.2 的压应力限值；对水平减震系数计算，应取剪切变形 100% 的等效刚度和等效黏滞阻尼比；对罕遇地震验算，宜采用剪切变形 250% 时的等效刚度和等效黏滞阻尼比，当隔震支座直径较大时可采用剪切变形 100% 时的等效刚度和等效黏滞阻尼比。当采用时程分析时，应以实验所得滞回曲线作为计算依据。

（3）隔震后水平地震作用计算的水平地震影响系数最大值可按下式计算：

$$\alpha_{max1} = \beta\alpha_{max}/\psi \tag{13.7}$$

式中　α_{max1}——隔震后的水平地震影响系数最大值；

α_{max}——非隔震的水平地震影响系数最大值，按抗震规范第 5.1.4 条采用；

β——水平向减震系数；对于多层建筑，为按弹性计算所得的隔震与非隔震各层层间剪力的最大比值。对高层建筑结构，尚应计算隔震与非隔震各层倾覆力矩的最大比值，并与层间剪力的最大比值相比较，取二者的较大值；

ψ——调整系数；一般橡胶支座，取 0.80；支座剪切性能偏差为 S-A 类，取 0.85；隔震装置带有阻尼器时，相应减少 0.05。

注：1. 弹性计算时，简化计算和反应谱分析时宜按隔震支座水平剪切应变为 100% 时的性能参数进行计算；当采用时程分析法时按设计基本地震加速度输入进行计算。

2. 支座剪切性能偏差按现行国家产品标准《建筑隔震橡胶支座》GB 20688.3 确定。

3. 隔震层以上结构的总水平地震作用不得低于非隔震结构在 6 度设防时的总水平地震作用，并应进行抗震验算；各楼层的水平地震剪力尚应符合抗震规范第 5.2.5 条对本地区设防烈度的最小地震剪力系数的规定。

4. 9 度时和 8 度且水平向减震系数不大于 0.3 时，隔震层以上的结构应进行竖向地震作用的计算。隔震层以上结构竖向地震作用标准值计算时，各楼层可视为质点。

（4）隔震支座在罕遇地震作用下的水平位移验算

隔震支座的水平剪力应根据隔震层在罕遇地震下的水平剪力按各隔震支座的水平等效刚度分配；当按扭转耦联计算时，尚应计及隔震层的扭转刚度。隔震支座对应于罕遇地震水平剪力的水平位移，应符合下列要求：

$$u_i \leqslant [u_i] \tag{13.8}$$
$$u_i = \eta_i u_c \tag{13.9}$$

式中 u_i——罕遇地震作用下，第 i 个隔震支座考虑扭转的水平位移；

$[u_i]$——第 i 个隔震支座的水平位移限值；对橡胶隔震支座，不应超过该支座有效直径的 0.55 倍和支座内部橡胶总厚度 3.0 倍二者的较小值；

u_c——罕遇地震下隔震层质心处或不考虑扭转的水平位移；

η_i——第 i 个隔震支座的扭转影响系数，应取考虑扭转和不考虑扭转时 i 支座计算位移的比值；当隔震层以上结构的质心与隔震层刚度中心在两个主轴方向均无偏心时，边支座的扭转影响系数不应小于 1.15。

13.5 房屋隔震设计要求

1. 隔震设计应根据预期的竖向承载力、水平向减震系数和位移控制要求，选择适当的隔震装置及抗风装置组成结构的隔震层。隔震层以上结构的水平地震作用应根据水平向减震系数确定；其竖向地震作用标准值，8 度（0.20g）、8 度（0.30g）和 9 度时分别不应小于隔震层以上结构总重力荷载代表值的 20%、30% 和 40%。另外隔震支座应进行竖向承载力的验算和罕遇地震下水平位移的验算。

2. 隔震结构应采取不阻碍隔震层在罕遇地震下发生大变形的下列措施：

（1）上部结构的周边应设置竖向隔离缝，缝宽不宜小于各隔震支座在罕遇地震下的最大水平位移值的 1.2 倍且不小于 200mm。对两相邻隔震结构，其缝宽取最大水平位移值之和，且不小于 400mm。

（2）上部结构与下部结构之间，应设置完全贯通的水平隔离缝，缝高可取 20mm，并用柔性材料填充；当设置水平隔离缝确有困难时，应设置可靠的水平滑移垫层。

（3）穿越隔震层的门廊、楼梯、电梯、车道等部位，应防止可能的碰撞。

3. 隔震层以上结构的抗震措施，当水平向减震系数大于 0.40 时（设置阻尼器时为 0.38）不应降低非隔震时的有关要求；水平向减震系数不大于 0.40 时（设置阻尼器时为 0.38），可适当降低本规范有关章节对非隔震建筑的要求，但烈度降低不得超过 1 度，与抵抗竖向地震作用有关的抗震构造措施不应降低。

注：与抵抗竖向地震作用有关的抗震措施，对钢筋混凝土结构，指墙、柱的轴压比规定；对砌体结构，指外墙尽端墙体的最小尺寸和圈梁的有关规定。

4. 隔震层以下的结构和基础应符合下列要求：

（1）隔震层支墩、支柱及相连构件，应采用隔震结构罕遇地震下隔震支座底部的竖向力、水平力和力矩进行承载力验算。

（2）隔震层以下的结构（包括地下室和隔震塔楼下的底盘）中直接支承隔震层以上结构的相关构件，应满足嵌固的刚度比和隔震后设防地震的抗震承载力要求，并按罕遇地震进行抗剪承载力验算。隔震层以下地面以上的结构在罕遇地震下的层间位移角限值应满足表 13.3 隔震层以下的结构（包括地下室和隔震塔楼下的底盘）中直接支承隔震层以上结构的相关构件，应满足嵌固的刚度比和隔震后设防地震的抗震承载力要求，并按罕遇地震进行抗剪承载力验算。隔震层以下地面以上的结构在罕遇地震下的层间位移角限值应满足表 13.3 要求。

隔震层以下地面以上结构罕遇地震作用下层间弹塑性位移角限值　　　　表 13.3

下部结构类型	$[\theta_p]$
钢筋混凝土框架结构和钢结构	1/100
钢筋混凝土框架-抗震墙	1/200
钢筋混凝土抗震墙	1/250

5. 隔震建筑地基基础的抗震验算和地基处理仍应按本地区抗震设防烈度进行，甲、乙类建筑的抗液化措施应按提高一个液化等级确定，直至全部消除液化沉陷。

思 考 题

1. 什么是基础隔震？其原理是什么？
2. 基础隔震装置一般应满足哪些要求，应具有哪些特性？
3. 现代隔震结构与传统的抗震结构有什么相同点和区别？
4. 基础隔震装置有哪些种类？举例说明。
5. 如何进行隔震结构的抗震计算？

第 14 章　结构消能减震设计

14.1　消能减震的概念及原理

消能减震设计是指在工程结构中，融入阻尼器装置或设置带有阻尼器的构件，以消耗外部输入的能量，以求控制、减轻工程结构的振动响应，提高结构物的抗震能力，达到预期防震减震要求（图 14.1）。

在结构体系中融入
消能器件——阻尼器

图 14.1　消能减震应用实例

在结构中的某些部位设置消能装置，如在结构物中设置耗能支撑或在结构物的某些部位（如节点）装设阻尼器，在小震或风载作用下，这些耗能子结构或阻尼器处于弹性工作状态，结构具有足够的侧向刚度，其变形能满足正常使用要求，若在强烈地震作用下，随着结构受力和变形增大，这些耗能部位和阻尼器将率先进入非弹性变形状态，产生较大阻尼，大量消耗输入结构的地震能量，从而减小主体结构的地震反应。地震输入能量的耗散主要被限制在耗能装置内部，同时结构的破坏也仅限于装置本身。

14.2　常见的消能阻尼装置

1. 金属阻尼器

金属阻尼器是由金属材料制成的耗能装置，其耗能机理是通过金属元件屈服后发生的弹塑性变形来耗散能量（图 14.2）。具有滞回特性，耗能主要与装置本身的相对位移有关，而与相对速度无关。Kelly（1972）最早阐述了"利用金属屈服吸收并耗散地震对结构输入能量"的思想。

需要指出，由于地震时金属屈服阻尼器可能反复发生弯曲和屈服，因此可能出现刚度和强度的退化，必要时注意进行更换。

2. 摩擦阻尼器

摩擦阻尼器利用类似刹车制动的原理降低结构的运动速度，通过固体滑动摩擦耗散能量，例如 X 形支撑式（图 12.6）和栓孔连接式摩擦阻尼器（图 14.3）。以 X 形支撑式摩擦阻尼器为例：当加载时，受拉支撑杆首先开始滑动，随后，由于连杆的约束作用，受压支撑杆将被迫滑动。通过拉压支撑杆滑动连接处的固态摩擦，可以耗散地震输入能量。这种阻尼器主要用于抑制风振和中小地震引起的振动。

图 14.2 金属阻尼器

图 14.3 杆型铅阻尼器

摩擦阻尼器的优点在于其动力行为基本上不受激励频率和温度变化的影响，一般不会因荷载的反复作用而发生疲劳破坏。但是，缺点在于存在最小起滑力，即在结构动力反应时可能不使用。

3. 黏性阻尼器

包括黏弹性阻尼器和黏性流体阻尼器，可用于抗风和抗震。这两种阻尼器耗能的大小同时与装置本身的位移和速度有关。

（1）黏弹性阻尼器由黏弹性层和钢板胶结而成，通过夹在钢板之间的黏弹性材料（分子聚合物或玻璃体类物质）发生的剪切变形而耗散能量（图 14.4）。黏弹性阻尼器用于抗震领域起步较晚。相对风振控制，这种阻尼器需要使用高阻尼比的黏弹性材料，才可有效抑制结构地震反应。

（2）黏性流体阻尼器一般由带孔的活塞和充满硅油类黏性油的活塞腔组成。在活塞运动的情况下，活塞在缸体内往复运动，由于压力的改变使黏性液体可以通过活塞头预设的孔径在腔内两个不同部分之间流动，阻碍结构的运动，引起能量耗散，如图 14.5 所示。

黏性阻尼器的主要优点在于受温度影响较小，并且相对前述的几种阻尼器可以更为有效地减少结构内部剪力，这是因为这种阻尼器的阻尼器出力与位移不同步引起的。缺点在于需要密封件耐磨损并且长期有效，防止发生泄漏。

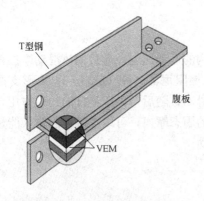

T型钢

腹板

VEM

图 14.4　黏弹性阻尼器示意图

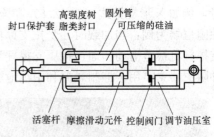

高强度树
脂类封口
封口保护套

圆外管
可压缩的硅油

活塞杆　摩擦滑动元件　控制阀门　调节油压室

图 14.5　黏性流体阻尼器工作示意图

常见的黏弹性阻尼器和黏性流体阻尼器工程应用举例如图 14.6 和图 14.7 所示。

图 14.6　黏弹性阻尼器

图 14.7　黏性流体阻尼器

4. 其他阻尼器

还有其他一些以动力吸振为理论基础的阻尼器。这类辅助系统通常需要将它们的频率调谐到与主结构的固有频率相等或相近，才能充分发挥控制作用，主要有以下几种：

(1) 调频质量阻尼器

调频质量阻尼装置是由质量、弹性元件和阻尼器构成的振动系统，将其安装在结构上，结构振动时引起该系统的共振，由此产生的惯性力反作用于结构，起到减小结构振动反应的作用（图 14.8）。

(2) 调频液体阻尼器

调频液体阻尼器与调谐质量阻尼器原理相同，但是动力过程远为复杂。通常由盛有浅层液体的多层刚性容器组成，附加于结构之上。液体作为附加质量，恢复力由重力作用产生。液体的冲击作用可以吸收能量，并且通过黏性运动、波碎以及人工添加的金属网和悬浮粒子的阻尼作用耗散能量（图 14.9）。

单个的调频质量阻尼器或调频液体阻尼器仅能控制结构的单一模态，一般主要用于控制结构的一阶模态，为进一步提高控制效果，实际中也可考虑联合使用多个调频质量阻尼器或调频液体阻尼器（图 14.10）。

图 14.8 调频质量阻尼器原型图

图 14.9 调频液体阻尼器原型图

调谐质量阻尼器

图 14.10 TMD 应用实例（东京议会大楼）

14.3 消能减震结构的设计计算

1. 消能减震设计计算要求

（1）消能减震设计时，应根据多遇地震下的预期减震要求及罕遇地震下的预期结构位移控制要求，设置适当的消能部件。消能部件可由消能器及斜撑、墙体、梁等支承构件组成，其可根据需要沿结构的两个主轴方向分别设置。消能部件宜设置在变形较大的位置，其数量和分布应通过综合分析合理确定，并有利于提高整个结构的消能减震能力，形成均匀合理的受力体系。消能器可采用速度相关型（黏滞消能器和黏弹性消能器等）、位移相关型（金属屈服消能器和摩擦消能器等）或其他类型。

（2）当主体结构基本处于弹性工作阶段时，可采用线性分析方法作简化估算，并根据结构的变形特征和高度等，按抗震规范的相关规定分别采用底部剪力法、振型分解反应谱法和时程分析法。消能减震结构的自振周期应根据消能减震结构的总刚度确定，总刚度应为结构刚度和消能部件有效刚度的总和。消能减震结构的总阻尼比应为结构阻尼比和消能部件附加给结构的有效阻尼比的总和；多遇地震和罕遇地震下的总阻尼比应分别计算。

（3）对主体结构进入弹塑性阶段的情况，应根据主体结构体系特征，采用静力非线性分析方法或非线性时程分析方法。在非线性分析中，消能减震结构的恢复力模型应包括结构恢复力模型和消能部件的恢复力模型。消能减震结构的层间弹塑性位移角限值，应符合预期的变形控制要求，宜比非消能减震结构适当减小。

2. 消能部件附加给结构的有效阻尼比和有效刚度

位移相关型消能部件和非线性速度相关型消能部件附加给结构的有效刚度应采用等效线性化方法确定。

（1）消能部件附加给结构的有效阻尼比可按下式估算：

$$\xi_a = \sum_j W_{cj}/(4\pi W_s) \tag{14.1}$$

式中　ξ_a——消能减震结构的附加有效阻尼比；

W_{cj}——第 j 个消能部件在结构预期层间位移 Δu_j 下往复循环一周所消耗的能量；

W_s——设置消能部件的结构在预期位移下的总应变能。

注：当消能部件在结构上分布较均匀，且附加给结构的有效阻尼比小于 20% 时，消能部件附加给结构的有效阻尼比也可采用强行解耦方法确定。

（2）不计及扭转影响时，消能减震结构在水平地震作用下的总应变能，可按下式估算：

$$W_s = \frac{1}{2} \sum F_i u_i \tag{14.2}$$

式中　F_i——质点 i 的水平地震作用标准值；

u_i——质点 i 对应于水平地震作用标准值的位移。

（3）速度线性相关型消能器在水平地震作用下往复循环一周所消耗的能量，可按下式估算：

$$W_{cj} = (2\pi^2/T_1)C_j \cos^2\theta_j \Delta u_j^2 \tag{14.3}$$

式中　T_1——消能减震结构的基本自振周期；

C_j——第 j 个消能器的线性阻尼系数；

θ_j——第 j 个消能器的消能方向与水平面的夹角；

Δu_j——第 j 个消能器两端的相对水平位移。

当消能器的阻尼系数和有效刚度与结构振动周期有关时，可取相应于消能减震结构基本自振周期的值。

（4）位移相关型和速度非线性相关型消能器在水平地震作用下往复循环一周所消耗的能量，可按下式估算：

$$W_{cj} = A_j \tag{14.4}$$

式中　A_j——第 j 个消能器的恢复力滞回环在相对水平位移 Δu_j 时的面积。

消能器的有效刚度可取消能器的恢复力滞回环在相对水平位移时的割线刚度。另外消能部件附加给结构的有效阻尼比超过 25% 时，宜按 25% 计算。

3. 消能部件的设计参数，应符合下列规定：

（1）速度线性相关型消能器与斜撑、墙体或梁等支承构件组成消能部件时，支承构件沿消能器消能方向的刚度应满足下式：

$$K_b \geqslant (6\pi/T_1)C_D \tag{14.5}$$

式中　K_b——支承构件沿消能器方向的刚度；

　　　C_D——消能器的线性阻尼系数；

　　　T_1——消能减震结构的基本自振周期。

（2）黏弹性消能器的黏弹性材料总厚度应满足下式：

$$t \geqslant \Delta u/[\gamma] \tag{14.6}$$

式中　t——黏弹性消能器的黏弹性材料的总厚度；

　　　Δu——沿消能器方向最大可能的位移；

　　　$[\gamma]$——黏弹性材料允许的最大剪切应变。

（3）位移相关型消能器与斜撑、墙体或梁等支承构件组成消能部件时，消能部件的恢复力模型参数宜符合下列要求：

$$\Delta u_{py}/\Delta u_{sy} \leqslant 2/3 \tag{14.7}$$

式中　Δu_{py}——消能部件在水平方向的屈服位移或起滑位移；

　　　Δu_{sy}——设置消能部件的结构层间屈服位移。

14.4　消能减震结构设计计算要求

1. 消能器的极限位移应不小于罕遇地震下消能器最大位移的 1.2 倍；对速度相关型消能器，消能器的极限速度应不小于地震作用下消能器最大速度的 1.2 倍，且消能器应满足在此极限速度下的承载力要求。

2. 对速度相关型消能器，在消能器设计位移和设计速度幅值下，以结构基本频率往复循环 30 圈后，消能器的主要设计指标误差和衰减量不应超过 15%；对位移相关型消能器，在消能器设计位移幅值下往复循环 30 圈后，消能器的主要设计指标误差和衰减量不应超过 15%，且不应有明显的低周疲劳现象。

3. 结构采用消能减震设计时，消能部件的相关部位应符合下列要求：

（1）消能器与支承构件的连接，应符合本规范和有关规程对相关构件连接的构造要求；

（2）在消能器施加给主结构最大阻尼力作用下，消能器与主结构之间的连接部件应在弹性范围内工作；

（3）与消能部件相连的结构构件设计时，应计入消能部件传递的附加内力。

4. 当消能减震结构的抗震性能明显提高时，主体结构的抗震构造要求可适当降低。降低程度可根据消能减震结构地震影响系数与不设置消能减震装置结构的地震影响系数之比确定，最大降低程度应控制在 1 度以内。

消能减震常见的应用如图 14.11 所示。

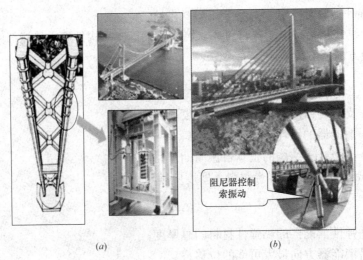

(a) (b)

图 14.11　消能减震应用实例

(a) 悬索桥安全保护；(b) 斜拉桥安全保护

思　考　题

1. 什么是消能减震？其原理是什么？

2. 常见的效能装置有哪些？各自的作用原理是什么？

3. 现代隔震结构与传统的抗震结构有什么相同点和区别？

4. 如何进行消能结构的设计计算？

第六篇　地震反应数值计算

第15章　结构非线性动力反应分析

15.1　结构线性运动方程与非线性运动方程

对于单自由度结构体系而言，一般结构的线性运动方程可用：

$$m\ddot{x}+c\dot{x}+kx=P(t) \tag{15.1}$$

表示，其中 m、c、k 均为常数，不随结构动力反应（x、$\dot{x}$、$\ddot{x}$）或时间 t 发生变化，这种计算模型属于线性计算模型。

相对而言，结构线性运动方程可能直接获得解析解，采用动力学理论推导出具体表达式，而结构非线性方程则不然。

15.1.1　单自由度非线性模型

与之相反，一旦上述式（15.1）中动力方程参数随结构的动力反应发生变化，属于时变参数，就需要用非线性运动方程描述。一般可描述为：

$$f_I(t)+f_D(t)+f_S(t)=P(t) \tag{15.2}$$

对于单自由度体系，如图 15.1 所示，可以认为惯性质量是不变的，仅阻尼力和恢复力是随结构的反应变化即时变的，那么公式（15.2）可以进一步表示为：

$$m\ddot{x}+f_D(t)+f_S(t)=P(t) \tag{15.3}$$

实际上，阻尼力和恢复力随结构反应的变化是非常复杂的，但为了计算简便，可以假设认为阻尼力与速度的一次方成正比，即：

$$f_D(t)=c(\dot{x})\cdot\dot{x}=c(t)\cdot\dot{x} \tag{15.4}$$

类似地，

$$f_S(t)=k(x)\cdot x=k(t)\cdot x \tag{15.5}$$

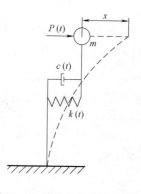

图 15.1　单自由度非线性模型

15.1.2　多自由度非线性模型

多自由度非线性计算模型如图 15.2 所示，类似于结构单自由度非线性分析，可以表示为：

$$[m]\{\ddot{x}\}+\{f_D(t)\}+\{f_S(t)\}=\{P(t)\} \tag{15.6}$$

其中：

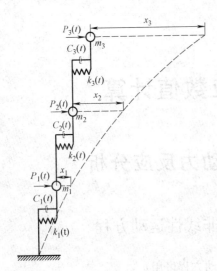

图 15.2　多自由度非线性模型

$$\{f_D(t)\}=[c(\dot{x})] \cdot \{\dot{x}\}=[c(t)] \cdot \{\dot{x}\} \quad (15.7)$$

$$\{f_S(t)\}=[k(x)] \cdot \{x\}=[k(t)] \cdot \{x\} \quad (15.8)$$

式中，$[m]$、$[c(t)]$、$[k(t)]$ 分别为结构质量矩阵、阻尼矩阵和刚度矩阵，$\{x\}$、$\{\dot{x}\}$、$\{\ddot{x}\}$ 分别为质点位移、速度和加速度列向量。

15.1.3　增量运动方程

为了数值计算方便，无论单自由度还是多自由度，通常需要推出相应的增量计算方程，以便于迭代计算。

将方程式（15.4）和式（15.5）代入式（15.3）可得：

$$m\ddot{x}(t)+c(\dot{x}) \cdot \dot{x}+k(x) \cdot x=P(t) \quad (15.9)$$

由于结构动力反应，x、$\dot{x}$ 都是随时间变化的，上述方程可进一步改写为：

$$m\ddot{x}(t)+c(t) \cdot \dot{x}(t)+k(t) \cdot x(t)=P(t) \quad (15.10)$$

这样，对 t_i 时刻和 $t_i+\Delta t$ 时刻可分别有：

$$m\ddot{x}(t_i)+c(t_i) \cdot \dot{x}(t_i)+k(t_i) \cdot x(t_i)=P(t_i) \quad (15.11)$$

$$m\ddot{x}(t_i+\Delta t)+c(t_i+\Delta t) \cdot \dot{x}(t_i+\Delta t)+k(t_i+\Delta t) \cdot x(t_i+\Delta t)=P(t_i+\Delta t) \quad (15.12)$$

如果在区间 $[t_i，t_i+\Delta t]$ 内时间间隔 Δt 足够小，可认为在此区间内：

$$c(t)=c(t_i)=c_i \quad (15.13)$$

$$k(t)=k(t_i)=k_i \quad (15.14)$$

也就是在此区间内，阻尼系数 $c(t)$ 和刚度系数 $k(t)$ 保持为常量，那么整个结构的动力反应过程可划分为若干个时间小区间 $[t_i，t_i+\Delta t]$ （$i=0，1，2，\cdots$），尽管在不同的小区间内 c_i 和 k_i 是不一样的，但在每一个小区间内 c_i 和 k_i 是不变的，均为常量。

式（15.11）和式（15.12）两式相减，可得增量计算方程：

$$\Delta f_I(t)+\Delta f_D(t)+\Delta f_S(t)=\Delta p(t) \quad (15.15)$$

式中：

$$\Delta f_I(t)=m\ddot{x}(t_i+\Delta t)-m\ddot{x}(t_i)=m\Delta\ddot{x}_i \quad (15.16)$$

$$\Delta f_D(t)=c(t_i+\Delta t) \cdot \dot{x}(t_i+\Delta t)-c(t_i) \cdot \dot{x}(t_i)=c_i\Delta\dot{x}_i \quad (15.17)$$

$$\Delta f_S(t)=k(t_i+\Delta t)-k(t_i) \cdot x(t_i)=k_i\Delta x_i \quad (15.18)$$

$$\Delta P(t)=P(t_i+\Delta t)-P(t_i)=\Delta P_i \quad (15.19)$$

据此，方程（15.15）可简化为：

$$m\Delta\ddot{x}_i+c_i\Delta\ddot{x}_i+k_i\Delta x_i=\Delta P_i \quad (15.20)$$

类似地，对多自由度非线性结构，亦可推出如下矩阵形式的增量计算方程：

$$[m]\{\Delta\ddot{x}\}_i+[c]_i\{\Delta\dot{x}\}_i+[k]_i\{\Delta x\}_i=\{\Delta P\}_i \quad (15.21)$$

15.2 逐步积分法

对结构非线性运动方程进行动力反应分析，最简便的方法就是逐步积分法。这种方法把结构的整个动力反应过程划分为若干个时间段，在每个时间段 $[t_i, t_i + \Delta t]$ 内，借用增量方程计算结构的动力反应，逐步递推，直到计算出最终的结果。

在计算过程中，时间步长 Δt_i（$i = 1, 2, 3 \cdots$）可以是变化的，也可以在整个计算过程中保持不变。每个小时间段 $[t_i, t_i + \Delta t]$ 内，如前所述，c_i 和 k_i 保持不变。

逐步积分概念简单，计算工作量少，一般能取得满意的计算结果。目前，常用的逐步积分法主要包括常加速度法、线性加速度法、Wilson-θ法和Newmark-β法。

常加速度法与线性加速度法相比，常加速度法认为质点加速度在时间步长内保持不变。虽然计算比较简单，但精度远不如线性加速度法，因此，下述主要介绍线性加速度法、Wilson-θ法和Newmark-β法。

15.3 线性加速度法

顾名思义，线性加速度逐步积分法即在每个时间增量内加速度保持线性变化，如图15.3所示。在该时间段内，任意时刻的加速度 $\ddot{x}(t)$ 可以用一个线性函数来表示：

$$\ddot{x}(t) = \ddot{x}_i + \frac{\Delta \ddot{x}_i}{\Delta t}(t - t_i), t_i \leqslant$$
$$t \leqslant t_{i+1}(i = 0, 1, 2 \cdots) \quad (15.22)$$

分别对上式进行一次积分和两次积分可以获得速度和位移的运动方程如下：

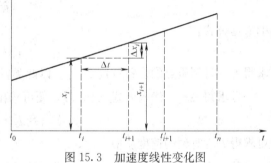

图 15.3　加速度线性变化图

$$\dot{x}(t) = \dot{x}_i + \ddot{x}_i(t - t_i) + \frac{1}{2}\frac{\Delta \ddot{x}_i}{\Delta t}(t - t_i)^2 \quad (15.23)$$

$$x(t) = x_i + \dot{x}_i(t - t_i) + \frac{1}{2}\ddot{x}_i(t - t_i)^2 + \frac{1}{6}\frac{\Delta \ddot{x}_i}{\Delta t}(t - t_i)^3 \quad (15.24)$$

令 $t_{i+1} = t_i + \Delta t$，将 $t = t_{i+1}$ 代入上式，则在该时间段的终止时刻可得到如下位移和速度的增量方程：

$$\Delta \dot{x}_i = \ddot{x}_i \Delta t + \frac{1}{2}\Delta \ddot{x}_i \Delta t \quad (15.25)$$

$$\Delta x_i = \dot{x}_i \Delta t + \frac{1}{2}\ddot{x}_i \Delta t^2 + \frac{1}{6}\Delta \ddot{x}_i \Delta t^2 \quad (15.26)$$

现以位移增量 Δx_i 作为基本变量。通过上面两式可分别获得加速度增量 $\Delta \ddot{x}_i$ 和速度增量 $\Delta \dot{x}_i$：

$$\Delta \ddot{x}_i = \frac{6}{\Delta t^2}\Delta x_i - \frac{6}{\Delta t}\dot{x}_i - 3\ddot{x}_i \quad (15.27)$$

$$\Delta \ddot{x}_i = \frac{3}{\Delta t} \Delta x_i - 3\dot{x}_i - \frac{\Delta t}{2} \ddot{x}_i \tag{15.28}$$

将上述加速度增量 $\Delta \ddot{x}_i$ 的表达式和速度增量 $\Delta \dot{x}_i$ 的表达式代入增量表达式（15.19），可得到如下运动方程：

$$m\left(\frac{6}{\Delta t^2}\Delta x_i - \frac{6}{\Delta t}\dot{x}_i - 3\ddot{x}_i\right) + c_i\left(\frac{3}{\Delta t}\Delta x_i - 3\dot{x}_i - \frac{\Delta t}{2}\ddot{x}_i\right) + k_i\Delta x_i = \Delta P_i \tag{15.29}$$

为描述方便，把式（15.28）中所有未知位移增量 Δx_i 移到等式的左边，所有含已知初始条件的各项移到右边，可得：

$$\widetilde{K}_i \Delta x_i = \widetilde{\Delta P}_i \tag{15.30}$$

式中　$\widetilde{K}_i$——拟刚度系数；

　　　$\widetilde{\Delta P}_i$——拟增量力；

分别为：

$$\widetilde{K}_i = k_i + \frac{6m}{\Delta t^2} + \frac{3c_i}{\Delta t} \tag{15.31}$$

$$\widetilde{\Delta P}_i = \Delta P_i + m\left(\frac{6}{\Delta t}\dot{x}_i + 3\ddot{x}_i\right) + c_i\left(3\dot{x}_i + \frac{\Delta t}{2}\ddot{x}_i\right) \tag{15.32}$$

由此可以得到位移增量，等于拟荷载增量 $\widetilde{\Delta P}_i$ 除以拟刚度系数 $\widetilde{K}_i$，即：

$$\Delta x_i = \frac{\widetilde{\Delta P}_i}{\widetilde{K}_i} \tag{15.33}$$

借助递推公式：

$$x_{i+1} = x_i + \Delta x_i \tag{15.34}$$

可求得 t_{i+1} 时刻质点的位移反应 x_{i+1}。以此类推，可得出后续各个时刻质点的位移反应。

一旦求得 Δx_i，代入公式（15.7），便可求出 $\Delta \dot{x}_i$，再利用下述递推公式：

$$\dot{x}_{i+1} = \dot{x}_i + \Delta \dot{x}_i \tag{15.35}$$

即可求得 t_{i+1} 时刻的速度反应 $\dot{x}_{i+1}$。

同理，也可将 Δx_i 的数值代入公式（15.27）以求得 $\Delta \ddot{x}_i$，再利用递推公式：

$$\ddot{x}_{i+1} = \ddot{x}_i + \Delta \ddot{x}_i \tag{15.36}$$

求得 t_{i+1} 时刻的加速度反应 $\ddot{x}_{i+1}$。但是，有时为了避免误差的逐步积累，在计算 x_{i+1} 和 $\dot{x}_{i+1}$ 时用式（15.34）和式（15.35），而在计算 $\ddot{x}_{i+1}$ 时，代之以利用总的动力平衡条件，即通过从总外荷载中减去总阻尼力和弹性力以表示时间步长起点的加速度。在 t_{i+1} 时刻，有下述方程：

$$m\ddot{x}_{i+1} + c_{i+1}\dot{x}_{i+1} + k_{i+1}x_{i+1} = P_{i+1} \tag{15.37}$$

整理可求得 $\ddot{x}_{i+1}$：

$$\ddot{x}_{i+1} = \frac{1}{m}(P_{i+1} - c_{i+1}\dot{x}_{i+1} - k_{i+1}x_{i+1}) \tag{15.38}$$

线性加速度逐步积分法的数值计算过程中，包含了两个重要的近似假定：

（1）在时间段 $[t_i, t_{i+1}]$ 内，加速度保持线性变化；

（2）在每个时间段 $[t_i, t_{i+1}]$ 的初始时刻计算结构体系的阻尼和刚度特性，且在时间步长内保持不变。

一般来说，如果时间步长 Δt 越短，整个计算过程的误差就越小，即逐步积分的精度依赖于所选取的时间步长 Δt 的大小。步长 Δt 可以取为变步长，但为计算简便，一般多取为等步长，就满足计算精度要求。Δt 的选取需考虑以下几个原则：

(1) 时间步长 Δt 与结构的固有周期 T 符合关系式：$\Delta t < T/10$；

(2) 时间步长 Δt 与外加激励的周期 T' 应满足：$T' \geqslant 10\Delta t$。根据香农采样定律，并考虑到一般地震台站记录的数据时间间隔和地震波的主要频谱成分，时间步长取 $\Delta t \leqslant \dfrac{1}{10}T'$ 比较适宜。

(3) 适应刚度与阻尼函数的突变剧烈程度，如弹塑性材料从弹性到塑性阶段的突然变化时，刚度变化剧烈，应选取较小的步长，才能与突变变化相适应。这种情况下可考虑变步长，在突变处取小步长，其余处取大步长。

15.4　Wilson-θ法

线性加速度法是一种依赖条件稳定的逐步积分法。威尔逊等人于 1973 年证明了一种求解过程与时间步长选择无关的方法，即无条件稳定的逐步积分法，称为 Wilson-θ 法。

线性加速度法和 Wilson-θ 法都假设在时间段内加速度呈线性变化，但线性加速度法对加速度的假设是针对一个时间步 $[t_i, t_{i+1}]$ 内呈线性变化，而 Wilson-θ 法把加速度的线性变化性质进一步拓宽到更长的区间 $[t_i, t_{i+\theta}]$，θ 一般取 $\theta \geqslant 1.38$，但并非越大越好，建议取值 $\theta = 1.42$。同样对于阻尼和刚度特性的假设也延长，即在一个计算周期内考虑，c_i 和 k_i 保持不变。

在 Wilson-θ 法内令 $t'_{i+1} = t_{i+\theta} = t_i + \theta \cdot \Delta t$，与线性加速度法中时间段 $[t_i, t_{i+1}]$ 内增量 Δx_i、$\Delta \dot{x}_i$ 和 $\Delta \ddot{x}_i$ 对应的，在时间段 $[t_i, t'_{i+1}]$ 内的增量用 δx_i、$\delta \dot{x}_i$ 和 $\delta \ddot{x}_i$ 表示。如图 15.4 所示，与线性加速度逐步积分法类似，时间段 $[t_i, t'_{i+1}]$ 内任意时刻的加速度 $\ddot{x}(t)$ 可用一个线性函数来表示：

$$\ddot{x}(t) = \ddot{x}_i + \frac{\delta \ddot{x}_i}{\delta t}(t - t_i), t_i \leqslant t \leqslant t'_{i+1} \tag{15.39}$$

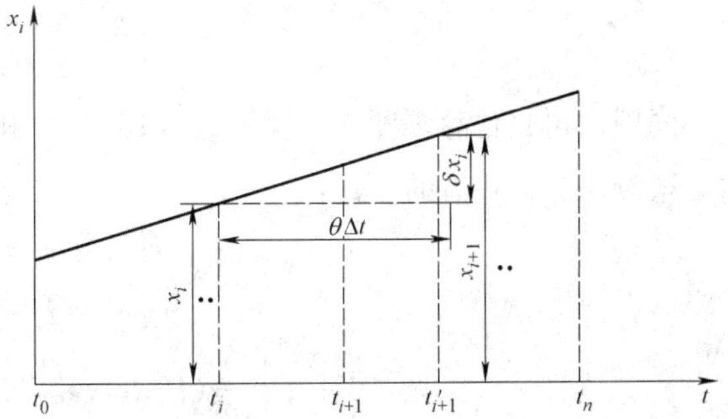

图 15.4　加速度线性变化图

式中　δ——在该时间段内的增量。

分别对上式进行一次积分和两次积分可以获得速度和位移的运动方程如下：

$$\dot{x}(t) = \dot{x}_i + \ddot{x}_i(t - t_i) + \frac{1}{2}\frac{\delta \ddot{x}_i}{\delta t}(t - t_i)^2 \tag{15.40}$$

$$x(t) = x_i + \dot{x}_i(t - t_i) + \frac{1}{2}\ddot{x}_i(t - t_i)^2 + \frac{1}{6}\frac{\delta \ddot{x}_i}{\delta t}(t - t_i)^3 \tag{15.41}$$

类似线性加速度逐步积分法推理过程，但 Wilson-θ 法的终止时刻为 $t'_{i+1} = t_i + \theta \cdot \Delta t$ $(i = 0, 1, 2\cdots)$，即 $\delta t = \theta \cdot \Delta t$，并代入式（15.40）和式（15.41），则在该时间段的终止

时刻可得到如下位移和速度的增量方程：

$$\delta \dot{x}_i = \ddot{x}_0 \delta t + \frac{1}{2} \delta \ddot{x}_i \delta t \tag{15.42}$$

$$\delta x_i = \dot{x}_i \delta t + \frac{1}{2} \ddot{x}_i \delta t^2 + \frac{1}{6} \delta \ddot{x}_i \delta t^2 \tag{15.43}$$

同样以位移增量 δx_i 作为基本变量。通过上两式可分别获得加速度增量 $\delta \ddot{x}_i$ 和速度增量 $\delta \dot{x}_i$：

$$\delta \ddot{x}_i = \frac{6}{\delta t^2} \delta x_i - \frac{6}{\delta t} \dot{x}_i - 3 \ddot{x}_i \tag{15.44}$$

$$\delta \dot{x}_i = \frac{3}{\Delta t} \delta x_i - 3 \dot{x}_i - \frac{\delta t}{2} \ddot{x}_i \tag{15.45}$$

将上述加速度增量 $\delta \ddot{x}_i$ 表达式和速度增量 $\delta \dot{x}_i$ 表达式加入增量表达式（15.20）可得到运动方程：

$$m\left(\frac{6}{\delta t^2} \delta x_i - \frac{6}{\delta t} \dot{x}_i - 3 \ddot{x}_i\right) + c_i\left(\frac{3}{\delta t} \delta x_i - 3 \dot{x}_i - \frac{\delta t}{2} \ddot{x}_i\right) + k_i \delta x_i = \delta P_i \tag{15.46}$$

简记为：

$$\widetilde{K}_i \delta x_i = \widetilde{\delta P_i} \tag{15.47}$$

式中：

$$\widetilde{K}_i = k_i + \frac{6m}{\delta t^2} + \frac{3c_i}{\delta t} \tag{15.48}$$

$$\widetilde{\delta P_i} = \delta P_i + m\left(\frac{6}{\delta t} \dot{x}_i + 3 \ddot{x}_i\right) + c_i\left(3 \dot{x}_i + \frac{\delta t}{2} \ddot{x}_i\right) \tag{15.49}$$

由此可以得到位移增量：

$$\delta x_i = \frac{\widetilde{\delta P_i}}{\widetilde{K}_i} \tag{15.50}$$

同理，再将位移增量 δx_i 代入式（15.44）和式（15.45）求加速度增量 $\delta \ddot{x}_i$ 和速度列向量增量 $\delta \dot{x}_i$。并借助公式：

$$x'_{i+1} = x_i + \delta x_i \tag{15.51}$$

$$\dot{x}'_{i+1} = \dot{x}_i + \delta \dot{x}_i \tag{15.52}$$

$$\ddot{x}'_{i+1} = \frac{1}{m}(P'_{i+1} - c'_{i+1} \dot{x}'_{i+1} - k'_{i+1} x'_{i+1}) \tag{15.53}$$

可以得到 t'_{i+1} 时刻的位移、速度和加速度反应。

由于 t'_{i+1} 是为了计算需要假定的一个计算周期的终点时刻，实际上需要得到的是 t_{i+1} 时刻的位移、速度和加速度反应。欲得到 t_{i+1} 时刻的动力反应，可借助 $[t_i, t_{i+1}]$、$[t_i, t_{i+\theta}]$ 区间上的加速度增量 $\Delta \ddot{x}_i$ 与 $\delta \ddot{x}_i$ 线性换算关系：

$$\Delta \ddot{x}_i = \frac{1}{\theta} \delta \ddot{x}_i \tag{15.54}$$

得到 $\Delta \ddot{x}_i$ 后，再将 $\Delta \ddot{x}_i$ 带入到线性加速度法中由式（15.25）和式（15.26）计算出 $\Delta \dot{x}_i$ 和 Δx_i 即可。

15.5 Newmark-β 法

Newmark-β 法是 N. M. Newmark 于 1959 年提出的一种更具一般性的逐步积分法。在该方法中，引入了两个权重参数 γ 和 β，分别用来考虑加速度的改变对速度改变的贡献和对位移改变的贡献。同时，参数 γ 和 β 还决定了方法的稳定性和精度。

Newmark-β 法与线性加速度逐步积分法类似，只是额外引入权重参数 γ 和 β，线性加速度逐步积分法中的式（15.25）和式（15.26）变为：

$$\Delta \dot{x}_i = \ddot{x}_i \Delta t + \gamma \Delta \ddot{x}_i \Delta t \tag{15.55}$$

$$\Delta x_i = \dot{x}_i \Delta t + \frac{1}{2} \ddot{x}_i \Delta t^2 + \beta \Delta \ddot{x}_i \Delta t^2 \tag{15.56}$$

一般地，为了得到较好的精度，可取参数 $\gamma = 1/2$，$1/6 \leqslant \beta \leqslant 1/4$。特别地，当 $\gamma = 1/2$，$\beta = 1/6$ 时，Newmark-β 法就退化为线性加速度法。

同样以位移增量 Δx_i 作为基本变量，通过上面两式可分别获得加速度增量 $\Delta \ddot{x}_i$ 和速度增量 $\Delta \dot{x}_i$：

$$\Delta \ddot{x}_i = \frac{1}{\beta (\Delta t)^2} \Delta x_i - \frac{1}{\beta \Delta t} \dot{x}_i - \frac{1}{2\beta} \ddot{x}_i \tag{15.57}$$

$$\Delta \dot{x}_i = \frac{\gamma}{\beta \Delta t} \Delta x_i - \frac{\gamma}{\beta} \dot{x}_i + \Delta t \left(1 - \frac{\gamma}{2\beta} \right) \ddot{x}_i \tag{15.58}$$

将上述加速度增量 $\Delta \ddot{x}_i$ 的表达式和速度增量 $\Delta \dot{x}_i$ 的表达式代入增量表达式（15.20）可得到如下运动方程：

$$m \left(\frac{1}{\beta (\Delta t)^2} \Delta x_i - \frac{1}{\beta \Delta t} \dot{x}_i - \frac{1}{2\beta} \ddot{x}_i \right) + c_i \left(\frac{\gamma}{\beta \Delta t} \Delta x_i - \frac{\gamma}{\beta} \dot{x}_i + \Delta t \left(1 - \frac{\gamma}{2\beta} \right) \ddot{x}_i \right) + k_i \Delta x_i = \Delta P_i \tag{15.59}$$

整理可得位移增量方程：

$$\widetilde{K}_i \Delta x_i = \widetilde{\Delta P}_i \ 或 \ \Delta x_i = \frac{\widetilde{\Delta p}_i}{\widetilde{K}_i} \tag{15.60}$$

其中：

$$\widetilde{K}_i = k_i + \frac{\gamma}{\beta \Delta t} c_i + \frac{1}{\beta (\Delta t)^2} m \tag{15.61}$$

$$\widetilde{\Delta P}_i = \Delta P_i + \left[\frac{1}{\beta \Delta t} m + \frac{\gamma}{\beta} c_i \right] \dot{x}_i + \left[\frac{1}{2\beta} m - \Delta t \left(1 - \frac{\gamma}{2\beta} \right) c_i \right] \ddot{x}_i \tag{15.62}$$

与线性加速度法类似，将位移增量 Δx_i 代入式（15.57）和式（15.58）求得加速度增量 $\Delta \ddot{x}_i$ 和速度列向量增量 $\Delta \dot{x}_i$。

再借助递推公式（15.33）、式（15.34）和式（15.35）可分别求得 t_{i+1} 时刻质点的位移反应 x_{i+1}、速度反应 $\dot{x}_{i+1}$ 和加速度反应 $\ddot{x}_{i+1}$。显然，为了减小误差，加速度 $\ddot{x}_{i+1}$ 也可以改由 t_{i+1} 时刻的动力平衡方程直接得出，即利用式（15.38）。

15.6 多自由度的逐步积分法

由 15.1 可知，多自由度的运动方程可以简写为：

$$[m]\{\ddot{x}\}+[c(t)]\{\dot{x}\}+[k(t)]\{x\}=\{P(t)\} \tag{15.63}$$

相应矩阵形式的增量计算方程如式（15.20）所示。

以上面两式为基本方程，逐步积分，可求各个时刻质点的动力反应。多自由度系统的各种逐步积分法形式上与单自由度的逐步积分法相统一，只是将单自由度逐步积分法中单质点的位移、速度和加速度各项对应改为多个质点的位移、速度和加速度列向量，而质量、阻尼和刚度各项对应改为质量矩阵、阻尼矩阵和刚度矩阵。

15.6.1 线性加速度法

类似单自由度系统的推导过程，多自由度系统在时间段终 $[t_i, t_{i+1}]$ 止时刻的位移、速度的矩阵形式增量方程分别为：

$$\{\Delta\dot{x}\}_i=\{\ddot{x}\}_i\Delta x+\frac{1}{2}\{\Delta\ddot{x}\}_i\Delta t \tag{15.64}$$

$$\{\Delta x\}_i=\{\dot{x}\}_i\Delta t+\frac{1}{2}\{\ddot{x}\}_i\Delta t^2+\frac{1}{6}\{\Delta\ddot{x}\}_i\Delta t^2 \tag{15.65}$$

以位移列向量增量 $\{\Delta x\}_i$ 作为基本变量，通过上面两式可分别获得加速度列向量增量 $\{\Delta\ddot{x}\}_i$ 和速度列向量增量 $\{\Delta\dot{x}\}_i$：

$$\{\Delta\ddot{x}\}_i=\frac{6}{\Delta t^2}\{\Delta x\}_i-\frac{6}{\Delta t}\{\dot{x}\}_i-3\{\ddot{x}\}_i \tag{15.66}$$

$$\{\Delta\dot{x}\}_i=\frac{3}{\Delta t}\{\Delta x\}_i-3\{\dot{x}\}_i-\frac{\Delta t}{2}\{\ddot{x}\}_i \tag{15.67}$$

将上述加速度列向量增量 $\{\Delta\ddot{x}\}_i$ 的表达式和速度列向量增量 $\{\Delta\dot{x}\}_i$ 的表达式代入增量表达式（15.20），可得到如下矩阵形式的运动方程：

$$[m]\left(\frac{6}{\Delta t^2}\{\Delta x\}_i-\frac{6}{\Delta t}\{\dot{x}\}_i-3\{\ddot{x}\}_i\right)+[c]_i\left(\frac{3}{\Delta t}\{\Delta x\}_i-3\{\dot{x}\}_i-\frac{\Delta t}{2}\{\ddot{x}\}_i\right)+[k]_i\{\Delta x\}_i=\{\Delta P\}_i \tag{15.68}$$

简化上式得：

$$\{\widetilde{K}\}_i\{\Delta x\}_i=\{\widetilde{\Delta P}\}_i \tag{15.69}$$

其中：

$$\{\widetilde{K}\}_i=[k]_i+\frac{6[m]}{\Delta t^2}+\frac{3[c]_i}{\Delta t} \tag{15.70}$$

$$\{\widetilde{\Delta P}\}_i=\{\Delta P\}_i+[m]\left(\frac{6}{\Delta t}\{\dot{x}\}_i+3\{\ddot{x}\}_i\right)+[c]_i\left(3\{\dot{x}\}_i+\frac{\Delta t}{2}\{\ddot{x}\}_i\right) \tag{15.71}$$

由此可以得到位移列向量的增量表达式：

$$\{\Delta x\}_i=\frac{\{\widetilde{\Delta P}\}_i}{\{\widetilde{K}\}_i} \tag{15.72}$$

类似单自由度逐步积分法，先由式（15.71）计算 $[t_i, t_{i+1}]$ 时间内的段位移列向量增量 $\{\Delta x\}_i$，然后再由式（15.65）和式（15.66）求加速度列向量增量 $\{\Delta\ddot{x}\}_i$ 和速度列向量增量 $\{\Delta\dot{x}\}_i$。

借助递推公式：

$$\{x\}_{i+1}=\{x\}_i+\{\Delta x\}_i \tag{15.73}$$

$$\{\dot{x}\}_{i+1} = \{\dot{x}\}_i + \{\Delta\dot{x}\}_i \tag{15.74}$$

$$\{\ddot{x}\}_{i+1} = \{\ddot{x}\}_i + \{\Delta\ddot{x}\}_i \tag{15.75}$$

便可求得 t_{i+1} 时刻的列向量形式的位移反应 $\{x\}_{i+1}$、速度反应 $\{\dot{x}\}_{i+1}$ 和加速度反应 $\{\ddot{x}\}_{i+1}$。

同理，为了减小误差，在计算 $\{x\}_{i+1}$ 和 $\{\dot{x}\}_{i+1}$ 时可用式（15.72）和式（15.73），但在计算 $\{\ddot{x}\}_{i+1}$ 时改由运动方程计算，即：

$$\{\ddot{x}\}_{i+1} = \frac{1}{[m]}(\{P\}_{i+1} - [c]_{i+1}\{\dot{x}\}_{i+1} - [k]_{i+1}\{x\}_{i+1}) \tag{15.76}$$

对于单自由度系统线性加速度法的基本假设和时间步长 Δt 的选取原则，多自由度系统同样需要考虑。只是单自由度的线性加速度法中结构的固有周期 T 换为多质点振动体系的最小周期 T_{min}，即时间步长 $\Delta t < T_{min}/10$。

15.6.2　Wilson-θ 法

多自由度 Wilson-θ 法任取时间段 $[t_i, t'_{i+1}]$，其中 $t'_{i+1} = t_i + \theta \cdot \Delta t$。同样，以 δ 表示在该时间段内的增量。该时间段的终止时刻的位移和速度的矩阵形式增量方程为：

$$\{\delta\dot{x}\}_i = \{\ddot{x}\}_i\delta t + \frac{1}{2}\{\delta\ddot{x}\}_i\delta t \tag{15.77}$$

$$\{\delta x\}_i = \{\dot{x}\}_i\delta t + \frac{1}{2}\{\ddot{x}\}_i\delta t^2 + \frac{1}{6}\{\delta\ddot{x}\}_i\delta t^2 \tag{15.78}$$

以位移列向量增量 $\{\delta x\}_i$ 为基本变量，得到的加速度列向量增量 $\{\delta\ddot{x}\}_i$ 和速度列向量增量 $\{\delta\dot{x}\}_i$ 为：

$$\{\delta\ddot{x}\}_i = \frac{6}{\delta t^2}\{\delta x\}_i - \frac{6}{\delta t}\{\dot{x}\}_i - 3\{\ddot{x}\}_i \tag{15.79}$$

$$\{\delta\dot{x}\}_i = \frac{3}{\delta t}\{\delta x\}_i - 3\{\dot{x}\}_i - \frac{\delta t}{2}\{\ddot{x}\}_i \tag{15.80}$$

将上述加速度列向量增量 $\{\delta\ddot{x}\}_i$ 的表达式和速度列向量增量 $\{\delta\dot{x}\}_i$ 的表达式代入增量表达式（15.20），得到简化矩阵形式运动方程为：

$$\{\widetilde{K}\}_i\{\delta x\}_i = \{\widetilde{\delta P}\}_i \tag{15.81}$$

其中：

$$\{\widetilde{K}\}_i = [k]_i + \frac{6[m]}{\delta t^2} + \frac{3[c]_i}{\delta t} \tag{15.82}$$

$$\{\widetilde{\delta P}\}_i = \{\delta P\}_i + [m]\left(\frac{6}{\delta t}\{\dot{x}\}_i + 3\{\ddot{x}\}_i\right) + [c]_i\left(3\{\dot{x}\}_i + \frac{\delta t}{2}\{\ddot{x}\}_i\right) \tag{15.83}$$

由此可以得到位移列向量增量：

$$\{\delta x\}_i = \frac{\{\widetilde{\delta P}\}_i}{\{\widetilde{K}\}_i} \tag{15.84}$$

同样，将位移列向量增量 $\{\delta x\}_i$ 代入式（15.78）和式（15.79）求得加速度列向量增量 $\{\delta\ddot{x}\}_i$ 和速度列向量增量 $\{\delta\dot{x}\}_i$。并借助公式：

$$\{x\}'_{i+1} = \{x\}_i + \{\delta x\}_i \tag{15.85}$$

$$\{\dot{x}\}'_{i+1}=\{\dot{x}\}_i+\{\delta\dot{x}\}_i \tag{15.86}$$

$$\{\ddot{x}\}'_{i+1}=\frac{1}{[m]}(\{P\}'_{i+1}-[c]'_{i+1}\{\dot{x}\}'_{i+1}-[k]'_{i+1}\{x\}'_{i+1}) \tag{15.87}$$

可以得到 t'_{i+1} 时刻向量形式表达的位移、速度和加速度反应。

若想通过 Wilson-θ 法得到多自由度体系 t'_{i+1} 时刻的位移、速度和加速度反应，也可通过对应与时间步 $[t_i, t_{i+1}]$ 上的加速度增量 $\{\Delta\ddot{x}\}_i$ 与 $\{\delta\ddot{x}\}_i$ 的关系：

$$\{\Delta\ddot{x}\}_i=\frac{1}{0}\{\delta\ddot{x}\}_i \tag{15.88}$$

得到 $\{\Delta\ddot{x}\}_i$，再类似单自由度求解步骤，将 $\{\Delta\ddot{x}\}_i$ 带入到多自由度线性加速度法中计算即可。

15.6.3　Newmark-β 法

多自由度 Newmark-β 法取时间段 $[t_i, t_{i+1}]$，得到矩阵形式的增量方程为：

$$\{\Delta\dot{x}\}_i=\{\ddot{x}\}_i\Delta t+\gamma\{\Delta\ddot{x}\}_i\Delta t \tag{15.89}$$

$$\{\Delta x\}_i=\{\ddot{x}\}_i\Delta t+\frac{1}{2}\{\ddot{x}\}_i\Delta t^2+\beta\{\Delta\ddot{x}\}_i\Delta t^2 \tag{15.90}$$

以位移列向量增量 $\{\Delta x\}_i$ 作为基本变量，通过上面两式分别得到的加速度列向量的增量 $\{\Delta\ddot{x}\}_i$ 和速度列向量的增量 $\{\Delta\dot{x}\}_i$：

$$\{\Delta\ddot{x}\}_i=\frac{6}{\beta\Delta t^2}\{\Delta x\}_i-\frac{6}{\beta\Delta t}\{\dot{x}\}_i-\frac{1}{2\beta}\{\ddot{x}\}_i \tag{15.91}$$

$$\{\Delta\ddot{x}\}_i=\frac{\gamma}{\beta\Delta t}\{\Delta x\}_i-\frac{\gamma}{\beta}\{\dot{x}\}_i-\Delta t\left(1-\frac{\gamma}{2\beta}\right)\{\ddot{x}\}_i \tag{15.92}$$

将上述加速度列向量增量 $\{\Delta\ddot{x}\}_i$ 的表达式和速度列向量增量 $\{\Delta\dot{x}\}_i$ 的表达式代入增量表达式（15.21），可得到简化矩阵形式的运动方程如下：

$$\{\widetilde{K}\}_i\{\Delta x\}_i=\{\widetilde{\Delta P}\}_i \tag{15.93}$$

其中：

$$\{\widetilde{K}\}_i=[k]_i+\frac{[m]}{\beta\Delta t^2}+\frac{\gamma[c]_i}{\beta\Delta t} \tag{15.94}$$

$$\{\widetilde{\Delta P}\}_i=\{\Delta P\}_i+[m]\left(\frac{1}{\beta\Delta t}\{\dot{x}\}_i+\frac{1}{2\beta}\{\ddot{x}\}_i\right)+[c]_i\left(\frac{\gamma}{\beta}\{\dot{x}\}_i+\Delta t\left(1-\frac{\gamma}{2\beta}\right)\{\ddot{x}\}_i\right)$$

$$\tag{15.95}$$

由此可以得到位移列向量增量：

$$\{\Delta x\}_i=\frac{\{\widetilde{\Delta P}\}_i}{\{\widetilde{K}\}_i} \tag{15.96}$$

接下来计算过程同多自由度线性加速度法，即将位移列向量增量 $\{\Delta x\}_i$ 代入式（15.66）和式（15.67）求加速度列向量增量 $\{\Delta\ddot{x}\}_i$ 和速度列向量增量 $\{\Delta\dot{x}\}_i$。再借助递推公式（15.73）、式（15.74）和式（15.75）或式（15.76）求得 t_{i+1} 时刻的列向量形式的位移反应 $\{x\}_{i+1}$、速度反应 $\{\dot{x}\}_{i+1}$ 和加速度反应 $\{\ddot{x}\}_{i+1}$。

一般取参数 $\gamma=1/2$，$1/6\leqslant\beta\leqslant1/4$。特别地，当 $\gamma=1/2$、$\beta=1/6$ 时，多自由度 Newmark-β 法退化为多自由度线性加速度法。

228

第 16 章　结构地震反应数值分析

本章所介绍的结构地震反应数值分析是建立在上一章结构非线性动力方程和常见的几种逐步积分法的基础之上的。这是因为对于常见的线性结构体系，其结构动力参数不随结构的反应发生改变，通常可按结构动力学中的胁迫振动方程求解，或由杜哈美积分的方法直接求出，而无须采用逐步积分法。但是对于非线性结构体系，是不可能按结构动力学的方法直接求得解析解的，必须将结构整个时间反应过程划分为若干个时间段，在每个时间段内假设参数（阻尼和刚度）是保持不变的，然后采取线性加速度法、Wilson-θ 法或 Newmark-β 法等方法，逐步递推，直至求得结构的整个响应。

本章的结构地震反应数值分析方法主要是针对结构非线性体系而言。数值积分法目前一般包括常见的逐步积分法（线性加速度法、Wilson-θ 法和 Newmark-β 法），可通过编程进行数值计算，或者利用已有的商用有限元软件。前者需要编制程序，编程中，可采取某一种逐步积分法进行编程。这样计算简便，但能处理的模型相对简单。后者能处理的模型更为复杂，而且前后处理功能比较强大，但针对某一具体问题可能不够灵活。这是两者主要的区别所在。本章两者兼顾，但主要以第一种方法进行讲述。

16.1　动力反应时程分析法

所谓时程分析，就是在结构动力持续的整个时间过程（历程）内进行相关分析。因为结构动力反应计算方法通常都是要求得结构任一时刻的动力反应，因此，求解结构整个地震反应，本质上就属于时程分析的范畴。

时程分析法的基本步骤如下：

（1）选取外部激励（比如地震动记录）。对以解析形式表示的外部激励，需要按选取的时间步长进行离散。

（2）建立力学模型，并进行相应的简化。

（3）建立结构的动力反应方程，包括确定质量矩阵、阻尼矩阵和刚度矩阵。阻尼矩阵和刚度矩阵通常是先建立起单元的阻尼矩阵和刚度矩阵，然后通过装配法得到整个结构的阻尼矩阵和刚度矩阵。时程分析法的重点就是建立单元刚度矩阵，并在此基础上推导出结构的整体刚度矩阵。可参考有限元中结构刚度矩阵建立的有关知识。

（4）根据场地条件和设防烈度的要求，选取天然地震波和人工地震波。天然地震波必要时需调幅、调频以满足要求，人工地震波则可依照常规功率谱的模型，采取种子法生成。

（5）选取某一种逐步积分法和合适的时间步长进行求解。时间步长需注意参考结构的固有周期和外部激励的主要频谱。

结构的地震反应分析属于非线性动力反应分析，一般假定为可能进入弹塑性状态。这种状态下，可通过逐步积分法来求解结构的整个动力反应，即通过时程分析法分析结构的地震反应。

由时程分析可得到各质点随时间变化的位移、速度和加速度动力反应，并进而计算出构件内力的时程变化关系。多自由度体系的地震反应方程为：

$$[M]\{\ddot{X}\}+[C]\{\dot{X}\}+[K]\{X\}=-[M]\{1\}\ddot{X}_g(t) \tag{16.1}$$

式中　$[M]$、$[C]$、$[K]$——依次为结构质量矩阵、阻尼矩阵和刚度矩阵；

　　　$\{\ddot{X}\}$、$\{\dot{X}\}$、$\{X\}$——依次为质点加速度、速度和位移列阵；

　　　$\{1\}$——元素全为 1 的列向量；

　　　$\ddot{X}_g(t)$——地面运动加速度。

将式（16.1）转变为增量方程：

$$[M]\{\Delta\ddot{X}\}+[C]\{\Delta\dot{X}\}+[K]\{\Delta X\}=-[M]\{1\}\Delta\ddot{X}_g(t) \tag{16.2}$$

然后对该增量方程逐步积分求解。

对于上述增量方程，一旦选取合适的时间步长，就可选取前述的线性加速度法、Wilson-θ 法和 Newmark-β 法。各种方法虽有差别，但只是对于结构的加速度响应采用的基本假设不同，大致过程仍是相同的。

公式（16.1）和式（16.2）是针对整个结构体系而言的，是整个结构体系的动力反应方程，里面涉及的矩阵分别是整个体系的总质量矩阵、总阻尼矩阵和总刚度矩阵。它通常是建立在单元运动方程的基础上的，那么也就涉及处理单元的质量矩阵、阻尼矩阵和刚度矩阵。对绝大多数单元来说，质量矩阵可以直接确定，阻尼矩阵大多是人工假定的，荷载可按边界条件直接确定。因此，重点集中在形式单元刚度矩阵上。下节所讲述的恢复力计算模型是围绕单元恢复力进行的，根据单元恢复力就可以求得相应的刚度矩阵。

16.2　结构（构件）恢复力计算模型

16.2.1　恢复力特性曲线

对于实际的工程材料一般都存在比例极限和屈服极限，如图 16.1 所示。一旦材料受力超过屈服极限，构件受力过后的变形就不能像弹性变化一样完全恢复，存在残余变形（塑性变形）。根据抗震规范，要求结构按照三水准设防，这些设防目标实际是和结构的残余变形相关联的。因此，对结构进行地震弹塑性反应分析是非常重要的。

结构或构件在外部荷载作用下不可避免会发生变形，但在发生变形的同时，内部会随之产生一种与刚度参

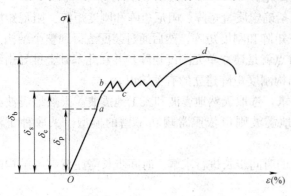

图 16.1　低碳钢力学性能曲线

数有关的抗力来抵制这种变形。这种企图恢复原有状态的抗力称为恢复力，恢复力体现结构或构件恢复到原有形状的能力。一般，变形越大，这种抵抗作用就越强。这种建立在恢复力与变形的关系上的曲线叫作恢复力特征曲线。对某一构件，单次循环的结构恢复力曲线如图 16.2 所示。

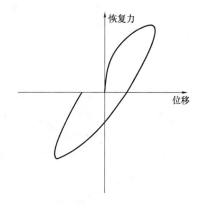

图 16.2　单次循环的构件恢复力曲线

构件恢复力特性曲线一般具有滞回性质并呈环状，故又叫滞回曲线或滞回环。在单一滞回环中，结构需要经历正向加载、卸载和反向加载、卸载四个过程。由于结构在地震反应过程中经历多次循环过程，即经历反复的加、卸载循环过程，因此，实际滞回环不可能是单一的滞回环，而是多个滞回环组成的。因此，结构或构件的弹塑性恢复力特性曲线一般表现为由多个滞回环组成的形式，也称作滞回曲线。整个滞回曲线所围成的面积称为滞回面积，面积的大小能够反映构件通过耗散能量来抵御外部变形的潜力。将各滞回环的顶点连接起来，可形成外包络线，即结构或构件的骨架曲线。

结构或构件的恢复力特征曲线形状会随结构或构件的材料性能、尺寸大小、约束形式和外部荷载等方面的变化而不同，可以表示为构件的弯（扭）矩与转角、弯（扭）矩与曲率、荷载与位移等对应关系曲线，可反映构件强度、刚度、延性和能量吸收耗散能力等特性，是分析结构抗震性能的前提。

结构或构件的恢复力特征曲线是非常复杂的，一般需要进行多次重复实验，并在每次实验中经历多次加、卸载循环，方可获得。因此，在不涉及需要确定结构的某一具体指标的情况下，可以采取理想或简化的滞回曲线来代替这种复杂的曲线，以方便计算。图 16.3 是几种钢筋混凝土主要构件在反复荷载作用下的恢复力特征曲线。

16.2.2　恢复力特性曲线模型

由于地震作用下结构或构件实际的恢复力特征曲线是复杂多变的，为描述简便起见，可将骨架曲线理想化，即采用分段折线的形式作为恢复力模型，这样就易于用数学形式表达，而且便于应用。

目前，常见的恢复力模型有双线型、退化双线型、三线型和退化三线型等。在实际计算过程中，对于钢结构时程分析常采用双线型恢复力模型，对于钢筋混凝土结构及构件则常用退化三线型恢复力模型。下面主要介绍双线型、退化双线型和退化三线型恢复力模型。

1. 双线型恢复力模型

双线型模型是一种最简单的恢复力模型，又称为 Romberg-Osgood 模型，它以双折线表示恢复力 $P(x)$ 和位移 x 之间的关系，如图 16.4 所示。

绘制双线型恢复力模型需要确定以下三个参数特征：

（1）弹性刚度 $k_1 = k_e$，即图 16.4（a）中初始弹性阶段描述力与位移关系的线段 01 的斜率。

（2）屈服荷载 P_y。点 1 为屈服点，与之对应的纵坐标即屈服荷载值，相应的位移为屈服位移 x_y。

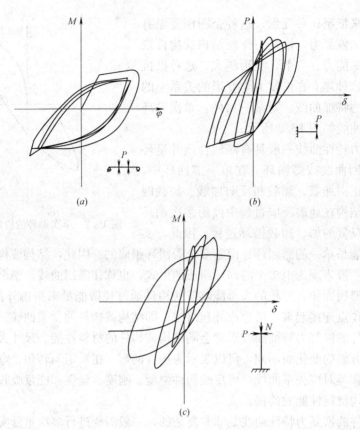

图 16.3　钢筋混凝土主要构件在反复荷载作用下的恢复力特征曲线

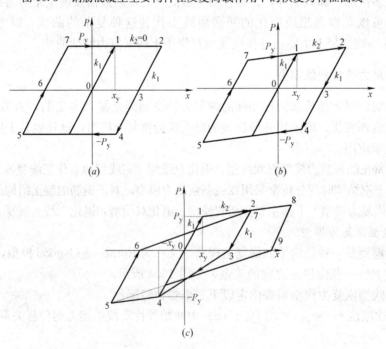

图 16.4　双线型恢复力模型

（a）理想双线型模型；（b）考虑硬化的双线型模型；（c）退化双线型模型

（3）屈服后刚度 k_2，即线段 12 的斜率。在理想双线型恢复力模型中 $k_2=0$，而在考虑硬化的双线型恢复力模型中 $k_2=\eta k_e$，η 为构件由弹性转为塑性的刚度降低系数。

线段 23 表示卸载，卸载时刚度不退化，仍等于 k_1。线段 34 表示反向加载。

理想双线型恢复力模型反向加载与正向加载骨架曲线反对称；而退化双线型恢复力模型考虑了构件的刚度退化性质，直线直接从点 3 指向点 4，点 4 的坐标为 $(-x_y, -P_y)$。

线段 45 表示反向加载屈服后阶段，线段斜率仍等于 k_2；线段 56 表示反向卸载阶段，线段斜率仍等于 k_1。从点 6 开始，顺序前进，为下一次循环，以此类推。

2. 退化三线型恢复力模型

退化三线型恢复力模型考虑了刚度退化，曲线为三折线形式，如图 16.5 所示，适宜于模拟钢筋混凝土构件的实际的恢复力特性。

退化三线型第一阶段（线段 01）为弹性阶段，斜率 k_1 描述其弹性刚度；点 1 对应混凝土构件的开裂点，开裂后第二阶段（线段 12）的退化刚度 k_2；点 2 表示钢筋屈服，而后进入完全塑性阶段（线段 23），斜率 k_3 退化为 0；点 3 开始卸载，线段 34 的斜率 k_4 为屈服点 2 的割线斜率；点 4 开始反向加载，线段 45 的斜率 k_5 小于 k_1，有刚度退化现象；点 7 时恢复力为 0。这时，第一轮加卸载过程结束。第二轮加载线段 78 斜率小于线段 72

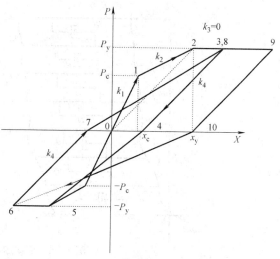

图 16.5　退化三线型恢复力模型

的斜率，又有刚度退化现象。依次类推，持续加卸载循环，每一轮正反加卸载，曲线均有刚度退化现象发生。

退化三线型恢复力模型需要确定五个参数 k_1、P_c、k_2、P_y、k_4 即可。

16.3　计算模型及刚度矩阵

16.3.1　结构的计算模型

结构弹塑性地震反应分析时，需要根据结构体系、构造形式和精度要求等因素选用合适的计算模型。时程分析法中，常用的计算模型有层模型和杆模型。

层模型是将结构的质量集中在各楼层高度处，竖向承重构件合并成一根总的竖向杆。层模型假设楼板和横梁刚度无限大，不产生弯曲变形；房屋刚度中心和质量中心重合，水平地震作用下结构不产生绕竖轴的扭转作用。层模型可以求出层间剪力与层间位移，主要用于检验在罕遇地震作用下结构的薄弱层位置及校核层间位移。层模型包括剪切层模型和弯剪层模型两种常用模型。

杆模型将建筑结构视为由杆件体系组成，假定为楼板在自身平面内有绝对刚性，把梁柱构件离散为杆单元,将结构的质量集中于各结点,杆系自由度总数等于所有结构结点线位移自由度之和。杆模型对框架结构比较适用,可计算罕遇烈度作用下结构弹塑性变形,譬如确定塑性铰出现的位置和先后顺序等。

16.3.2　层模型刚度矩阵

1. 剪切型层模型

对于"强梁弱柱"型结构,由于楼板和横梁的刚度很大,结构的变形主要表现为剪切型,如图 16.6 所示。建立层间刚度矩阵时,一般可按单方向考虑水平地震输入,计算对应的层间剪力与层间位移。

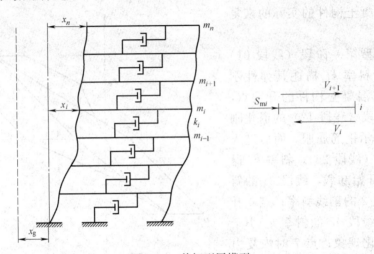

图 16.6　剪切型层模型

在剪切型层模型中,各层之间产生相对位移,任一层楼面层间的恢复力只与该层楼面相邻的上、下两层的层间相对位移有关。将第 i 层楼面质点取出隔离体,该点恢复力为

$$F(x_i) = k_i(x_i - x_{i-1}) - k_{i+1}(x_{i+1} - x_i) \tag{16.3}$$

式中　k_i——第 i 层层间剪切刚度;

　　　x_i——第 i 层层间位移。

层间剪切刚度即为该层所有柱的刚度总合,柱的刚度可由 D 值法确定。

根据一般材料的力学性能曲线,层间剪力和层间位移的关系如图 16.7 所示。其中,a 点为开裂点,对应开裂层剪力 V_{ci};b 点为屈服点,对应屈服层间剪力 V_{yi}。

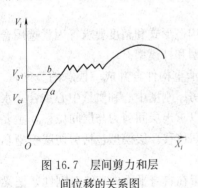

图 16.7　层间剪力和层
间位移的关系图

（1）弹性阶段

对于弹性阶段,层间剪切刚度为弹性刚度 k_{ei}:

$$k_{ei} = \sum_{r=1}^{m} k_{er} = \sum_{r=1}^{m} \frac{12EI_r}{h_i^3} \tag{16.4}$$

式中　k_{ei}——层间弹性剪切刚度;

　　　m——第 i 层柱的根数;

　　　I_r——第 i 层第 r 根柱的截面惯性矩;

　　　h_i——第 i 层柱高,可近似认为与层高相等。

由于框架横梁刚度有限,如果考虑节点转动影响,

需对 k_{ei} 进行修正，可乘以节点转动影响系数 α，α 可根据梁柱线刚度比和柱的约束条件确定。

（2）非线性层间剪切刚度非弹性阶段

对于非弹性阶段，首先要判别节点属于弱柱型还是弱梁型，即节点处梁端弯矩之和 M_{yb} 大，还是柱端弯矩之和 M_{yc} 大；然后引入恢复力模型，即求出恢复力模型特征参数：层间开裂剪力、层间开裂位移、层间屈服剪力、层间屈服位移和层间刚度降低系数。

求恢复力模型参数均以柱端弯矩求解，因此，对于弱梁型框架，梁端首先出现塑性铰，便将梁端开裂弯矩之和以及屈服弯矩之和根据节点处上下柱的线刚度分配到两端柱，从而得到柱的有效开裂弯矩和有效屈服弯矩。

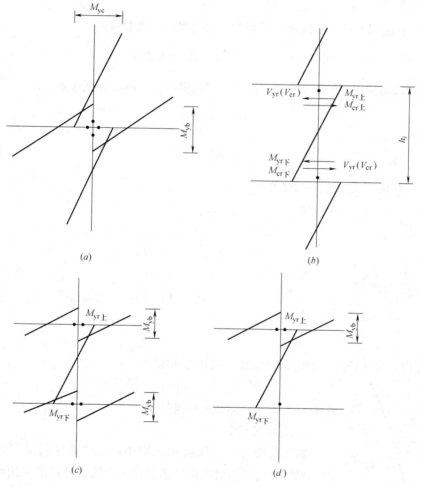

图 16.8 梁柱屈服位置

（a）塑性铰；（b）弱柱型；（c）弱梁型；（d）混合型

如图 16.8 所示，层间开裂剪力为：

$$V_{ci} = \sum_{r=1}^{m} V_{cr} = \sum_{r=1}^{m} \frac{M_{cr}^{\mathrm{上}} + M_{cr}^{\mathrm{下}}}{h_i} \tag{16.5}$$

式中　$M_{cr}^{\mathrm{上}}$、$M_{cr}^{\mathrm{下}}$——第 r 根柱上下端截面开裂弯矩（或有效开裂弯矩）。

235

层间开裂位移为：

$$X_{ci} = \frac{V_{ci}}{K_{ei}} \tag{16.6}$$

层间屈服剪力为：

$$V_{yi} = \sum_{r=1}^{m} V_{yr} = \sum_{r=1}^{m} \frac{M_{yr}^{\text{上}} + M_{yr}^{\text{下}}}{h_i} \tag{16.7}$$

式中　$M_{yr}^{\text{上}}$、$M_{yr}^{\text{下}}$——第 r 根柱上下端截面屈服弯矩（或有效屈服弯矩）。

层间屈服位移为：

$$X_{yi} = \frac{\sum_{r=1}^{m} \dfrac{V_{cr}}{\alpha_y K_{er}}}{m} \tag{16.8}$$

式中　α_y——柱的屈服点割线刚度降低系数，且按经验公式取值：

$$\alpha_y = (0.043 + 1.64\alpha_E\rho + 0.043\lambda + 0.33n_1)\left(\frac{h_0}{h}\right)^2$$

由此就可以得到层间屈服刚度 K_{yi} 以及层间屈服点割线刚度降低系数 α_{yi}：

$$K_{yi} = \frac{v_{yi}}{x_{yi}} \tag{16.9}$$

$$\alpha_{yi} = \frac{k_{yi}}{k_{ei}} \tag{16.10}$$

对于整个结构刚度矩阵为三对角阵：

$$[K] = \begin{bmatrix} k_1+k_2 & -k_2 \\ -k_2 & k_2+k_3 & -k_3 \\ & -k_3 & k_3+k_4 & -k_4 \\ & & \ddots & \ddots & \ddots \\ & & & -k_j & k_j+k_{j+1} & -k_{j+1} \\ & & & & \ddots & \ddots & \ddots \\ & & & & & -k_n & k_n \end{bmatrix}$$

由此可得，式（16.4）的结构全部楼层恢复力向量

$$\{F(x)\} = [K]\{x\}$$

式中　$\{x\}$——侧向位移向量。

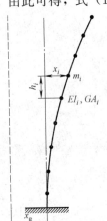

图 16.9　弯剪型层模型

2. 弯剪层模型

如果横梁与柱的刚度相比很小，如"强柱弱梁"型框架结构，则结构变形除剪切以外还包含弯曲的成分，需采用弯剪层模型，如图 16.9 所示。

利用结构力学中的力法可求得弯剪层模型的侧向刚度。假设弯剪型层模型每层的弯曲刚度为 EI_i，剪切刚度为 GA_i，层高为 h_i，每层质量集中在楼层处为 m_i。通过在每一楼层处假定施加单位水平力 $P_i=1$（$i=1, 2\cdots\cdots n$），可得到各楼层的水平位移 δ_{ij}（$j=1, 2\cdots\cdots n$），由此求得的侧向柔度矩阵 $[F]$：

$$[F]=\begin{bmatrix} \delta_{11} & \delta_{12} & \cdots & \delta_{1n} \\ \delta_{21} & \delta_{22} & \cdots & \delta_{2n} \\ \vdots & \vdots & \ddots & \vdots \\ \vdots\ \delta_{n1} & \vdots\ \delta_{n2} & \cdots & \vdots\ \delta_{nn} \end{bmatrix}$$

侧向刚度矩阵通过侧向柔度矩阵求逆获得，即：

$$[K]=[F]^{-1} \tag{16.11}$$

将求得的侧向刚度矩阵 $[K]$ 代入公式（16.4），便可求得弯剪层模型结构全部楼层的恢复力向量。

16.3.3 杆刚度矩阵

杆系模型由梁、柱等杆件组成。杆系总的刚度矩阵是由单元刚度矩阵组合而来，因此，需要先求得单元刚度矩阵。

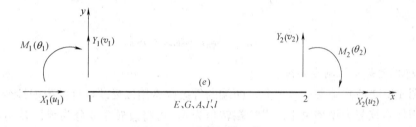

图 16.10　弹性杆单元模型

1. 杆单元弹性刚度矩阵

如图 16.10 所示杆单元，杆端力与杆端位移之间关系为：

$$\{P\}^{(e)}=[k]^{(e)}\{\delta\}^{(e)} \tag{16.12}$$

$$\{P\}^{(e)}=[X_1 \quad Y_1 \quad M_1 \quad X_2 \quad Y_2 \quad M_2]^{\mathrm{T}} \tag{16.13}$$

$$\{\delta\}^{(e)}=[u_1 \quad v_1 \quad \theta_1 \quad u_2 \quad v_2 \quad \theta_2]^{\mathrm{T}} \tag{16.14}$$

式中　$\{P\}^{(e)}$、$\{\delta\}^{(e)}$——分别为杆端力向量和杆端位移向量。

弹性阶段的单元刚度矩阵为 $[K]^{(e)}$：

$$[K]^{(e)}=\begin{bmatrix} e & 0 & 0 & -e & 0 & 0 \\ 0 & a & -b & 0 & -a & -b \\ 0 & -b & c & 0 & b & d \\ -e & 0 & 0 & e & 0 & 0 \\ 0 & -a & b & 0 & a & b \\ 0 & b & d & 0 & b & c \end{bmatrix} \tag{16.15}$$

当仅考虑杆件的弯曲变形及轴向变形时，有：

$$e=\frac{EA}{l},a=\frac{12EI}{l^3},b=\frac{6EI}{l^2},c=\frac{4EI}{l},d=\frac{2EI}{l}$$

同时还考虑剪切变形时，则：

$$a=\frac{12EI}{(1+\beta)l^3},b=\frac{6EI}{(1+\beta)l^2},c=\frac{(4+\beta)EI}{(1+\beta)l},d=\frac{(2-\beta)EI}{(1+\beta)l}$$

$$\beta = \frac{12\mu EI}{GAl^2}$$

式中　β——考虑剪切变形影响的系数;

μ——截面剪应力分布不均匀系数,矩形截面 $\mu = 1.2$,圆形截面 $\mu = \frac{10}{9}$。

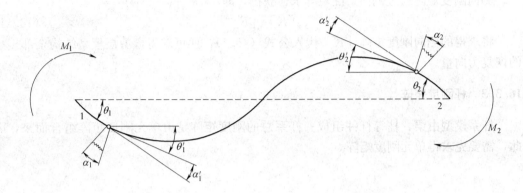

图 16.11　弹塑性杆单元模型

2. 杆单元弹塑性刚度矩阵

如图 16.11 所示弹塑性杆单元,两端的等效弹簧用以反映杆件的弹塑性变形性质,其刚度可用任意恢复力模型决定。设杆端转角为 θ,可将总转角 θ 分为弹性转角 θ' 和塑性转角 α 两部分:

$$\theta_1 = \theta'_1 + \alpha_1 \tag{16.16}$$
$$\theta_2 = \theta'_2 + \alpha_2 \tag{16.17}$$

特别的,当 α_1 和 α_2 等于零时,杆端处于弹性变形状态。

为了描述杆件的塑性变形,要先得到杆端弯矩 M 和杆端转角 θ 的恢复力模型,如图 16.12(a)所示;并且在此模型的基础上分离出弯矩与塑性转角 α 的模型,如图 16.12(b)所示。由此可以推出刚度降低系数 η:

由图 16.12(a)得:

$$M = M_c + \left(\theta' + \alpha - \frac{M_c}{k}\right)\eta_1 k = M_c + \left(\frac{M}{k} + \alpha - \frac{M_c}{k}\right)\eta_1 k \tag{16.18}$$

由图 16.12(b)得:

$$M = M_c + \alpha \cdot \eta'_1 \cdot k \tag{16.19}$$

令式(16.18)和式(16.19)相等,得:

$$\eta'_1 = \frac{\eta_1}{1 - \eta_1} \tag{16.20}$$

$$\eta'_2 = \frac{\eta_2}{1 - \eta_2} \tag{16.21}$$

同理,如果 $\eta = 1$,为弹性状态,相应的 $\eta' \to \infty$;如果 $\eta = 0$,为弹性流动状态,相应的 $\eta' = 0$。

现将式(16.16)和式(16.17)写成增量形式,弹性转角的增量可表为:

$$\Delta\theta'_1 = \Delta\theta_1 - \Delta\alpha_1 \tag{16.22}$$

$$\Delta\theta_2' = \Delta\theta_2 - \Delta\alpha_2 \tag{16.23}$$

如果 $\Delta\alpha_1 = 0$，则 1 端处于弹性状态；如果 $\Delta\alpha_2 = 0$，则 2 端处于弹性状态。

如果杆件两端的弹塑性刚度不同，或受力不同，则杆件两端可能处于不同性质的变形状态。共有三种可能的情况：

1 端塑性、2 端弹性：

$$\Delta M = \Delta\alpha_1 \cdot \eta_1' \cdot k, \Delta\alpha_2 = 0 \tag{16.24}$$

1 端弹性、2 端塑性：

$$\Delta\alpha_1 = 0, \Delta M = \Delta\alpha_2 \cdot \eta_2' \cdot k \tag{16.25}$$

1、2 端均塑性：

$$\Delta M = \Delta\alpha_1 \cdot \eta_1' \cdot k, \Delta M = \Delta\alpha_2 \cdot \eta_2' \cdot k \tag{16.26}$$

将式（16.22）也写成增量形式：

$$\{\Delta P\}^{(e)} = [k]^{(e)}\{\Delta\delta\}^{(e)} \tag{16.27}$$

其中：

$$\{\Delta P\}^{(e)} = [\Delta X_1 \quad \Delta Y_1 \quad \Delta M_1 \quad \Delta X_2 \quad \Delta Y_2 \quad \Delta M_2]^{\mathrm{T}} \tag{16.28}$$

$$\{\Delta\delta\}^{(e)} = [\Delta u_1 \quad \Delta v_1 \quad \Delta\theta_1' \quad \Delta u_2 \quad \Delta v_2 \quad \Delta\theta_2']^{\mathrm{T}} \tag{16.29}$$

单元的弹性刚度矩阵 $[k]^{(e)}$ 如式（16.9）所示。将弹性转角增量 $\Delta\theta_1'$、$\Delta\theta_2'$ 用式（16.22）和式（16.23）代入，即用总转角增量和塑性转角增量表示，可以得到：

$$\Delta M_1 = -b\Delta u_1 + c\Delta\theta_1' + b\Delta u_2 + d\Delta\theta_2'$$
$$= b(\Delta v_2 - \Delta v_1) + c(\Delta\theta - \Delta\alpha_1) + d(\Delta\theta_2 - \Delta\alpha_2)$$

这里，塑性转角 $\Delta\alpha_1$ 和 $\Delta\alpha_2$ 可用式（16.24）~式（16.26）任一一种情况给出。然后把求出的 $\Delta\alpha_1$ 和 $\Delta\alpha_2$ 代入式（16.27）便可得到杆端的弹塑性刚度矩阵。

按上述方法可求出杆件弹塑性状态时杆端力与杆端位移的关系，为：

$$\{\Delta P\}^{(e)} = [k]_{\mathrm{ep}}^{(e)}\{\Delta\delta\}^{(e)} \tag{16.30}$$

其中：

$$\{\Delta P\}^{(e)} = [\Delta X_1 \quad \Delta Y_1 \quad \Delta M_1 \quad \Delta X_2 \quad \Delta Y_2 \quad \Delta M_2]^{\mathrm{T}} \tag{16.31}$$

$$\{\Delta\delta\}^{(e)} = [\Delta u_1 \quad \Delta v_1 \quad \Delta\theta_1 \quad \Delta u_2 \quad \Delta v_2 \quad \Delta\theta_2]^{\mathrm{T}} \tag{16.32}$$

这里，杆端位移增量 $\{\Delta\delta\}^{(e)}$ 中的元素均为杆端的总位移增量，包括弹性位移和塑性位移增量。

$[k]_{\mathrm{ep}}^{(e)}$ 是单元的弹塑性刚度矩阵，为：

$$[k]_{\mathrm{ep}}^e = \begin{bmatrix} \tilde{e} & 0 & 0 & -\tilde{e} & 0 & 0 \\ 0 & \tilde{a} & -\tilde{b}_1 & 0 & -\tilde{a} & -\tilde{b}_2 \\ 0 & -\tilde{b}_1 & \tilde{c}_1 & 0 & \tilde{b}_1 & \tilde{d} \\ -\tilde{e} & 0 & 0 & \tilde{e} & 0 & 0 \\ 0 & -\tilde{a} & \tilde{b}_1 & 0 & \tilde{a} & \tilde{b}_2 \\ 0 & \tilde{b}_2 & \tilde{d} & 0 & \tilde{b}_2 & \tilde{c}_2 \end{bmatrix}$$

式中

$$\tilde{e} = \frac{EA}{l}, \tilde{a} = \frac{6EI}{l^3} \cdot \frac{\eta_1 + \eta_2}{\gamma}, \tilde{b}_1 = \frac{6EI}{l^2} \cdot \frac{\eta_1}{\gamma}, \tilde{b}_2 = \frac{6EI}{l^2} \cdot \frac{\eta_2}{\gamma},$$

$$\tilde{c}_1 = \frac{2EI}{l} \cdot \frac{\eta_1 \left[3 - \left(1 - \frac{\beta}{2}\right)\eta_2\right]}{\gamma}, \tilde{c}_2 = \frac{2EI}{l} \cdot \frac{\eta_1 \left[3 - \left(1 - \frac{\beta}{2}\right)\eta_1\right]}{\gamma},$$

$$\tilde{d} = \frac{2EI}{l} \cdot \frac{\left(1 - \frac{\beta}{2}\right)\eta_1 \eta_2}{\eta}, \gamma = 3 - \left(1 - \frac{\beta}{2}\right)(\eta_1 + \eta_2), \beta = \frac{12\mu EI}{GAl^2}$$

（当不考虑剪切变形时，取 $\beta = 0$）

上面元素中的 η_1、η_2 值按杆件所处的状态取值，见表 16.1。

$\boldsymbol{\eta_1}$、$\boldsymbol{\eta_2}$ 取值   表 16.1

杆件状态		η_1	η_2
1 端	2 端		
弹性	弹性	1	1
塑性	弹性	η_1 或 0	1
弹性	塑性	1	η_2 或 0
塑性	塑性	η_1 或 0	η_2 或 0

3. 杆系模型的总刚度矩阵

得到结构个杆件的单元刚度矩阵后，可以用直接刚度法把整个结构的总刚度矩阵 $[k]^*$。

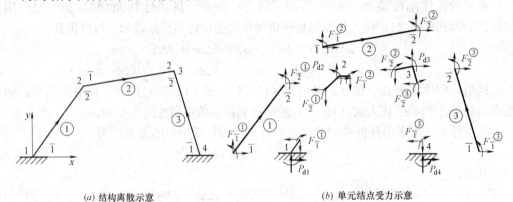

(a) 结构离散示意　　　　　　　　　(b) 单元结点受力示意

图 16.12　结点外势力计算示意图

如图 16.12 所示，可以得到结构直接节点荷载矩阵（包括解除约束后加上的约束力）$\{P_d\}$ 和结构杆端（总）位移矩阵 $\{\delta\}$：

$$\{P_a\} = \begin{Bmatrix} P_{d1} \\ P_{d2} \\ \vdots \\ P_{d3} \end{Bmatrix} \tag{16.33}$$

$$\{\delta\} = \begin{Bmatrix} \delta_1 \\ \delta_2 \\ \delta_2 \\ \delta_3 \\ \delta_4 \\ \delta_3 \end{Bmatrix} \tag{16.34}$$

240

上式的结构杆端（总）位移矩阵 $\{\delta\}$ 中元素是可重复的，消去重复项，得到结构节点（总）位移矩阵 $\{\Delta\}$：

$$\{\Delta\} = \left\{\begin{array}{c} \delta_1 \\ \delta_2 \\ \delta_3 \\ \delta_4 \end{array}\right\} \tag{16.35}$$

代入结构整体刚度方程的一般形式：

$$[k]^* \{\Delta\} = \{P_d\} + \{P_E\} = \{P\} \tag{16.36}$$

结构节点（总）位移矩阵 $\{\Delta\}$ 包含了杆端移动自由度和转动自由度对于对应的元素。但当地震作用下，质量集中在结点时，结构的刚度矩阵与质量自由度相应的，即只有结点移动自由度，不包含转动自由度。所以，要从中消去与动力自由度无关的元素。把 $\{\Delta\}$ 按结点移动自由度（即动力自由度 $\{X\}$ 及结点转动自由度 $\{\theta\}$）分块，相应的，刚度矩阵 $[k]^*$ 及结点荷载矩阵 $\{P\}$ 也分块，则式（16.36）改写为：

$$\begin{bmatrix} [k]_{xx} & [k]_{x\theta} \\ [k]_{\theta x} & [k]_{\theta\theta} \end{bmatrix} \left\{\begin{array}{c} \{X\} \\ \{\theta\} \end{array}\right\} = \left\{\begin{array}{c} \{P\}_x \\ \{P\}_\theta \end{array}\right\} \tag{16.37}$$

展开成方程组的形式为：

$$[k]_{xx}\{X\} + [k]_{x\theta}\{\theta\} = \{P\}_x \tag{16.38}$$

$$[k]_{\theta x}\{X\} + [k]_{\theta\theta}\{\theta\} = \{P\}_\theta \tag{16.39}$$

令 $\{P\}_\theta = \{0\}$，从上式可以得到：

$$\{\theta\} = -[k]_{\theta\theta}^{-1}[k]_{\theta x}\{X\} \tag{16.40}$$

将 $\{\theta\}$ 的表达式（16.34）代入式（16.32），得：

$$([k]_{xx} - [k]_{x\theta}[k]_{\theta\theta}^{-1}[k]_{\theta x})\{X\} = \{P\}_x \tag{16.41}$$

则可以得到与结构动力自由度 $\{X\}$ 对应的刚度矩阵 $[k]$：

$$[k] = [k]_{xx} - [k]_{x\theta}[k]_{\theta\theta}^{-1}[k]_{\theta x} \tag{16.42}$$

16.4 地震反应增量方程数值解法

在选定结构恢复力模型后，就可用逐步积分法计算地震作用下结构的动力反应，具体的过程和计算步骤归纳如下：

（1）确定时间步长：$\Delta t < T/10$，一般取 $\Delta t = T/10$；

（2）确定时刻的状态向量 $\left\{\begin{array}{c} x_i \\ \dot{x}_i \\ \ddot{x}_i \end{array}\right\}$ 及 Δx_i、$\Delta \dot{x}_i$。一般情况下，最初始时刻，即 t_i 时刻为 0 时刻；

（3）求 t_{i+1} 时刻的状态向量 $\left\{\begin{array}{c} x_{i+1} \\ \dot{x}_{i+1} \\ \ddot{x}_{i+1} \end{array}\right\}$：如单自由度

$$x_{i+1} = x_i + \Delta x_i$$

$$\dot{x}_{i+1}=\dot{x}_i+\Delta\dot{x}_i$$

$$\ddot{x}_{i+1}=\frac{1}{m}(P_{i+1}-c_{i+1}\dot{x}_{i+1}-k_{i+1}x_{i+1})$$

（4）求 $\widetilde{K}_{i+1}$、$\Delta\widetilde{P}_{i+1}$：

$$\widetilde{K}_{i+1}=k_{i+1}+\frac{6m}{\Delta t^2}+\frac{3c_{i+1}}{\Delta t}$$

$$\Delta\widetilde{P}_{i+1}=\Delta P_{i+1}+m\left(\frac{6}{\Delta t}\dot{x}_{i+1}+3\ddot{x}_{i+1}\right)+c_{i+1}+\left(3\dot{x}_{i+1}+\frac{\Delta t}{2}\ddot{x}_{i+1}\right)$$

其中：地震作用下 $\Delta P_{i+1}=-m\Delta\ddot{X}_g(t_{i+1})$；

（5）求 Δx_{i+1}、$\Delta\dot{x}_{i+1}$，然后重复第三步，依次循环，直至求出最终解。

【例】 如图 16.13 所示的框架结构，地震时地面加速度记录曲线如图 16.14 所致。已知开始时结构为静止的。求该结构在地震作用下位移时程曲线，恢复力时程曲线，以及最大位移，最大恢复力。

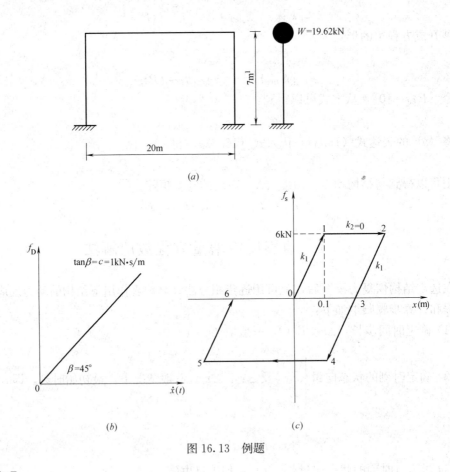

图 16.13 例题

【解】：

确定步长：

$m=W/g=19.62\times10^3/9.81=2\times10^3(\mathrm{kg})$

242

$$\omega = \sqrt{k_1/m} = \sqrt{60/2} = 5.477(1/s)$$

$$T = 2\pi/\omega = 1.147s; \Delta t = 0.1s$$

$$\tilde{k}(t) = k(t) + \frac{6}{0.1^2} \times 2 + \frac{3}{0.1} = k(t) +$$

$1230kN/m$

$$\Delta \tilde{P}(t) = \Delta P(t) + 123\dot{x}(t) + 6.05\ddot{x}(t)$$

$$\Delta \dot{x}(t) = 30\Delta x(t) - 3\dot{x}(t) - 0.05\ddot{x}(t) \ 注：$$

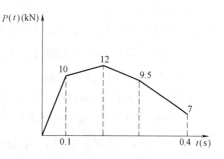

图 16.14 地震时地面加速度记录曲线

参见公式（15.28）

1. $t=0$

$x(0) = 0; \dot{x}(0) = 0; f_s(0) = kx(0) = 0; f_D$

$(0) = c\dot{x}(0) = 0; P(0) = 0$

$f_I(0) + f_D(0) + f_s(0) = P(0);$

$\therefore \ddot{x}(0) = 0$

得到：

$$\begin{Bmatrix} x(0) \\ \dot{x}(0) \\ \ddot{x}(0) \end{Bmatrix} = \begin{Bmatrix} 0 \\ 0 \\ 0 \end{Bmatrix}$$

$k(0) = 60; \tilde{k}(0) = 60 + 1230 = 1290$

$\Delta P(0) = 10; \Delta \tilde{P}(0) = 10$

$\Delta x(0) = \Delta \tilde{P}(0) / \tilde{k}(0) = 0.007751$

$\Delta \dot{x}(0) = 0.23253$

2. $t = 0.1s$

$x(0.1) = x(0) + \Delta x(0) = 0.007751$

$\dot{x}(0.1) = \dot{x}(0) + \Delta \dot{x}(0) = 0.23253$

$x(0.1) < 0.1m$，弹性阶段

$f_s(0.1) = k(0.1) \times x(0.1) = 0.46506, f_D(0.1) = c \times \dot{x}(0.1) = 0.23253,$

$f_I = P(0.1) - f_D(0.1) - f_s(0.1) = 9.30241kN$

$\therefore \ddot{x}(0.1) = 0.5 \times 9.30241 = 4.651205$ 注：参见公式（15.38）

得到：

$$\begin{Bmatrix} x(0.1) \\ \dot{x}(0.1) \\ \ddot{x}(0.1) \end{Bmatrix} = \begin{Bmatrix} 0.007751 \\ 0.23253 \\ 4.651205 \end{Bmatrix}$$

$k(0.1) = 60; \tilde{k}(0.1) = 60 + 1230 = 1290$

$\Delta P(0.1) = 2; \Delta \tilde{P}(0.1) = 2 + 28.60119 + 27.90723 = 58.81419$

$\Delta x(0.1) = \Delta \tilde{P}(0.1) / \tilde{k}(0.1) = 0.04559$

$\Delta \dot{x}(0.1) = 0.4375$

3. $t=0.2\mathrm{s}$

$x(0.2)=x(0.1)+\Delta x(0.1)=0.053341$

$\dot{x}(0.2)=\dot{x}(0.1)+\Delta \dot{x}(0.1)=0.67003$

$x(0.2)<0.1\mathrm{m}$，弹性阶段

$f_s(0.2)=k(0.2)\times x(0.2)=3.20046,f_D(0.2)=c\times\dot{x}(0.2)=0.67003,$

$f_I=P(0.2)-f_D(0.2)-f_s(0.2)=8.12951$

$\therefore \ddot{x}(0.2)=0.5\times8.12951=4.064755$

得到：

$$\begin{Bmatrix} x(0.2) \\ \dot{x}(0.2) \\ \ddot{x}(0.2) \end{Bmatrix}=\begin{Bmatrix} 0.053341 \\ 0.67003 \\ 4.064755 \end{Bmatrix}$$

$k(0.2)=60;\tilde{k}(0.2)=60+1230=1290$

$\Delta P(0.2)=-2.5;\Delta \widetilde{P}(0.2)=-2.5+82.41369+24.59177=104.50546$

$\Delta x(0.2)=\Delta \widetilde{P}(0.2)/\tilde{k}(0.2)=0.081$

$\Delta \dot{x}(0.2)=0.2021027$

4. $t=0.3\mathrm{s}$

$x(0.3)=x(0.2)+\Delta x(0.2)=0.134341$

$\dot{x}(0.3)=\dot{x}(0.2)+\Delta \dot{x}(0.2)=0.8721327$

$x(0.3)>0.1\mathrm{m}$，塑性发展

$f_s(0.3)=6,f_D(0.3)=c\times\dot{x}(0.3)=0.8721327,$

$f_I=P(0.3)-f_D(0.3)-f_s(0.3)=2.6278673$

$\therefore \ddot{x}(0.3)=0.5\times2.6278673=1.31393$

得到：

$$\begin{Bmatrix} x(0.3) \\ \dot{x}(0.3) \\ \ddot{x}(0.3) \end{Bmatrix}=\begin{Bmatrix} 0.134341 \\ 0.8721327 \\ 1.31393 \end{Bmatrix}$$

$k(0.3)=0;\tilde{k}(0.3)=0+1230=1230$

$\Delta P(0.3)=-2.5;\Delta \widetilde{P}(0.3)=112.7215986$

$\Delta x(0.3)=\Delta \widetilde{P}(0.3)/\tilde{k}(0.3)=0.091643576$

$\Delta \dot{x}(0.3)=0.06721268$

5. $t=0.4\mathrm{s}$

$x(0.4)=x(0.3)+\Delta x(0.3)=0.225984576$

$\dot{x}(0.4)=\dot{x}(0.3)+\Delta \dot{x}(0.3)=0.93934538$

$x(0.4)>0.1\mathrm{m}$，塑性发展

$f_s(0.4)=6,f_D(0.4)=c\times\dot{x}(0.4)=0.93934538,$

$$f_1 = P(0.4) - f_D(0.4) - f_s(0.4) = 0.06065462$$

$$\therefore \ddot{x}(0.4) = 0.5 \times 0.06065462 = 0.03032731$$

得到：

$$\begin{Bmatrix} x(0.4) \\ \dot{x}(0.4) \\ \ddot{x}(0.4) \end{Bmatrix} = \begin{Bmatrix} 0.225984576 \\ 0.93934538 \\ 0.03032731 \end{Bmatrix}$$

$$x(0.4) = 0.225984576$$

由以上数据可得，最大位移为 $x(0.4) = 0.226\text{m}$，最大恢复力为 $f_s = 6\text{kN/m}$。

对于地震地面运动：

$$[M]\{\ddot{x}(t)\} + [C]\{\dot{x}(t)\} + [K]\{x(t)\} = -[M]\{1\}\ddot{x}_g(t)$$

计算过程与前类似。

思 考 题

1. 地震反应方程的数值计算方法有哪几种，有何不同？

2. 在线性分析中，如何提高逐步积分的精度？

3. 什么是恢复力特性曲线？常用恢复力特性曲线模型有哪些？

第七篇　专　　题

第 17 章　地下工程结构抗震设计

17.1　地下工程结构概述

　　地下工程是指保留上部地层（岩体或土体），深入到地面以下为开发利用地下空间资源所建造的地下结构物。根据地下工程的存在环境，一般可以分为两大类，即修建在土层中的地下工程和修建在岩石中的地下工程。

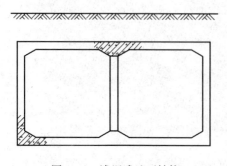

图 17.1　地下工程组成结构示意图

　　地下工程的一般组成结构如图 17.1 所示，包括起承重和维护作用的衬砌以及为了满足使用功能而修建的内部结构（梁、板、墙、柱）等。由于洞室开挖会导致地层初始应力状态改变，逐渐释放荷载并产生变形，衬砌主要就是为了抵御产生这样的外部荷载和变形而施建的。

　　地下工程结构的主要形式包括：

　　1. 浅埋式地下结构（图 17.2）：一般埋深为土层下 5m～10m，剖面多为正方形或长方形。当板顶为平顶时，常用梁板式结构。当顶部做成拱形时，可以节省材料，此时竖壁一般做成直墙。这类结构多见用于地下车站、商场和城市地下通道等。

　　2. 附建式地下结构：依赖于主体结构形成建筑，为其附属结构。例如附属于主体建筑下面的地下室，一般为由承重外墙、内墙或柱组成的板式或梁板式结构（图 17.3）等。

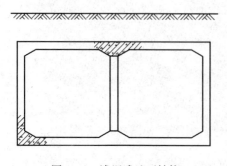

图 17.2　浅埋式地下结构

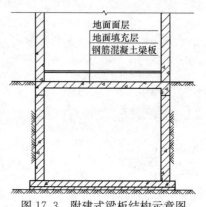

图 17.3　附建式梁板结构示意图

246

3. 隧道结构：一般分为土层下的盾构法隧道结构和岩石中的整体式隧道结构。盾构法隧道结构中的衬砌在施工阶段作为支护结构，当竣工后则作为永久性支撑结构。整体式隧道结构一般根据岩层的分布选择不同的结构形式。

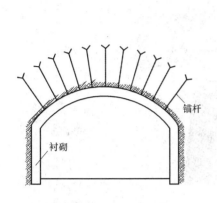
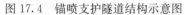

图 17.4　锚喷支护隧道结构示意图

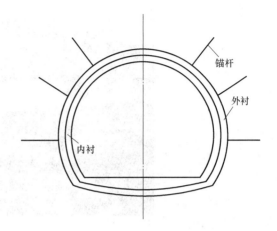

图 17.5　复合衬砌隧道结构示意图

地下结构与地上结构相比，存在很多不同之处。其中最主要的就是地下工程结构的抗震性能受周围岩土体的影响，不同于地上结构的抗震性能仅取决于结构本身的动力特性。因此，研究地下工程结构的抗震性能必须在地震作用中考虑周围岩土体的影响。

17.2　地下工程结构的震害及其原因分析

17.2.1　地下建筑震害

1. 地下建筑工程结构构件震害

1995 年日本阪神地震大开地铁车站没有考虑抗震设计，因此在地震时破坏极其严重。本次地震震级为里氏 7.3 级，日本神户市 18 个地铁车站有 5 个车站和约 3km 长的区间隧道遭到不同程度的破坏，其中大开地铁站最为严重，如图 17.6 所示。

图 17.6　日本大开地铁车站震害示意图与局部照片

震害主要发生在车站中柱，共 35 根钢筋混凝土中柱超过一半完全破坏，破坏形式有两种：一是柱脚；二是柱子与顶板连接处。侧墙出现水平裂缝和斜裂缝。车站上部地表一定范围内，路面发生沉降，最大沉降量达 2.5 m，同时出现长达几十米的裂缝。

2. 地下建筑工程非结构构件震害

（1）地下建筑的主体结构开洞处，如各类门的门框墙，易产生变形和开裂（图17.7）；

图 17.7　门框墙破坏

（2）地下建筑的底板部分隆起（图17.8）；

图 17.8　底板破坏

（3）地下建筑的走廊，产生水平和竖向以及斜向的不规则、宽度不一的裂缝（图17.9）；

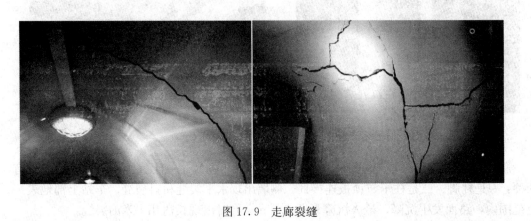

图 17.9　走廊裂缝

17.2.2 地下隧道震害

地下隧道是另一种常见的地下工程结构。在地震中常见的地下隧道震害有：

1. 隧道的剪切破坏。通常隧道建在地质断层附件时，由于地震作用断层产生相对位移，从而引起衬砌产生不同形式的错动，发生剪切破坏。

2. 隧道周围土体不稳定导致隧道坍塌，如图 17.11 所示。

在地震过程中，隧道周围岩土体产生剧烈滑动，导致隧道支护结构承受的荷载产生突变，导致隧道变形急剧增大而引发隧道坍塌。

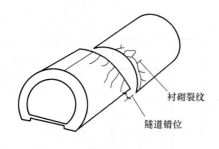

图 17.10　衬砌剪切移位图　　　　图 17.11　边坡破坏造成的隧道坍塌

3. 支护结构开裂。在地震中，衬砌因局部抗拉承载力不足产生开裂，开裂形式又包括出现纵向裂缝、横向裂缝或斜向裂缝等。

4. 地下隧道震害较常出现在断层附近或隧道截面突变处。

17.2.3 地下工程震害原因分析

地下工程产生震害的原因与地上结构的根本不同之处在于，地下结构周围的岩土体对支护结构会产生附加荷载，进而激发不同程度的支护体系变形。从这个角度来讲，地下结构震害主要由以下两方面引起：

1. 周围岩土体发生明显位移导致支护结构所承受的荷载明显增大，超过其设计值。

2. 在地震惯性力的作用下，由于振动效应导致地下结构破坏。

前一种由于支护结构在地震中无法承受迁移荷载，后果严重，比较常见；而后一种地下工程结构由于本身动力承载性能不足出现破坏的情况则比较少。

17.3　地下结构抗震设计方法

地下结构抗震设计虽可借鉴地上结构的大部分内容，但仍存在很大差别。地上建筑结构通常仅由基础与地基部分接触，地震动输入途径和作用机理明确，相关研究成果较多。大多数情况下，将建筑结构简化为固定基，即无须考虑土体作用。

地下结构则完全处于岩土包围中，不像地上结构可以简化为固定基模型来进行分析。对于地上建筑，若不采取固定基模型，则只需在基础处施加一水平弹簧、竖直弹簧和弯曲弹簧模拟地基土体作用。若地下结构采用温克尔地基模型施加弹簧模拟土体，情况将会复杂许多。

在地下工程结构的抗震设计中，如能将周围土体中产生的地震荷载简化为静荷载施加于地下结构，这种方法将会大为简便且易于被设计人员所接受，但这种方法未考虑周围土体二者之间的相互作用，误差较大；可以替代的一种方法是参考温克尔地基模型，在围护结构周围添加弹簧来模拟土体的作用，不过弹簧的参数确定存在一定困难。除此之外，可考虑岩土数值，即直接建立地下结构-土体联合计算模型，利用有限元软件计算。

对于地上结构，通常按照反应谱法进行设计。手算方法包括底部剪力法，振型分解反应谱法。地震激励相当于一种支座激励，仅在基础处添加。无论如何，对于地下建筑，这种方法显然不适用，因为地下建筑整体都被包围在土体中，每个点都有地震激励输入。如图 17.12 所示。

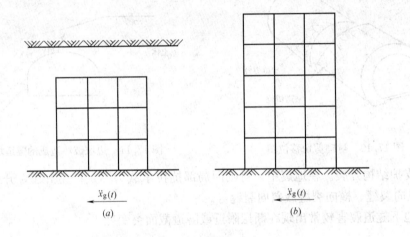

图 17.12　地振动加速度输入模型简图
（a）地下结构　（b）地上结构

下面介绍一种常用的地下结构抗震设计方法——考虑弹簧约束的共同作用分析法

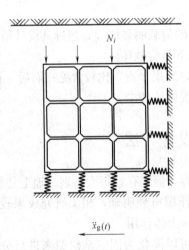

图 17.13　考虑弹簧约束的共同作用分析法模型简图

这种方法是建立在温克尔地基模型基础之上的。温克尔地基模型最初是针对地基与基础的相互作用提出的，它将地基与基础的相互作用通过施加弹簧来模拟，描述的是基础与地基反力之间的一种函数关系。这种方法也可应用于桩基，采用水平弹簧来模拟周围土体对桩基承载力的影响。

对于地下结构，在输入地震激励，考虑地下结构与周围土体相互作用时，可同时添加水平弹簧和竖直弹簧，如图 17.13 所示。在添加约束弹簧后所面临的问题是需要确定弹簧的受力模型，即确定土体中的荷载与土体变形的相互关系。

$$P_i = K_i S_i \tag{17.1}$$

式中　N_i——上部堆载（包括覆土自重和道路荷载等）在地下结构顶板处产生的竖向压力；

　　S_i——为地基土表面任一点处的变形；

　　P_i——该点所承受的压力强度；

　　K_i——该点处的地基抗力系数，即所求的弹簧的系数。

需要说明的是，确定这种弹簧力学模型影响因素较多，不仅受土体种类、力学指标和覆土深度影响，还与周围环境荷载有一定关系。必要时，需通过数值模拟或试验来确定。

一旦添加约束弹簧模拟土体作用后，即可仿照地上结构输入地震波，求解地下结构的动力反应。根据动力反应大小，可针对性地进行结构设计。

17.4　地下结构抗震设计原则和构造措施

根据前面地下工程的分类，对几种主要的地下建筑，如地下商场、车站等闭合框架结构，仍可参考《建筑抗震设计规范》中对于地上结构抗震设计的有关规定。对于隧道而言，则需另行考虑。根据《建筑抗震设计规范》对于建筑使用功能的分类可分为甲、乙、丙、丁四个抗震设防类别。对于地下车站，由于其多为地下交通枢纽，一旦破坏危害极大，因此通常可归为乙类建筑。除有特殊需求，其他地下建筑一般归为丙类。如上部建筑为丁类，则对应的附建式地下室也为丁类。

这类建筑物在设计计算过程中需考虑周围土体土压力对地下建筑围护结构的影响，这是与地上结构的不同之处。在设防目标、设防烈度以及构造措施方面，均可参考《建筑抗震设计规范》中关于地上建筑的若干规定。一般而言，地下建筑结构受周围岩土体的影响，若能有效抵御周围岩土在地震过程中的动力作用，相应的震害要小于地上建筑。

针对地下结构的抗震设计，有以下几条需要注意：

1. 首先，围护结构除应抵御周围岩土的静态压力，也要能抵御地震时周围岩土所带来的动态压力。建在土体中的地下结构，静态压力与动态压力可能有很大的差别。

2. 围护结构或支护结构除了强调强度、刚度外，也应注意延性，使其具有一定变形能力，这样做的益处在于，在地震破坏时有先兆以便及时察觉并处理。

3. 地下工程结构构件在设防烈度内应尽量避免损坏，这点在实际工程中未必能做到。在设计时可将易于破坏的构件局限于方便替换或修复的部位。这是因为地下结构处于地下一定深度，有的甚至修建于城市或野外，施工较困难，成本较高。这样，在地下工程构件设计中可参考地上部分的规定，但建议取上限值，采用保守设计策略。

17.4.1　地下建筑的抗震构造措施

1. 钢筋混凝土地下建筑的抗震构造，应符合下列要求：

宜采用现浇结构。需要设置部分装配式构件时，应使其与周围构件有可靠的连接。

地下钢筋混凝土框架结构中构件的最小尺寸应不低于同类地面结构构件的规定。

中柱的纵向钢筋最小总配筋率，应增加 0.2%。中柱与梁或顶板、中间楼板及底板连接处的箍筋应加密，其范围和构造与地面框架结构的柱相同。

2. 地下建筑的顶板、底板和楼板，应符合下列要求：

宜采用梁板结构。当采用板柱-抗震墙结构时，应在柱上板带中设构造暗梁，其构造要求与同类地面结构的相应构件相同。

对地下连续墙的复合墙体，顶板、底板及各层楼板的负弯矩钢筋至少应有 50％锚入地下连续墙，锚入长度按受力计算确定；正弯矩钢筋需锚入内衬，并均不小于规定的锚固长度。

楼板开孔时，孔洞宽度应不大于该层楼板宽度的 30％；洞口的布置宜使结构质量和刚度的分布比较均匀、对称，避免局部突变。孔洞周围应设置满足构造要求的边梁或暗梁。

3. 位于岩石中的地下建筑，应采取下列抗震措施：

端口处通道和未经注浆加固处理的断层破碎带区段采用复合式支护结构时，内衬结构应采用钢架混凝土衬砌，不得采用素混凝土衬砌。

采用离壁式衬砌时，内衬结构应在拱墙相交处设置水平撑抵紧围岩。

思 考 题

1. 地下工程的类别都有哪些？
2. 地下工程的震害及其表现形式是怎样的？分析并说明原因。
3. 地下工程的抗震计算方式有哪些？
4. 通过哪些构造措施可以提高地下工程结构的抗震能力？

第 18 章　冻土地区中的工程抗震问题

18.1　冻土地基概述

冻土场地在高纬度地区是广泛存在的，譬如加拿大中北部、美国阿拉斯加、我国西北边和东北部各省份，这些地区本身处于寒带，在工程建设中均需考虑冻土地基的特点。冻土分为季节性冻土和永久性冻土。季节性冻土的危害相对于永久性冻土危害更大，由于季节性冻土存在冻融循环，地基易出现隆起和沉陷。在我国修建青藏铁路过程中需面临的一个重大问题是地基的融陷问题。永久性冻土因土体常年处于冰冻状况，情况稍好，但随着全球变暖，永久性冻土也可能变成季节性冻土。以美国阿拉斯加为例，在北部仍为永久性冻土，但相关工程企业越来越担心在后续年份永久性冻土变为季节性冻土可能带来的严重影响。

除了冻土地基可能存在的冻融现象外，另一个值得重视的问题就是冻土地基的抗震问题。由于地基的冻融交替出现，地基承载力也会随之变化，对应的地基抗震性能也会发生变化。对于同样的建筑结构来说，处于冻结状态的地基能够提供较好的抗震承载力，但在融化情况下，地基的抗震性能会严重恶化。在实际工程中将面临一个问题，在这两种情况下如何考虑地基的抗震承载力，这是一个难题。另一方面，在出现液化时，冻土层可能会加重地基液化程度，对建筑的抗震性能也不利。由此可见，冻土地区考虑抗震问题十分必要。

18.1.1　冻土地基特点

冻土是指含有冰的土（岩）。

作为建筑地基的冻土，除根据持续时间可分为季节冻土与多年冻土。在一定厚度的地表土层中，土体冬季冻结夏季融化，冻融现象交替出现，这样的土为季节性冻土。在我国东北、华北和西北地区，季节性冻土的深度均在 50cm 以上，至于黑龙江北部以及青海局部地区的冻深甚至可达 3m。全年保持冻结而不融化，并且延续时间在 3 年或 3 年以上的土即为多年冻土。多年冻土的表层往往覆盖着季节性冻土层（或称融冻层），但其融化深度止于多年冻土层的层顶。多年冻土在中国有两个主要分布区：一个在纬度较高的内蒙古和黑龙江的大、小兴安岭一带；一个在地势较高的青藏高原和甘肃、新疆的高山地区。

根据土融化下沉系数的大小，多年冻土可分为不融沉、弱融沉、融沉、强融沉和融陷土五类。冻土层的平均融化下沉系数可按下式计算：

$$\delta_0 = \frac{h_1 - h_2}{h_1} = \frac{e_1 - e_2}{1 + e_1} \times 100(\%) \tag{18.1}$$

式中　h_1，e_1——冻土试样融化前的高度（mm）和孔隙比；

　　　h_2、e_2——冻土试样融化后的高度（mm）和孔隙比。

18.1.2　冻土工程特性

冻土最大特点在于土体除含有矿物颗粒、水分和气体之外，还含有冰粒。冰粒的存在直接与土的温度有关。由于冰的存在导致冻土的力学特性与常见的其他土种大为不同，主要表现在冻土的承载力远高于其他土种。虽然对于永久性冻土和处于冰冻期的季节性冻土，作为地基时，承载力远高于其他土种，但是一旦冻土出现融化趋势，承载力将大幅下降。因此在冻结时，土中水分向冻结封线方向转移，土的体积膨胀；冻土融化时，冻土下陷。伴随着冻土场地内土体的冻融变化，土层的承载力和变形发生突变，这样的变化对工程结构危害巨大，需要设法消除。

由于永久性冻土的承载力较大，无论是覆盖在地基表层还是对工程结构的基础起嵌固作用，对工程结构的抗震都是有利的。但当地基出现液化时，由于冻土层会抑制地基中孔隙水压力的消散，会加剧地基液化程度，这对地基抗震性能不利。

18.2　冻土地区震害问题

对于冻土场地的建筑而言，与非冻土地区建筑物的震害类似，主要由两方面原因引起。

一种是地基不稳定，出现变形破坏，导致建筑失效。另一种是由于场地振动效应导致上部结构由于惯性力反复作用而破坏。在本节中重点讲冻土地基震害，即第一种原因导致的冻土地区震害。一旦地基出现问题，上部建筑的安全性将无法保证。

18.2.1　冻土地基表层变形破裂

在冻土场地，地震时地层表面产生裂缝，如图 18.1 所示，剪切裂缝水平错动比较明显，且向地下延伸深度很大。

图 18.1　2001 年昆仑山口西 8.1 级地震冻结与松散砾石层中的地震剪切裂缝

冻土中地基表层也会产生地震鼓包，由于挤压作用，在鼓包上形成规模不等的纵横裂缝，常常表现为地面上挤压拱起的现象，有时可见两侧土块相挤成"人"字形（图 18.2）。

当地表存在季节性冻土层时，由于未结冻水的热量传递给上层冻土层，形成一较大范围内的融区，地震振动后，产生震陷变形，从而形成阶梯状震陷裂缝，如图 18.3 所示。

图 18.2 冻土中形成的"人"字形鼓包

图 18.3 库赛湖北岸阶梯状震陷成因裂缝

18.2.2 冻土地基液化

冻土地基表层通常为冻结层,其下可能有可液化的砂土层或粉土层,特别是砂土层,在地震反复振动下,由于土中水分无法及时排出,容易造成积聚效应,导致孔隙水压力急剧升高,从而导致土体液化。一旦下卧土层液化,地基即失去承载力,上部冻土层必然会出现开裂破损等一系列问题。

值得注意的是,由于上部冻土硬壳的存在,相对于非冻土地区的液化而言,致

图 18.4 库赛湖北岸液化冻结的喷冒锥

密的冻土硬壳使水更难以排出,因此冻土场地下,同类土体液化的危害可能更为严重。

18.2.3 冻土地区震害问题

结合前面阐述内容,可知在冻土地区有以下几类问题值得注意:

1. 冻土地区路基抗震设计问题。

在冻土地区的路基土体中含有较多冰,在地震作用下,由于脆性特征,虽不至于整体破坏,但可能会出现裂缝。

2. 冻土地区工程结构地基承载力设计问题。

如前所述,在冻土区地震时地基坑内出现液化问题,导致地基承载力丧失,且比非冻土地区有加重的趋势,因此在设计时必须予以重视。

3. 冻土场地内基础抗震设计问题。

桩基的最大优点，在于可穿越软弱的高压缩性土层或水，将桩顶所承受的荷载传递到更硬、更密实或压缩性较小的地基持力层上，且在一定程度上能够抵御地基变形，因此在冻土地区被广泛应用。但在冻土地区发生液化时，桩基的承载力也会急剧下降，带来严重的后果。这部分相关研究可参考下节专题。

18.3　冻土地基抗震设计的一般要求

如前所述，冻土地区地基承载力与冻融密切相关。冻结时承载力大，融化时承载力降低。因此在考虑冻土地基抗震设计时，必须结合冻融状态。

1. 消除冻融对地下结构产生的影响。

(1) 对于季节性冻土，由于存在冻融循环，地基变形较为明显，对于一般工程结构，均不能承受地基反复变形，在设计时应避免这种现象发生。一般可采取以下措施：

① 基础埋深置于当地冻结深度以下，按照《冻土地区建筑地基基础设计规范》，基础以下允许一定厚度的残余冻土层，但应有一上限值。

② 在冻土地区可采用桩基避免基础沉陷，譬如采取嵌固桩，将桩端打入基岩一定深度，即可抵御这种沉陷。

(2) 对于永久性冻土，如能确认在设计服役年限内，地基始终处于冰冻状态，冻土对于提高地基承载力有利，设计时可采用以下方法：

① 保持冻结状态设计法。设计时尽量减少建筑物或设备将热量传入地基的可能，使多年冻土的冻结情况保持不变。例如，在建筑上采用架空的通风地板，或采用地下冷冻装置等。该方法一般适用于冻土厚度大和土温稳定的多年冻土地基。

② 预融化设计法。该方法适用于持力层范围内的土层处于塑性冻结状态的地基，或者在最大融化深度范围内为不融沉和弱融沉性土的地基以及室温较高、占地面积较大的建筑，或热载体管道及给水排水系统对冻层产生热影响的地基。设计时要预估地基融陷量，加大基础埋深，采用保温隔热地板，并架空热管道及给水排水系统，设置地面排水系统并采用架空通风基础，必要时选择桩基础。

2. 地基抗震承载力确定

由于冻结时地基承载力高，融化时承载力降低，因此在确定地基承载力时，应分别验算两种情况下是否符合要求。

3. 由于地基出现液化，冻土的存在将会加剧液化，因此在考虑抗震时应考虑消除或减轻液化的影响。具体措施可详见本书 4.5.5 节地基抗液化措施。

18.4　专题——冻土场地内地基液化对单桩抗震性能影响试验研究

地基土地震液化诱发的侧向扩展可导致桩基侧移过大甚至失效破坏，但如果场地存在冻土层，情况则变得复杂。通过试验研究了在地震作用下冻土、液化土和单桩三者之间的相互作用，分析了由于存在冻土层这一因素对地基液化和桩基承载性能的影响。试验中土体盛放在一个柔性模型箱当中，分为上下两层：下层为饱和砂土，上层为模拟冻土层。模拟的钢管桩嵌入土体之中，上部设有附加集中质量。测试过程中选取不同等级的调幅地震波对装置进行激励加载，分别观测桩身应变、桩与冻土层位移以及砂土内的孔隙水压力等参数。试验结果显示：地基土液化时，冻土层限制孔隙水排出而致使地基液化程度急剧发展，从而导致桩基的侧向变形快速增长；随着地震激励的增强，冻土层与桩体接触部位可能因挤压出现局部破损，导致二者分离；冻土层端面处桩体变形存在突变，此处桩体易于失效。

由于桩基可穿越地基上部的不良土层，将荷载相对可靠地传递到深部比较坚硬或者稳定的土层中，因此在存在冻融或者地震液化可能的工程地基中，往往采用桩基避免这些不利影响。由于桩周土的稳定性对桩基的水平承载力影响很大，因此在地震过程中地基一旦出现液化，桩基的水平抗震承载力就会大幅下降。因此，在桩基工程中地基的液化性能历来被重视，相关研究工作很多，特别是试验研究。与传统非冻土场地相比，冻土场地内地基下部的砂土或粉土层地震时出现液化是完全可能的，势必将对桩基的承载力造成影响。然而，现阶段这一问题研究很少。

显而易见，在非冻土场地内，地基液化通常对提高桩基的抗震性能而言是有害的；而另一方面，在无液化冻土场地内，冻土层对提高桩基的承载力又是有利的。如果二者同时出现，那么桩基的抗震承载力又会如何呢？由于涉及地基液化的研究问题一般难以进行有效的数值模拟，因此相关研究需要借助实验手段进行。基于此，拟通过振动台模拟地震加载试验来研究冻土场地下液化地基内桩基的地震动力响应。

18.4.1 试验描述

试验在抗震与结构诊治北京市重点试验室进行。振动台可水平双向加载，台面尺寸为 $3m \times 3m$；试件最大重量 10t；满载最大加速度 $\pm 1.0g$；作动器最大位移 $\pm 127mm$；频率范围 $0.1 \sim 50Hz$。本次试验采取单向水平加载的方式进行。

由于现阶段大尺寸冻土制备的困难性、现场试验条件以及试验设备加载能力的局限性，试验模型无法严格满足动力相似条件，因此进行了相关调整。模型调整之处主要表现在：考虑到振动台加载能力的上限，缩小了钢管桩的相应尺寸，并减小了加载地震波的幅值；冻土层采用水泥砂浆层模拟。除钢管桩尺寸和地震波幅值以外，其余参数均按照模型与原型之间保持 1:1 的相似关系进行设计。如前所述，单一冻土层或者地基液化因素对桩基抗震性能的影响是已知的，本次试验的目的重点在于剖析冻土覆盖层和地基液化两个因素同时出现对桩基地震反应的影响，相关调整将不会影响研究可获得的基本结论。

1. 试验模型装置

试验模型装置为一柔性模型箱，箱内土体分为冻土模拟覆盖层和下卧饱和砂土可液化层上下两层，选择单根空心钢管桩模拟实际的嵌岩桩，分别如图 18.5、图 18.6 所示。模型箱和模拟钢管桩的钢材均为 Q235。模型箱侧壁钢板厚 4mm，尺寸为 $2.4m \times 2.4m \times 1.3m$，内粘 2cm 厚的泡沫保温板，以减小刚性边界效应的影响。上部冻土模拟层采用水泥砂浆层模拟，厚度为 30cm、密度为 $1880kg/m^3$、弹性模量为 310MPa、抗压强度为 0.5MPa；下层为饱和砂土层，厚度约为 1m、密度约为 $1520kg/m^3$。模拟钢管桩直径、壁厚和长度分别为 5cm、1.8mm 和 1.4m，顶部配重为 250kg，下部通过法兰盘与箱底栓接。冻土覆盖层采用水泥砂浆层（3d 强度）进行模拟。水泥砂浆层配合比按质量为每方砂浆用料约为水泥 160kg、砂子 1440kg 和水 280kg。饱和砂土层采用细砂分层注水制备。砂土层表面设有缓坡，砂浆层两侧设有不等宽排水沟。试验前模型箱内水位深 1m。

2. 测量器件布置

试验中测量器件布置包括 16 个 BX120-5AA 型应变片、3 个拉线位移计（编号 D1～D3，量程为±50mm）、9 个剪切型压电式加速度传感器和 5 个 BSK-0.05 型孔隙水压力计（编号 P1～P5，最大量程为 0.05MPa）。应变片编号为 S1～S16，最大量程为 2 万个微应变，其中 S1～S10 用于测量砂土层中的桩身应变，S11～S16 用于测量冻土层中的桩身应变。拉线位移计编号为 D1～D3，其中 D1、D2 用于测量桩身不同部位的水平位移，D3 用于测量冻土层的水平滑动位移。初始安装的加速度传感器为 9 个，但位置在 A1 与 A2 之间的传感器在试验过程中出现故障，因此编码时不再计入该处加速度传感器。加速度的编号为 A1～A8，其中 A1～A3 和 A5 用于测量砂土层中土的加速度，A4、A6 和 A8 用于测量桩身不同部位处的加速度，A7 测量冻土层的加速度。孔隙水压力编号为 P1～P5，最大量程为 0.05MPa，用于测量砂土层中不同深度处的孔隙水压力。

图 18.5　试验模型装置图

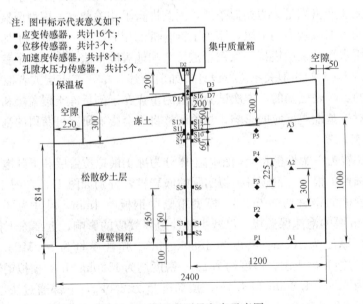

图 18.6　模型和测量方案示意图

3. 加载顺序

根据资助方的要求，试验加载流程如下：

工况 1，正弦波，峰值加速度（PGA）为 0.05g；

工况 2，正弦波加载完 1h 后，输入 2002 年美国阿拉斯加州的 Denali 地震波，PGA 约为 0.148g；

工况 3，Denali 地震波加载完毕 2h 后，先后输入东日本地震波，PGA 约为 0.468g；

工况 4，东日本地震波加载完毕 2h 后，将工况 3 中的东日本地震波调幅 1.5 倍后作为工况 4 进行加载，PGA 约为 0.7g。

工况 1 荷载很小，设计该工况是为了检验传感器和数据采集系统是否正常工作；工况 2 拟使桩基的动力反应保持在弹性范围之内；工况 3 和工况 4 则是期望桩基开始出现不可恢复的塑性反应。相关加速度时程曲线如图 18.7 所示。

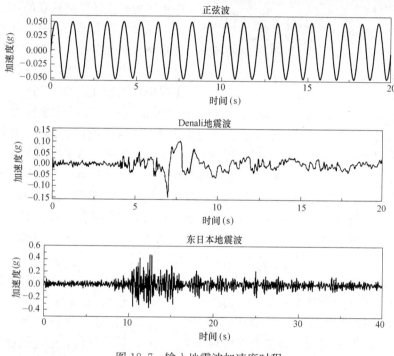

图 18.7　输入地震波加速度时程

18.4.2　试验结果

1. 试验现象

从宏观试验现象来看，对应加载工况 1，整个模型装置反应轻微。对应工况 2，桩身变形和桩顶振动位移明显，但振动结束后可恢复；模拟冻土层振动明显，沿砂土层存在一定的相对滑动；可观察到低侧水沟内有些许水泡产生。对应工况 3，模型箱强烈晃动，钢管桩亦大幅度摆动，桩顶位移很大，振动结束后桩身出现残余变形；模拟冻土层出现多条裂缝，沿砂土层滑移显著，并且伴随砂土层的下沉出现不均匀沉降，致使砂土层顶面原有坡度改变；低侧水沟内出现冒水现象，水面振动现象明显。对应工况 4，模型箱剧烈晃动，振动结束后桩身的残余变形很大，与桩接触的局部砂浆层被完全压坏，该处出现透水现象（图 18.8）；冻土层伴随砂土层出现严重不均匀下沉现象，沿砂土层的相对滑移显著；砂土层经低侧水沟喷水现象严重，部分水体逸出箱外。工况 4 中由于冻土层沿砂土层的相对滑移显著，高侧水沟有所加宽，因此高侧水沟内也出现轻微喷水现象，这一点在工况 3 中是不存在的。

图 18.8　桩-冻土接触部位的挤压破坏

2. 地基液化特性

不同工况下各点液化的情况可借助各点的超孔隙水压力判定，下面分别以 P1 和 P4 处的读数为例进行分析说明（图 18.9）。图 18.9 中水平参考线为试验前砂土层各深度处的初始有效应力。某深度处的瞬时超孔隙水压力为该位置处的瞬时孔隙水压力减去试验前该点的初始孔隙水压力。如果该深度处的瞬时超孔隙水压力曲线超越水平参考线，表明对应位置即有液化发生。由于 P4 对应的位置较浅，各个工况中均无液化出现。相反，底部 P1 处除工况 1 因模型振动轻微未液化以外，随着土体振动的增强，超孔隙水压力峰值逐渐增大，液化开始发生。工况 1 时，整个砂土层均未液化。工况 2 时，底部 P1 处开始发生轻微液化，而 P4 处则无液化出现，说明砂土层在底部开始出现局部液化，底部土体的承载强度开始丧失。工况 3 和工况 4 时，下部土体液化程度进一步加剧，但值得说明的是：尽管工况 4 的 PGA 大于工况 3 的对应值，而且根据现场冻土层低侧水沟的喷水情况分析，工况 4 液化情况显然比工况 3 更为严重，但是这一点未能从超孔隙水压力时程曲线上加以体现。原因在于工况 4 中土体出现喷水现象，存在卸压作用，造成土中的动水压力无法充分积聚。

表 18.1 中分别给出了不同工况下 P1、P4 处的超孔隙水压力，括号内的数值为相对于工况 1 超孔隙水压力数值的减少量。相较于工况 1，工况 2、工况 3、工况 4 的 PGA 分别增加了 1.96，8.36 和 13.58 倍，对应超孔隙水压力的变化参见表 18.1 所示，包括峰值和均值两个指标。如前所述，峰值可直接判断该处土体的液化特性，但均值也可用来进行辅助说明。从总体上来看，随着土体振动的增强，超孔隙水压力峰值逐渐增大，液化逐渐加剧。不过，当土体振动的强度超过一定数值，超孔隙水压力的数值反而可能变小，如工况 3 和工况 4 的情况。

超孔隙水压力　　　　　　　　　　　　　　表 18.1

位置 工况	P1 处超孔隙水压力（kPa）		P4 处超孔隙水压力（kPa）	
	峰值	均值	峰值	均值
工况 1	8.98966	0.70706	0.19732	0.14035
工况 2	12.13148 (34.949%)	0.59864 (15.334%)	2.4263 (1129.627%)	0.11973 (14.692%)
工况 3	20.40998 (127.038%)	4.87215 (589.072%)	4.93472 (2400.872%)	2.84585 (1927.681%)
工况 4	14.67858 (63.283%)	7.81581 (1005.396%)	3.95172 (192.696%)	2.16992 (1446.078%)

3. 地基土体动力反应

根据图 18.9 地基土的加速度反应可作下述分析。工况 1：模型反应轻微，各点加速度基本一致。工况 2：砂土中加速度 A3 的 PGA 大于 A1，说明砂土层可以放大输入地震波；冻土层的加速度 A7 与测点 A3 的 PGA 接近，显示冻土层尚未滑动。工况 3 和工况 4：液化开始出现，砂土层振动进一步放大，但由于冻土层滑动和桩基出现塑性变形，冻土层加速度 A7 与砂土输入加速度 A3 相比，衰减更为明显（图 18.10）。

表 18.2 中分别给出了不同工况下 A1、A3 和 A7 处的加速度反应，括号内的数值为相对于工况 1 加速度反应数值的减少量，包括峰值和均值两个指标，均值用来进行辅助说明。A1 由于位置与底板很近，下部土体很少，因此其数值应该和输入地震波变化规律相近，即该处振动逐渐增强。对比 A1 和 A3 处的数值，可发现除工况 4 外，土体对入射地震波具有明显的放大作用。对比 A3 和 A7 处的数值，可发现尽管工况 3 和工况 4 中冻土层的加速度较砂土层有所衰减，但在输入地震动强度超过一定幅值后，衰减程度又有所减少。

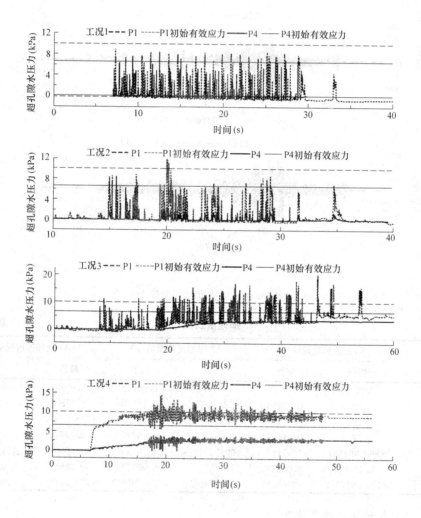

图 18.9　超孔隙水压力响应时程

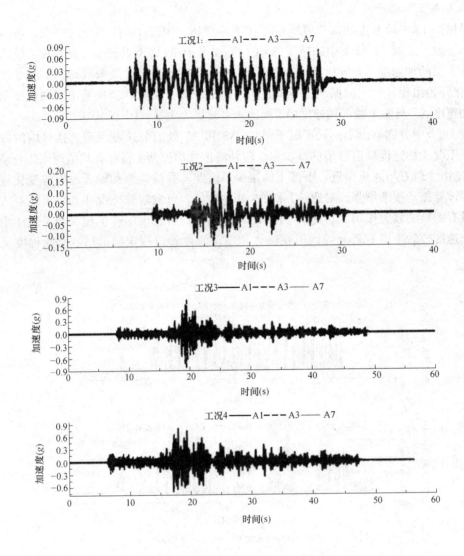

图 18.10　加速度时程曲线图

加速度反应　　　　　　　　　　　　　　　　　　　　　　表 18.2

位置 工况	A1 处加速度反应(g)		A3 处加速度反应(g)		A7 处加速度反应(g)	
	峰值	均值	峰值	均值	峰值	均值
工况 1	0.05774	0.007	0.7672	0.00822	0.07495	0.00789
工况 2	0.11947 (106.91%)	0.59864 (7.143%)	2.4263 (139.064%)	0.11973 (13.625%)	0.17859 (138.279%)	0.00906 (14.829%)
工况 3	0.5722 (890.994%)	0.04037 (47.6714%)	0.83724 (991.293%)	0.05227 (535.888%)	0.70705 (843.632%)	0.04821 (511.027%)
工况 4	0.79084 (1269.657%)	0.06272 (796%)	0.65272 (750.782%)	0.05554 (575.669%)	0.63839 (751.755%)	0.06342 (703.802%)

4. 冻土层与桩体的接触状况

利用冻土层与桩体同标高处二者之间的侧向位移差，即 D1 与 D3 的差值，可以研判二者之间的接触状况。桩基和砂浆层侧向位移实测结果见图 18.11。模型随着从工况 1 到工况 4 输入加速度逐渐增大，侧向位移也随之增大。工况 1 和工况 2 时，冻土层与桩紧密接触，接触面没有"分离"，所以 D1 和 D3 读数相同；而在工况 3 和工况 4 时，钢管桩与冻土层间就不能紧密接触，桩和冻土层的侧向位移也不相同。后两个工况加载完毕后，均留有侧向残余变形，特别是工况 4 时 D2 已经超过了量程，说明此时桩的塑性变形已经很大。

表 18.3 中分别给出了不同工况下 D1、D2 和 D3 处的位移反应，括号内的数值为相对于工况 1 位移反应数值的减少量。对比 D1 和 D2 处的数值，可以发现：随着振动的增强，二者之间的差值增大，说明桩基地面以上部分上端与下端二者之间的侧向位移反应进一步增加。对比 D1 和 D3 处的数值，可以发现：随着振动的增强，由于桩基的塑性变形发展以及接触部位逐渐损坏，在同标高处桩体和冻土层的侧向位移差值越来越大，接触问题逐渐突出。

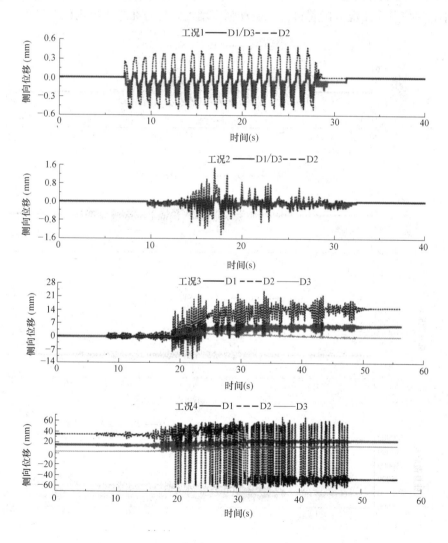

图 18.11　桩基和砂浆层位移时程响应曲线

位置 工况	D1 处位移反应（mm）		D2 处位移反应（mm）		D3 处位移反应（mm）	
	峰值	均值	峰值	均值	峰值	均值
工况 1	0.45613	0.04111	0.54072	0.0991	D1	D1
工况 2	0.54289 (19.021%)	0.05179 (24.976%)	1.4802 (173.746%)	0.09883 (0.272%)	D1	D1
工况 3	8.69539 (1806.34%)	3.16036 (7525.351%)	24.2625 (4387.073%)	8.69421 (8673.169%)	5.55925 (1118.786%)	0.57095 (1277.775%)
工况 4	27.53709 (5937.114%)	19.09132 (45969.788%)	68.06955 (12488.687%)	40.08032 (40344.319%)	16.78509 (3579.892%)	9.11025 (21884.194%)

5. 桩基的动力反应

桩基的动力反应主要通过应变测试进行，参见图 18.12。工况 1：由于输入地震动强度很小而冻土层刚性较大，S9，S11，S13 和 S15 应变值相差很小，说明冻土层内桩身变形很小。对应其余工况，随着输入地震动强度增大，桩身在冻土层内的变形更为明显。工

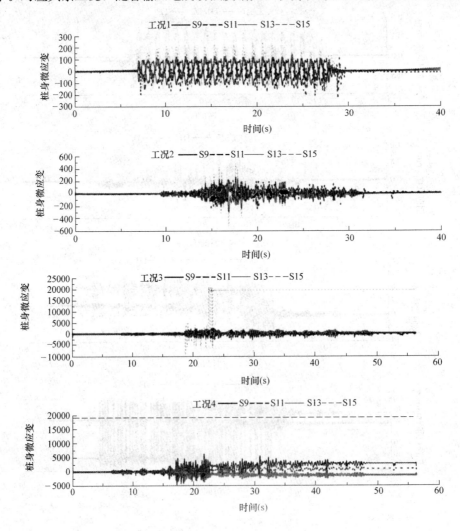

图 18.12 桩身应变响应图

况 1 和工况 2 加载完毕后桩身各点应变消失，说明属可恢复变形，桩处于弹性变形阶段。工况 3 和工况 4 时，桩身即使卸载完毕仍留有残余变形，说明桩已出现塑性变形，桩的破坏最可能出现在 S15 位置处。

表 18.4 中分别给出了不同工况下 S9，S11，S13 和 S15 处的应变反应，括号内的数值为相对于工况 1 应变反应数值的减少量。由于在水平荷载作用下，桩基反应以弯曲反应为主，因此各工况下桩基上部的应变要大于下部的应变。实测中 S9 和 S11 沿砂土层下底面分别布置，位置极近，一个布置在冻土层内桩体上，另一个布置在砂土内的桩体上。对比 S9 和 S11 的读数，可发现沿冻土层下底面处应变值存在一定突变。比较冻土内 S11，S13 和 S15 三处的应变值，可以发现 S15 处的反应远大于其他两处，说明冻土层上表面与桩体接触部位易于损坏，实际试验现象证明了此点。

桩基应变

表 18.4

位置 工况	S9 处微应变反应		S11 处微应变反应		S13 处微应变反应		S15 处微应变反应	
	峰值	均值	峰值	均值	峰值	均值	峰值	均值
工况 1	138.24894	30.33045	240.65431	26.72211	125.32524	21.88965	247.33589	46.20728
工况 2	207.42409	23.09306	251.15099	31.01479	297.40911	23.50838	531.18767	27.37621
	(50.037%)	(23.862%)	(4.362%)	(16.064%)	(137.31%)	(7.395%)	(114.764%)	(40.753%)
工况 3	2183.4863	302.46455	2337.37978	405.65843	2862.19698	428.58305	21505.92558	11984.94711
	(1479.387%)	(897.231%)	(871.26%)	(1418.063%)	(2183.815%)	(1857.926%)	(8595.028%)	(25837.357%)
工况 4	3658.11229	944.41976	4125.09639	701.36756	6385.64525	792.37066	19236.09376	19201.68
	(2546.033%)	(3013.768%)	(1614.117%)	(2524.671%)	(4995.259%)	(3519.842%)	(7677.316%)	(41455.53%)

18.4.3 结论

通过振动台模拟地震试验研究了冻土场地内地基液化对桩基抗震性能影响这一问题。通过观察试验现象以及分析砂土层中的孔隙水压力、冻土层和桩基加速度、冻土层和桩基的侧向位移、桩身应变等指标，得出以下结论：

（1）地基土液化时，冻土层限制孔隙水排出而致使地基液化程度加剧，从而导致桩基的侧向变形快速增长，致使桩基的抗震性能大幅下降。

（2）冻土层与下部液化砂土层沿接触界面存在相对滑动趋势，导致冻土层的加速度反应有所减小可能出现的这种相对运动对桩基的动力反应影响很大。

（3）随着地震激励的增强，冻土层与桩体接触部位可能因挤压出现局部破损，导致二者分离。

附　　录

规则框架承受三角形分布力作用时标准反弯点的高度比 y_0 值　　　附表1

m	n	$\widetilde{K}$ 0.1	0.2	0.3	0.4	0.5	0.6	0.7	0.8	0.9	1.0	2.0	3.0	4.0	5.0
1	1	0.80	0.75	0.70	0.65	0.65	0.60	0.60	0.60	0.60	0.55	0.55	0.55	0.55	0.55
2	2	0.50	0.45	0.40	0.40	0.40	0.40	0.40	0.40	0.40	0.45	0.45	0.45	0.45	0.45
	1	1.00	0.85	0.75	0.70	0.65	0.65	0.65	0.65	0.60	0.60	0.55	0.55	0.55	0.55
3	3	0.25	0.25	0.25	0.30	0.30	0.35	0.35	0.35	0.40	0.40	0.45	0.45	0.45	0.50
	2	0.60	0.50	0.50	0.50	0.50	0.45	0.45	0.45	0.45	0.50	0.50	0.50	0.50	0.50
	1	1.15	0.90	0.80	0.75	0.75	0.70	0.70	0.65	0.65	0.65	0.55	0.55	0.55	0.55
4	4	0.10	0.15	0.20	0.25	0.30	0.30	0.35	0.35	0.35	0.40	0.45	0.45	0.45	0.45
	3	0.35	0.35	0.35	0.40	0.40	0.40	0.40	0.45	0.45	0.45	0.45	0.50	0.50	0.50
	2	0.70	0.60	0.55	0.50	0.50	0.50	0.50	0.50	0.50	0.50	0.50	0.50	0.50	0.50
	1	1.20	0.95	0.85	0.80	0.75	0.70	0.70	0.65	0.65	0.65	0.55	0.55	0.55	0.55
5	5	−0.05	0.10	0.20	0.25	0.30	0.30	0.35	0.35	0.35	0.35	0.35	0.40	0.45	0.45
	4	0.20	0.25	0.35	0.35	0.40	0.40	0.40	0.40	0.45	0.45	0.45	0.50	0.50	0.50
	3	0.45	0.40	0.45	0.45	0.45	0.45	0.45	0.45	0.45	0.50	0.50	0.50	0.50	0.50
	2	0.75	0.60	0.55	0.55	0.55	0.50	0.50	0.50	0.50	0.50	0.50	0.50	0.50	0.50
	1	1.30	1.00	0.85	0.80	0.75	0.70	0.70	0.65	0.65	0.65	0.60	0.55	0.55	0.55
6	6	−0.15	0.05	0.15	0.20	0.25	0.30	0.30	0.35	0.35	0.35	0.40	0.45	0.45	0.45
	5	0.10	0.25	0.30	0.35	0.35	0.40	0.40	0.40	0.45	0.45	0.45	0.45	0.50	0.50
	4	0.30	0.35	0.40	0.40	0.45	0.45	0.45	0.45	0.45	0.45	0.50	0.50	0.50	0.50
	3	0.50	0.45	0.45	0.45	0.45	0.45	0.45	0.45	0.50	0.50	0.50	0.50	0.50	0.50
	2	0.80	0.65	0.55	0.55	0.55	0.55	0.50	0.50	0.50	0.50	0.50	0.50	0.50	0.50
	1	1.30	1.00	0.85	0.80	0.75	0.70	0.70	0.65	0.65	0.65	0.60	0.55	0.55	0.55
7	7	−0.20	0.05	0.15	0.20	0.25	0.30	0.30	0.35	0.35	0.35	0.45	0.45	0.45	0.45
	6	0.05	0.20	0.30	0.35	0.35	0.40	0.40	0.40	0.40	0.45	0.45	0.50	0.50	0.50
	5	0.20	0.30	0.35	0.40	0.40	0.45	0.45	0.45	0.45	0.45	0.50	0.50	0.50	0.50
	4	0.35	0.40	0.40	0.45	0.45	0.45	0.45	0.45	0.45	0.45	0.50	0.50	0.50	0.50
	3	0.55	0.50	0.50	0.50	0.50	0.50	0.50	0.50	0.50	0.50	0.50	0.50	0.50	0.50
	2	0.80	0.65	0.60	0.55	0.55	0.55	0.50	0.50	0.50	0.50	0.50	0.50	0.50	0.50
	1	1.30	1.00	0.90	0.80	0.75	0.70	0.70	0.70	0.65	0.65	0.60	0.55	0.55	0.55
8	8	−0.20	−0.05	0.15	0.20	0.25	0.30	0.30	0.35	0.35	0.35	0.45	0.45	0.45	0.45
	7	0.00	0.20	0.30	0.35	0.35	0.40	0.40	0.40	0.40	0.45	0.45	0.50	0.50	0.50
	6	0.15	0.30	0.35	0.35	0.40	0.45	0.45	0.45	0.45	0.45	0.50	0.50	0.50	0.50
	5	0.30	0.45	040	0.45	0.45	0.45	0.45	0.45	0.45	0.50	0.50	0.50	0.50	0.50
	4	0.40	0.45	0.45	0.45	0.45	0.45	0.50	0.50	0.50	0.50	0.50	0.50	0.50	0.50
	3	0.60	0.50	0.50	0.50	0.50	0.50	0.50	0.50	0.50	0.50	0.50	0.50	0.50	0.50
	2	0.85	0.65	0.60	0.55	0.55	0.55	0.50	0.50	0.50	0.50	0.50	0.50	0.50	0.50
	1	1.30	1.00	0.90	0.80	0.75	0.70	0.70	0.70	0.65	0.65	0.0	0.55	0.55	0.55
9	9	−0.25	0.00	0.15	0.20	0.25	0.30	0.30	0.35	0.35	0.40	0.45	0.45	0.45	0.45
	8	−0.00	0.20	0.30	0.35	0.35	0.40	0.40	0.40	0.40	0.45	0.45	0.50	0.50	0.50
	7	0.15	0.30	0.35	0.40	0.40	0.45	0.45	0.45	0.45	0.45	0.50	0.50	0.50	0.50
	6	0.25	0.35	0.40	0.40	-.45	0.45	0.45	0.45	0.45	0.50	0.50	0.50	0.50	0.50
	5	0.35	0.40	0.45	0.45	0.45	0.45	0.45	0.45	0.50	0.50	0.50	0.50	0.50	0.50
	4	0.45	0.45	0.45	0.45	0.45	0.50	0.50	0.50	0.50	0.50	0.50	0.50	0.50	0.50
	3	0.60	0.50	0.50	0.50	0.50	0.50	0.50	0.50	0.50	0.50	0.50	0.50	0.50	0.50
	2	0.85	0.65	0.60	0.55	0.55	0.55	0.55	0.50	0.50	0.50	0.50	0.50	0.50	0.50
	1	1.35	1.00	0.90	0.80	0.75	0.75	0.70	0.70	0.65	0.65	0.60	0.55	0.55	0.55

m	n \ $\widetilde{K}$	0.1	0.2	0.3	0.4	0.5	0.6	0.7	0.8	0.9	1.0	2.0	3.0	4.0	5.0
10	10	−0.25	0.00	0.15	0.20	0.25	0.30	0.30	0.35	0.35	0.40	0.45	0.45	0.45	0.45
	9	−0.05	0.20	0.30	0.35	0.35	0.40	0.40	0.40	0.40	0.45	0.45	0.50	0.50	0.50
	8	0.10	0.30	0.35	0.40	0.40	0.40	0.45	0.45	0.45	0.45	0.50	0.50	0.50	0.50
	7	0.20	0.35	0.40	0.40	0.45	0.45	0.45	0.45	0.45	0.50	0.50	0.50	0.50	0.50
	6	0.30	0.40	0.40	0.45	0.45	0.45	0.45	0.45	0.45	0.50	0.50	0.50	0.50	0.50
	5	0.40	0.45	0.45	0.45	0.45	0.45	0.45	0.50	0.50	0.50	0.50	0.50	0.50	0.50
	4	0.50	0.45	0.45	0.45	0.50	0.50	0.50	0.50	0.50	0.50	0.50	0.50	0.50	0.50
	3	0.60	0.55	0.50	0.50	0.50	0.50	0.50	0.50	0.50	0.50	0.50	0.50	0.50	0.50
	2	0.85	0.65	0.60	0.55	0.55	0.55	0.55	0.50	0.50	0.50	0.50	0.50	0.50	0.50
	1	1.35	1.00	0.90	0.80	-.75	0.75	0.70	0.70	0.65	0.65	0.60	0.55	0.55	0.55
11	11	−0.25	0.00	0.15	0.20	0.25	0.30	0.30	0.30	0.35	0.35	0.45	0.45	0.45	0.45
	10	−0.05	0.20	0.25	0.30	0.35	0.40	0.40	0.40	0.40	0.45	0.45	0.50	0.50	0.50
	9	0.10	0.30	0.35	0.40	0.40	0.40	0.45	0.45	0.45	0.45	0.50	0.50	0.50	0.50
	8	0.20	0.35	0.40	0.40	0.45	0.45	0.45	0.45	0.45	0.50	0.50	0.50	0.50	0.50
	7	0.25	0.40	0.40	0.45	0.45	0.45	0.45	0.45	0.50	0.50	0.50	0.50	0.50	0.50
	6	0.35	0.40	0.45	0.45	0.45	0.45	0.45	0.50	0.50	0.50	0.50	0.50	0.50	0.50
	5	0.40	0.45	0.45	0.45	0.45	0.50	0.50	0.50	0.50	0.50	0.50	0.50	0.50	0.50
	4	0.50	0.50	0.50	0.50	0.50	0.50	0.50	0.50	0.50	0.50	0.50	0.50	0.50	0.50
	3	0.65	0.55	0.50	0.50	0.50	0.50	0.50	0.50	0.50	0.50	0.50	0.50	0.50	0.50
	2	0.85	0.65	0.60	0.55	0.55	0.55	0.55	0.50	0.50	0.50	0.50	0.50	0.50	0.50
	1	1.35	1.50	0.90	0.80	0.75	0.75	0.70	0.70	0.65	0.65	0.60	0.55	0.55	0.55
12层以上	1	−0.30	0.00	0.15	0.20	0.25	0.30	0.30	0.30	0.35	0.35	0.40	0.45	0.45	0.45
	2	−0.10	0.20	0.25	0.30	0.35	0.40	0.40	0.40	0.40	0.45	0.45	0.45	0.45	0.45
	3	0.05	0.25	0.35	0.40	0.40	0.40	0.45	0.45	0.45	0.45	0.45	0.50	0.50	0.50
	4	0.15	0.30	0.40	0.40	0.45	0.45	0.45	0.45	0.45	0.45	0.45	0.50	0.50	0.50
	5	0.25	0.35	0.40	0.45	0.45	0.45	0.45	0.45	045	0.45	0.50	0.50	0.50	0.50
	6	0.30	0.40	0.40	0.45	0.45	0.45	0.45	0.45	0.45	0.45	0.60	0.50	0.50	0.50
	7	0.35	0.40	0.40	0.45	0.45	0.45	0.45	0.50	0.50	0.50	0.50	0.50	0.50	0.50
	8	0.35	0.45	0.45	0.45	0.50	0.50	0.50	0.50	0.50	0.50	0.50	0.50	0.50	0.50
	中间	0.45	0.45	0.45	0.45	0.50	0.50	0.50	0.50	0.50	0.50	0.50	0.50	0.50	0.50
	4	0.55	0.50	0.50	0.50	0.50	0.50	0.50	0.50	0.50	0.50	0.50	0.50	0.50	0.50
	3	0.65	0.55	0.50	0.50	0.50	0.50	0.50	0.50	0.50	0.50	0.50	0.50	0.50	0.50
	2	0.70	0.70	0.60	0.55	0.55	0.55	0.55	0.50	0.50	0.50	0.50	0.50	0.50	0.50
	1	1.35	1.05	0.90	0.80	0.75	0.70	0.70	0.70	0.65	0.65	0.60	0.55	0.55	0.55

上、下层梁线刚度比对 y_0 的修正值 y_1　　　　附表 2

α_1 \ $\widetilde{K}$	0.1	0.2	0.3	0.4	0.5	0.6	0.7	0.8	0.9	1.0	2.0	3.0	4.0	5.0
0.4	0.55	0.40	0.30	0.25	0.20	0.20	0.20	0.15	0.15	0.15	0.05	0.05	0.05	0.05
0.5	0.45	0.30	0.20	0.20	0.15	0.15	0.15	0.10	0.10	0.10	0.05	0.05	0.05	0.05
0.6	0.30	0.20	0.15	0.15	0.10	0.10	0.10	0.10	0.05	0.05	0.05	0.05	0	0
0.7	0.20	0.15	0.10	0.10	0.10	0.10	0.05	0.05	0.05	0.05	0.05	0	0	0
0.8	0.15	0.101	0.05	0.05	0.05	0.05	0.05	0.05	0.05	0	0	0	0	0
0.9	0.05	0.05	0.05	0.05	0	0	0	0	0	0	0	0	0	0

上、下层高变化对 y_0 的修正值 y_2 和 y_3　　　　附表 3

α_2	α_3 \ $\widetilde{K}$	0.1	0.2	0.3	0.4	0.5	0.6	0.7	0.8	0.9	1.0	2.0	3.0	4.0	5.0
2.0	—	0.25	0.15	0.15	0.101	0.10	0.10	0.10	0.10	0.05	0.05	0.05	0.05	0.0	0.0

a_2	$\widetilde{K}$ / a_3	0.1	0.2	0.3	0.4	0.5	0.6	0.7	0.8	0.9	1.0	2.0	3.0	4.0	5.0
1.8	—	0.25	0.15	0.15	0.10	0.10	0.05	0.05	0.05	0.05	0.05	0.05	0.0	0.0	0.0
1.6	0.4	0.15	0.10	0.10	0.05	0.05	0.05	0.05	0.05	0.05	0.05	0.0	0.0	0.0	0.0
1.4	0.6	0.10	0.05	0.05	0.05	0.05	0.05	0.05	0.05	0.05	0.0	0.0	0.0	0.0	0.0
1.2	0.8	0.05	0.05	0.05	0.0	0.0	0.0	0.0	0.0	0.0	0.0	0.0	0.0	0.0	0.0
1.0	1.0	0.0	0.0	0.0	0.0	0.0	0.0	0.0	0.0	0.0	0.0	0.0	0.0	0.0	0.0
0.8	1.0	−0.05	−0.05	−0.05	0.0	0.0	0.0	0.0	0.0	0.0	0.0	0.0	0.0	0.0	0.0
0.6	1.4	−0.10	−0.05	−0.05	−0.05	−0.05	−0.05	−0.05	−0.05	−0.05	0.0	0.0	0.0	0.0	0.0
0.4	1.6	−0.15	−0.10	−0.10	−0.05	−0.05	−0.05	−0.05	−0.05	−0.05	−0.05	0.0	0.0	0.0	0.0
	1.8	−0.20	−0.15	−0.10	−0.10	−0.10	−0.10	−0.10	−0.05	−0.05	−0.05	−0.05	−0.05	0.0	0.0
	2.0	−0.25	−0.15	−0.15	−0.10	−0.10	−0.10	−0.10	−0.10	−0.05	−0.05	−0.05	−0.05	0.0	0.0

参 考 文 献

[1] 中华人民共和国国家标准. 建筑抗震设计规范 GB 50011—2010. 北京：中国建筑工业出版社，2010.

[2] 中华人民共和国国家标准. 办公建筑设计规范 JGJ 67—2006. 北京：中国建筑工业出版社，2008. 1.

[3] 中华人民共和国国家标准. 城市道路和建筑物无障碍设计规范 JGJ 50—2001. 北京：中国建筑工业出版社，2008. 1.

[4] 中华人民共和国国家标准. 房屋建筑制图统一标准 GB/T 50001—2010. 北京：中国建筑工业出版社，2010.

[5] 中华人民共和国国家标准. 建筑设计防火规范 GB 50016—2006. 北京：中国建筑工业出版社，2008. 1.

[6] 中华人民共和国国家标准. 建筑结构荷载规范 GB 50009—2012. 北京：中国建筑工业出版社，2012.

[7] 中华人民共和国国家标准. 建筑抗震鉴定标准 GB 50023—2009. 北京：中国建筑工业出版社，2009.

[8] 重庆交通科研设计院. 公路桥梁抗震设计细则 JTG/T B02—01—2008. 人民交通出版社，2008.

[9] 朱彦鹏. 混凝土结构设计原理. 重庆：重庆大学出版社，2009.

[10] 李国强. 建筑结构抗震设计. 北京：中国建筑工业出版社，2010.

[11] 同济大学，西安建筑科技大学，东南大学，重庆大学. 房屋建筑学（第四版）. 北京：中国建筑工业出版社，2006.

[12] 黄双华. 房屋结构设计. 重庆：重庆大学出版社，2011.

[13] 郭继武. 建筑抗震设计. 中国建筑工业出版社，2001.

[14] ［美］M. 帕兹. 结构动力学. 地震出版社，1993.

[15] 龙驭球，包世华. 结构动力学. 高等教育出版社，1996.

[16] 包世华. 新编高层建筑结构. 高等教育出版社，2001.

[17] 匡志平. 地下结构纵向随机地震响应和极值分析 [J]. 同济大学学报，2002，30 (8)：922～926.

[18] 庄海洋. 阪神地震中大开地铁车站震害机制数值仿真分析 [J]. 岩土力学，2008，29 (1)：245～250.

[19] 曹炳政. 神户大开地铁车站的地震反应分析 [J]. 地震工程与工程振动，2002，22 (4)：102～107.

[20] 孙超，薄景山. 地下结构抗震研究现状及展望 [J]. 世界地震工程，2009，25 (2)：94～99.

[21] 谷音. 地震作用下大型地铁车站结构三维动力反应分析 [J]. 岩石力学与工程学报，2013，32 (11)：2290～2299.

[22] 高智能. 地铁地下结构抗震研究现状 [J]. 福州大学学报，2013，41 (4)：598～608.

[23] 郭恩栋. 地下管道工程震害分析 [J]. 地震工程与工程振动，2006 (6).

[24] 王绵坤. 浅谈城市地下管道地震破坏机理分析及抗震处理 [J]. 建筑科学，2010，10 (18)：95-95.

[25] 陈建平. 地下建筑结构 [M]. 北京：人民交通出版社，2008.

[26] 吴能森. 地下工程结构 [M]. 武汉：武汉理工大学出版社，2010.

[27] 郑永来. 地下结构抗震 [M]. 上海：同济大学出版社，2011.

[28] 李爱群. 工程结构抗震设计. 北京：中国建筑工业出版社，2010.

[29] 杨润林. 结构模糊控制的研究 [D]. 中国建筑科学研究院，2003.

[30] 杨润林. 地震激励下冻土-液化土-单桩共同作用试验研究 [J]. 岩土工程学报，2014，36 (4)：612～617.

[31] 杨润林，闫维明，周锡元. 结构半主动控制研究中存在的若干问题. 建筑结构学报，2007，28 (4)：64～75.

[32] 尚守平，周福霖. 结构抗震设计（第 2 版）. 高等教育出版社，2010.

[33] 祝英杰. 结构抗震设计. 北京大学出版社，2009.

[34] 王社良. 抗震结构设计（第 4 版）. 武汉理工大学出版社，2011.

[35] 戴纳新，王涛，左宏亮. 建筑结构抗震. 中国水利水电出版社，2009.

[36] 范立础. 桥梁工程（第 2 版）. 人民交通出版社，2012.

[37] 日本地震工学会基于性能抗震设计研究委员会. 基于性能的抗震设计：现状与课题. 中国建筑工业出版社，2012.

[38] 周云. 黏弹性阻尼减震结构设计理论及应用. 武汉理工大学出版社，2013.

[39] 李景. 建筑隔震技术与工程应用（建筑结构减轻地震灾害的新方法）. 中国标准出版社，2013.

[40] 叶爱君，管仲国. 桥梁抗震（第 2 版）. 人民交通出版社，2011.

[41] 梁兴文. 结构抗震性能设计理论与方法. 科学出版社，2011.

[42] 柳春光. 桥梁结构地震响应与抗震性能分析. 中国建筑工业出版社，2009.

[43] 陈永明. 2001 年昆仑山口西 8.1 级地震区的冻土及地震破坏特征 [J]. 中国地震，2004，20 (6)：161～169.

[44] 顾渭建. 高烈度区地下建筑的基本震害与防灾对策 [J]. 建筑结构，2010，40（增）：156～159.